"十二五"职业教育国家规划教材

经全国职业教育教材审定委员会审定

高等职业教育工程造价专业系列教材

GAODENG ZHIYE JIAOYU GONGCHENG ZAOJIA ZHUANYE XILIE JIAOCAI

工程招投标与合同管理 （第6版）

GONGCHENG ZHAOTOUBIAO YU
HETONG GUANLI

主 编／武育秦

参 编／刘昱伶

U0190709

重庆大学出版社

内容简介

　　本书系高等学校工程造价专业系列教材之一。本书根据当前建设市场条件、建设工程合同及工程招投标的发展趋势，重点讲述了工程招标、投标，建设工程合同及合同管理等方面的基本理论和基本知识。本书共分9章，内容包括建设市场，建设工程项目施工招标，建设工程项目施工投标，建设工程项目施工投标决策、策略与技巧，建设工程施工项目招标投标实例，国际工程项目招标与投标，建设工程合同，建设工程合同的签订与管理和工程索赔等。为了便于组织教学和读者自学，各章后均附有小结和复习思考题。

　　本书可作为工程造价、工程管理类本、专科各相关专业的教材，也可作为从事建设工程合同、工程招投标等各类工程技术与管理专业人员的自学参考书。

图书在版编目（CIP）数据

工程招投标与合同管理／武育秦主编. -- 6版. --
重庆：重庆大学出版社，2022.1
高等职业教育工程造价专业系列教材
ISBN 978-7-5624-8352-6

Ⅰ. ①工… Ⅱ. ①武… Ⅲ. ①建筑工程—招标—高等
职业教育—教材②建筑工程—投标—高等职业教育—教材
③建筑工程—经济合同—管理—高等职业教育—教材
Ⅳ. ①TU723

中国版本图书馆 CIP 数据核字（2021）第 263939 号

高等职业教育工程造价专业系列教材
工程招投标与合同管理
（第6版）
主　编　武育秦
策划编辑:林青山　刘颖果

责任编辑:范春青　　版式设计:范春青
责任校对:邹　忌　　责任印制:赵　晟
*
重庆大学出版社出版发行
出版人:饶帮华
社址:重庆市沙坪坝区大学城西路 21 号
邮编:401331
电话:（023）88617190　88617185（中小学）
传真:（023）88617186　88617166
网址:http://www.cqup.com.cn
邮箱:fxk@cqup.com.cn（营销中心）
全国新华书店经销
重庆市正前方彩色印刷有限公司印刷
*
开本:787mm×1092mm　1/16　印张:18.75　字数:469 千
2003 年 8 月第 1 版　2022 年 1 月第 6 版　2022 年 1 月第 18 次印刷
印数:82 501—85 500
ISBN 978-7-5624-8352-6　定价:49.00 元

编委会

特别鸣谢（排名不分先后）

天津理工大学经济管理学院
重庆市建设工程造价管理总站
重庆大学
重庆交通大学应用技术学院
重庆工程职业技术学院
平顶山工学院
江苏建筑职业技术学院
番禺职业技术学院
青海建筑职业技术学院
浙江万里学院
济南工程职业技术学院
湖北水利水电职业技术学院
洛阳理工学院
邢台职业技术学院
鲁东大学
成都大学
四川建筑职业技术学院
四川交通职业技术学院
湖南交通职业技术学院
青海交通职业技术学院
河北交通职业技术学院
江西交通职业技术学院
新疆交通职业技术学院
甘肃交通职业技术学院
山西交通职业技术学院
云南交通职业技术学院
重庆三峡学院
重庆市建筑材料协会
重庆市交通大学管理学院
重庆市建设工程造价管理协会
重庆泰莱建设工程造价咨询有限公司
重庆江津区建设委员会

序

　　《高等职业教育工程造价专业系列教材》于1992年由重庆大学出版社正式出版发行,并分别于2002年和2006年对该系列教材进行修订和扩充,教材品种数也从12种增加至36种。该系列教材自问世以来,受到全国各有关院校师生及工程技术人员的欢迎,产生了一定的社会反响。编委会就广大读者对该系列教材出版的支持、认可与厚爱,在此表示衷心的感谢。

　　随着我国社会经济的蓬勃发展,建筑业管理体制改革的不断深化,工程技术和管理模式的更新与进步,以及我国工程造价计价模式和高等职业教育人才培养模式的变化等,这些变革必然对该专业系列教材的体系构成和教学内容提出更高的要求。另外,近年来我国对建筑行业的一些规范和标准进行了修订,如《建设工程工程量清单计价规范》(GB 50500—2013)等。为适应我国"高等职业教育工程造价专业"人才培养的需要,并以系列教材建设促进其专业发展,重庆大学出版社通过全面的信息跟踪和调查研究,在广泛征求有关院校师生和同行专家意见的基础上,决定重新改版、扩充以及修订《高等职业教育工程造价专业系列教材》。

　　本系列教材是根据国家教育部制定颁发的《高职高专教育专业人才培养目标及规格》和《工程造价专业教育标准和培养方案》,以社会对工程造价专业人员的知识、能力及素质需求为目标,以国家注册造价工程师考试的内容为依据,以最新颁布的国家和行业规范、标准、法规为标准而编写的。本系列教材针对高等职业教育的特点,基础理论的讲授以应用为目的,以必需、够用为度,突出技术应用能力的培养,反映国内外工程造价专业发展的最新动态,体现我国当前工程造价管理体制改革的精神和主要内容,完全能够满足培养德、智、体全面发展的,掌握本专业基础理论、基本知识和基本技能,获得造价工程师初步训练,具有良好综合素质和独立工作能力,会编制一般土建、安装、装饰、工程造价,初步具有进行工程造价管理和过程控制能力的高等技术应用型人才。

由于现代教育技术在教学中的应用和教学模式的不断变革，教材作为学生学习功能的唯一性正在淡化，而学习资料的多元性也正在加强。因此，为适应高等职业教育"弹性教学"的需要，满足各院校根据建筑企业需求，灵活调整及设置专业培养方向。我们采用了专业"共用课程模块+专业课程模块"的教材体系设置，给各院校提供了发挥个性和设置专业方向的空间。

本系列教材的体系结构如下：

共用课程模块	建筑安装模块	道路桥梁模块
建设工程法规	建筑工程材料	道路工程概论
工程造价信息管理	建筑结构基础	道路工程材料
工程成本与控制	建设工程监理	公路工程经济
工程成本会计学	建筑工程技术经济	公路工程监理概论
工程测量	建设工程项目管理	公路工程施工组织设计
工程造价专业英语	建筑识图与房屋构造	道路工程制图与识图
	建筑识图与房屋构造习题集	道路工程制图与识图习题集
	建筑工程施工工艺	公路工程施工与计量
	电气工程识图与施工工艺	桥隧施工工艺与计量
	管道工程识图与施工工艺	公路工程造价编制与案例
	建筑工程造价	公路工程招投标与合同管理
	安装工程造价	公路工程造价管理
	安装工程造价编制指导	公路工程施工放样
	装饰工程造价	
	建设工程招投标与合同管理	
	建筑工程造价管理	
	建筑工程造价实训	

注：①本系列教材赠送电子教案。

②希望各院校和企业教师、专家参与本系列教材的建设，并请毛遂自荐担任后续教材的主编或参编，联系 E-mail：linqs@ cqup. com. cn。

本次系列教材的重新编写出版，对每门课程的内容都作了较大增加和删改，品种也增至 36 种，拓宽了该专业的适应面和培养方向，给各有关院校的专业设置提供了更多的空间。这说明，该系列教材是完全适应工程造价相关专业教学需要的一套好教材，并在此推荐给有关院校和广大读者。

编委会

2012 年 4 月

改版 说明

　　本教材在重庆大学出版社的全力支持下,不仅顺利完成了第4版和第5版的修订再版任务,还先后被评为"十一五"和"十二五"职业教育国家规划教材,受到专家和使用院校师生们的好评,在此表示衷心的感谢。

　　为了适应我国进入中国特色社会主义新时代的要求,加强建设工程施工招标投标工作和建设工程施工合同的监督和管理,规范和指导建设工程施工招标投标活动和建设工程施工合同当事人的签约行为,维护各方当事人的合法权益,国家主管部门修正了《中华人民共和国招标投标法》(以下简称《招标投标法》)和《建设工程施工合同(示范文本)》(以下简称《示范文本》)。编者根据以上变化和要求,在本教材第5版的基础上,对第6版的章节构成和主要内容进行了较大的调整、修改与补充。

　　1)对教材的章节构成进行了调整与补充

　　①本教材第5版共计8章,而第6版调整增加了两章,删除了一章,共计9章,其章节顺序也作了相应调整。

　　②本教材第6版删去了原教材的第7章,新增加第4章建设工程项目施工投标决策、策略与技巧和第5章建设工程施工项目招标投标实例。新增加的两章,尤其是招标投标实例的讲解,可以增强学生的感性认识,提高学生对招标投标决策、策略、技巧和方法实际应用的能力。

　　③通过教学实践,认为教材第5版的第2章建设工程合同列在招标投标章节的前面不合适,因此,本版将其调整到第7章,这样可以将该教材的两大部分内容各自归类为一个整体。

　　2)对本教材的内容组成进行了修改与完善

　　本教材的内容组成包括建设工程招标投标和建设工程施工合同两部分,国家主管部门在2017至2018年先后对这两部分内容进行了修订,并按照新的规定要求,重新颁发了《示范文本》,并要求全国各有关单位和企业,从颁发之日起遵照执行。

　　(1)关于建设工程招标投标内容组成的修改与补充

　　2018年,国家发改委就《招标投标法》的修订进行了启动工作。强调《招标投标法》涉及领域和行业广泛、利益主体多元、运行机制

1

复杂、监管链条较长，做好这次修法工作，要重点把握和坚持三项原则，即把握坚持理顺政府与市场的关系、坚持问题导向、坚持借鉴国际经验与立足我国国情相结合三项原则。在修订范围上，要进行全面修订，尽量做到一次性修订到位，使修订后的《招标投标法》能够适应当前和今后一个时期招标投标市场发展的需要，经得起历史和实践的检验。其修改的具体内容详见第 2 章第 1 节所示。

（2）关于建设工程施工合同内容组成的修改与补充

国家住房和城乡建设部、原国家工商行政管理总局，2017 年重新制定了《建设工程施工合同（示范文本）》（GF-2017-0201）。新《示范文本》的主要内容仍由合同协议书、通用合同条款和专用合同条款三部分组成。因此编者删除了原"施工合同条款"与新《示范文本》条款不相符的内容，并按照新《示范文本》条款对本教材"建设工程施工合同"的内容组成进行了较大的修改与补充。

本教材在内容组成方面，还增加补充了第 4 章的两节，即第 1 节"建设工程施工招标实例"和第 2 节"建设工程施工投标实例"两部分。

本教材修订后共计 9 章，全书由武育秦主编。刘昱伶老师参加了第 2 章"建设工程项目施工招标"、第 3 章"建设工程项目施工投标"和第 4 章"建设工程项目施工投标决策、策略与技巧"的部分修订与编写工作，在此表示感谢。

由于时间仓促和水平有限，教材修订中难免有不足之处，敬请同行专家、广大读者批评指正。

编　者

2020 年 7 月 15 日

1 建设市场

本章导读: 本章主要讲述建设市场概述、建设市场的主体和客体、建设市场的结构特征及运行机制、我国建设市场的资质管理、建设工程交易中心、国际建设市场情况。

通过本章的学习,要求了解建设市场的概念及具体含义、建设市场主体和客体的构成、国际建设市场概况,熟悉我国建设工程交易中心的性质与重要作用,重点掌握我国建设市场资质管理的范围和具体要求。

1.1 建设市场概述

· 1.1.1 建设市场的概念 ·

建设市场是指以建设工程承发包交易活动为主要内容的市场,也称为建筑市场。建设市场有狭义的建设市场和广义的建设市场两种。狭义的建设市场一般是指有形建设市场,并有固定的交易场所。广义的建设市场包括有形建设市场和无形建设市场,即包括与工程建设有关的技术、租赁、劳务等各种要素的市场,以及包括依靠广告、通信、中介机构或经纪人等为工程建设提供专业服务的有关组织体系,另外还包括建筑商品生产过程及流通过程中的经济联系和经济关系等。因此,广义的建设市场是工程建设生产和交易关系的总和,包括工程市场和要素市场,如图 1.1 所示。

由于建筑产品具有生产周期长、价值量大、生产过程的不同阶段对承包单位要求不同的特点,决定了建设市场交易贯穿于建筑产品生产的整个过程。从工程建设的咨询、设计,施工任务的发包开始,到工程竣工、保修期结束为止,发包方与承包方、分包方进行的各种交易,以及建筑施工、商品混凝土供应、构配件生产、建筑机械租赁等活动,都是在建设市场中进行的。生产活动和交易活动交织在一起,使得建设市场在许多方面不同于其他产品市场。

改革开放以来,特别是经过近年来的发展,我国已基本形成以发包方、承包方和中介服务方为市场主体,以建筑产品和建筑生产过程为市场客体,以招投标为主要交易形式的市场竞争机

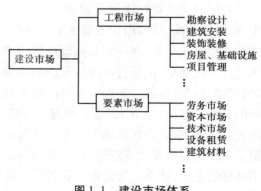

图 1.1　建设市场体系

制,以资质管理为主要内容的市场监督管理手段,具有中国特色的社会主义建设市场体系。建设市场由于引入了竞争机制,促进了资源优化配置,提高了建筑生产效率,推动了建筑企业的管理和工程质量的进步,因此建筑业在国民经济中已占相当重要的地位,成为我国社会主义市场经济体系中一个非常重要的生产部门和消费市场。

· 1.1.2 我国建设市场的建立与发展 ·

改革开放以前,工程建设任务由行政管理部门分配,建筑产品价格由国家规定,无所谓建设市场。改革开放以后,随着我国社会主义市场经济的建立、发展与完善,建设市场也经历着一个从培育、建立到逐渐完善的发展过程。

1984 年,国务院颁发了《关于改革基本建设和建筑业管理体制的若干规定》,建筑业作为城市经济改革的突破口,率先进行改革。建筑施工企业在推行了一系列以市场为取向、以承包经营为主要内容的改革后,达到了一定程度的自主经营和自负盈亏。建设管理部门也制订了改革方案并进行大规模的试点,改革的核心是将工程任务的计划分配改为从市场竞争获取任务,引进竞争机制。这项改革带来的直接结果是以农村建筑队为代表的非国有建筑企业得到迅速发展。正是市场供求关系的变化使竞争机制得以建立,直接促进了建设生产效率和建设效益的提高,建设市场也开始初步形成。各地区设立的工程质量、招投标、(外地)施工企业管理站,连同计划体制时期的定额管理站,形成了改革初期的建设管理模式。这个时期,可以看作松动旧体制阶段,改革的任务主要是放权让利,改革的手段是通过政策来引导,改革目标尚不明确,即所谓"摸着石头过河"。

1992 年,随着邓小平同志发表了著名的南方谈话,城市经济体制改革步入第二阶段。党的十四大明确提出了把建立社会主义市场经济体制作为经济体制改革的目标。从这一年起,建设市场进入了一个新的发展时期,改革从松动计划旧体制转入到建立市场经济新体制,在建筑业不断市场化的进程中,建设管理的法制建设获得了非常迅速的进展。建设部出台了一系列的规章和规范性文件,各省市人大、政府也加强了地方的立法,通过法规和规章,将建设活动纳入了建设市场管理的范畴,明确了建设市场的管理机构、职责、管理内容和管理范围,在我国初步形成了用法律法规的强制力和约束力来管理建设市场的局面。

· 1.1.3 我国的建设管理体制 ·

我国的建设管理体制是建立在社会主义公有制基础之上的。计划经济时期,无论是业主,还是承包商、供应商均隶属于不同的政府管理部门,各个政府部门主要是通过行政手段管理企业和企业行为,在一些基础设施部门则形成所谓行业垄断。改革开放以后,虽然政府机构进行多次调整,但分行业进行管理的格局基本没有改变,国家各个部委均有本行业关于建设管理的规章,有各自的勘察、设计、施工、招投标、质量监督等一套管理制度,形成对建设市场的分割。党的"十五大"在总结前一时期改革开放经验的基础上,明确提出了建立社会主义市场经济体制,政府在机构设置上也进行了很大的调整,除保留了少量的行业管理部门外,撤销了众多重复的专业管理部门,并将政府部门与所管企业脱钩,为建设管理体制的改革提供了良好的条件,使部门管理向行业管理转变。

· *1.1.4* 政府对建设市场的管理范围和内容 ·

　　建设项目根据资金来源的不同可分为两类:公共投资项目和私人投资项目。前者是代表公共意愿的政府行为,后者则是个人行为。政府对于这两类项目的管理有很大差别。

　　对于公共投资项目,政府既是业主,又是管理者。以不损害纳税人利益和保证公务员廉洁为出发点,通常规定此类投资项目除了必须遵守一般法律外还必须公开进行招投标,并保证项目实施过程的透明。

　　对于私人投资项目,一般只要求其在实施过程中遵守有关环境保护、规划、安全生产等方面的法律规定,对是否进行招投标不做强行规定。

　　不同国家由于体制的差异,建设行政主管部门的设置不同,管理范围和管理内容也各不相同,但综合各国的情况,可以发现一定的共性,大致包括以下几个方面:

- 制定建筑法律、法规;
- 制定建筑规范与标准(国外大多由行业协会或专业组织编制);
- 对承包商、专业人员的资质管理;
- 安全和质量管理(国外主要通过专业人员或机构进行监督检查);
- 行业资料统计;
- 公共工程管理;
- 国际合作和开拓国际市场。

　　我国通过近年来的学习和实践,已逐步摸索出一套适应国内情况的管理模式,但这种管理模式随着我国社会主义市场经济体制的确立和国际接轨的需要,在管理体制和管理内容、方式上还须不断加以调整和完善。

1.2　建设市场的主体与客体

　　建设市场是市场经济的产物。从一般意义上来说,建设市场交易是业主给付建设费,承包商交付工程的过程。但实际上,建筑市场交易包括很复杂的内容,其交易贯穿于建筑产品生产的全过程。在这个过程中,不仅存在业主和承包商之间的交易,还有承包商与分包商、材料供应商之间的交易,业主还要同设计单位、设备供应单位、咨询单位进行交易,并且包括与工程建设相关的商品混凝土供应、构配件生产、建筑机械租赁等活动,因此建设市场是工程建设生产和交易关系的总和。参与建筑生产交易过程的各方即构成建设市场的主体;作为不同阶段的生产成果和交易内容的各种形态的建筑产品、工程设施与设备、构配件,以及各种图纸和报告等非物化的劳动则构成建设市场的客体。

· *1.2.1* 建设市场的主体 ·

1)业主

　　业主是指既有某项工程建设需求,又具有该项工程建设相应的建设资金和各种准建手续,在建设市场中发包工程建设的勘察、设计、施工任务,并最终得到建筑产品的政府部门、企事业单位或个人。

在我国工程建设中,业主也称为建设单位。业主只有在发包工程或组织工程建设时才成为市场主体,因此,业主方作为市场主体具有不确定性。在我国,有些地方和部门曾提出过要对业主实行技术资质管理制度,以改善当前业主行为不规范的问题。但无论是从国际惯例还是国内实践看,对业主资格实行审查约束是困难的,对其行为进行约束和规范,只能通过法律和经济的手段去实现。

项目法人责任制,又称业主责任制,它是我国市场经济体制条件下,根据我国公有制部门占主体的情况,为了建立投资责任约束机制、规范项目法人行为提出的,由项目法人对项目建设全过程负责管理,主要包括进度控制、质量控制、投资控制、合同管理和组织协调等内容。

(1)项目业主的产生

项目业主的产生,主要有3种方式:

①业主是企业或单位。企业或机关、事业单位投资的新建、扩建、改建工程,则该企业或单位即为此项目业主。

②业主是联合投资董事会。由不同投资方参股或共同投资的项目,则业主是共同投资方组成的董事会或管理委员会。

③业主是各类开发公司。自行融资建设的开发公司以及由投资方协商组建或委托开发的工程公司也可成为业主。

(2)项目业主的主要职能

业主在项目建设过程的主要职能有:

①建设项目可行性研究与决策;

②建设项目的资金筹措与管理;

③建设项目的招标与合同管理;

④建设项目的施工与质量管理;

⑤建设项目的竣工验收和试运行;

⑥建设项目的统计及文档管理。

2)承包商

承包商是指拥有一定数量的建筑装备、流动资金、工程技术经济管理人员,取得建设资质证书和营业执照的,能够按照业主的要求提供不同形态的建筑产品并最终得到相应工程价款的施工企业。

(1)承包商应具备的条件

承包商可分为不同的专业,如建筑、水电、铁路、市政工程等专业公司;按照承包方式,也可分为承包商和分包商。相对于业主,承包商作为建设市场主体是长期和持续存在的,因此,无论是国内还是按国际惯例,对承包商一般都要实行从业资格管理。承包商从事建设生产,一般需具备3个方面的条件:

①有符合国家规定的注册资本;

②有与其从事的建筑活动相适应的具有法定执业资格的专业技术人员;

③有从事相应建筑活动所应有的技术装备。

经资格审查合格,取得资质证书和营业执照的承包商,方可在批准的范围内承包工程。

（2）承包商的实力

我国在建立社会主义市场经济以后，其特征是通过市场实现资源的优化配置。在市场经济条件下，施工企业（承包商）需要通过市场竞争（投标）取得施工项目，需要依靠自身的实力去赢得市场。

①技术方面的实力：有精通本行业的工程师、经济师、项目经理、合同管理等专业人员队伍；有工程设计、施工专业装备，能解决各类工程施工中的技术难题；有承揽不同类型项目施工的经验。

②经济方面的实力：具有用于工程准备的周转资金，具有一定的融资和垫付资金的能力；具有相当的固定资产和为完成项目需购入大型设备所需的资金；具有支付各种担保和保险的能力，能承担相应的风险；承担国际工程尚需具备筹集外汇的能力。

③管理方面的实力：建设承包市场属于买方市场，承包商为打开局面，往往需要低利润报价取得项目。因此必须具有一批优秀的项目经理和管理专家，并采用先进的施工方法提高工作效率和技术水平，在成本控制上下功夫，向管理要效益。

④信誉方面的实力：承包商一定要有良好的信誉，信誉将直接影响企业的生存与发展。要建立良好的信誉，就必须遵守相关的法律法规，能认真履约，保证工程质量、安全、工期，承担国外工程应能按国际惯例办事。

承包商参加工程投标，必须根据本企业的施工力量、机械装备、技术力量、施工经验等方面的条件，选择适于发挥自己优势的工程项目，做到扬长避短，避免给企业带来不必要的风险和损失。

3）工程咨询服务机构

工程咨询服务机构是指具有一定注册资金和工程技术、经济管理人员，取得建设咨询证书和营业执照，能对工程建设提供估算测量、管理咨询、建设监理等智力型服务并获取相应费用的企业。

工程咨询服务包括勘察设计、工程造价（测量）、工程管理、招标代理、工程监理等多种业务。这类服务企业主要是向业主提供工程咨询和管理服务，弥补业主对工程建设过程不熟悉的不足。这种机构在国际上一般称为咨询公司。在我国，目前数量最多并有明确资质标准的是工程设计院、工程监理公司和工程造价（工程测量）事务所。招标代理、工程管理和其他咨询类企业近年来也有发展。咨询单位虽然不是工程承发包的当事人，但其受业主聘用，对项目的实施负有相当重要的责任。此外，咨询单位还因其独特的职业特点和在项目实施中所处的地位要承担其自身的风险。

咨询单位的风险主要来自3个方面：

（1）来自业主的风险

①业主希望少花钱、多办事。业主对工程提出的要求往往有些过分，例如：项目标准高、实施速度超出可能，导致投资难以控制或者工程质量难以保证。

②可行性研究缺乏严肃性。委托咨询时经常附加种种倾向性要求，咨询单位作可行性研究时，由于业主的主意已定，可行性研究成为可批性研究。一旦付诸实施，各种矛盾都将暴露出来，处理不好，导致的责任自然要由咨询单位承担。

③盲目干预。有些业主虽然与咨询单位签有协议书，但在项目实施过程中随意作出决

定,对工程师的工作干扰过多,影响工程师行使权力,影响合同的正常履行。

(2)来自承包商的风险

作为业主委聘的工程技术负责人,咨询单位在合同实施期间代表业主的利益。承包商出于自己的利益,常常会有种种不正当行为,给工程师的工作带来困难,甚至导致咨询单位蒙受重大风险。

①承包商缺乏职业道德。对管理严厉的咨询单位代表承包商有可能借业主之手达到驱逐的目的。例如:闻知业主代表到现场前,将工程师已签字的工程弄得面目全非,待业主查问时出示工程师已签字的认可文件。

②承包商素质太差。没有能力或弄虚作假,对工程质量极不负责。由于工程面大,内容复杂,承包商弄虚作假的机会很多,待工程隐患一旦暴露时,固然可以追究承包商的责任,但咨询单位的责任也难免除。

③承包商投标不诚实。有的承包商出于策略需要,投标报价很低,一旦中标难以完成合同,或施工过程中发生高额索赔时,往往以停工要挟,若承包商破产或工期拖延,咨询单位也有口难言。

(3)来自职业责任的风险

咨询单位的职业要求其承担重大的职业责任风险。这种职业责任风险一般由下列因素构成:

①设计错误或不完善。在承担设计任务的情况下,若设计不充分、不完善,虽是工程师的失职,但也有业主提供的技术资料不准确等原因,特别是有关地质、水文等勘探资料不准确。不管出自何种原因,设计不完善引发的风险自然要由设计单位承担。应该指出的是:设计错误和疏忽往往铸成重大责任事故,会造成人员和财产的重大损失。

②投资概算和预算不准。完成这项工程要求测量工程师(造价师)对各项经济数据、物价指数、贷款利息变化、人工费及材料价格涨落等全面掌握,还要对各种静态和动态因素进行正确分析,工程师必须对由其完成的工程测量负责。如果工程实施后的实际投资大幅度超出,则咨询单位责任难以免除。

③自身能力和水平不适应。咨询业务是一项高难度的技术工作,工程师需要有丰富的阅历和经验,不断掌握新的知识,还要善于处理各种繁杂的纠纷,有很强的应变能力,而高度的事业心和责任感以及职业道德更是不可缺少。不具备这些条件,随之而来的风险就难以避免。

· 1.2.2 建设市场的客体 ·

建设市场的客体,一般称为建筑产品,是建设市场的交易对象,既包括有形建筑产品,也包括无形产品——各类智力型服务。

建筑产品不同于一般工业产品。建筑产品本身及其生产过程,具有不同于其他工业产品的特点。在不同的生产交易阶段,建筑产品表现为不同的形态,可以是咨询公司提供的咨询报告、咨询意见或其他服务,可以是勘察设计单位提供的设计方案、施工图纸、勘察报告,可以是生产厂家提供的混凝土构件,也可以是承包商建造的房屋和各类构筑物。

1）建筑产品的特点

（1）建筑生产和交易的统一性

从工程的勘察、设计、施工任务的发包到工程竣工，发包方与承包方、咨询方进行的各种交易与生产活动交织在一起。建筑产品的生产和交易过程均包含于建设市场之中。

（2）建筑产品的单件性

由于业主对建筑产品的用途、性能要求不同，以及建设地点的差异，决定了多数建筑产品不能批量生产，建设市场的买方只能通过选择建筑产品的生产单位来完成交易。无论是设计、施工还是管理服务，发包方都只能以招标要约的方式向一个或一个以上的承包商提出自己对建筑产品的要求，并通过承包方之间在价格及其他条件上的竞争，确定承发包关系。业主选择的不是产品，而是产品的生产单位。

（3）建筑产品的整体性和分部分项工程的相对独立性

这一特点决定了总包和分包相结合的特殊承包形式。随着经济的发展和建筑技术的进步，施工生产的专业性越来越强。在建筑生产中，由各种专业施工企业分别承担工程的土建、安装、装饰、劳务分包，有利于施工生产技术和效率的提高。

（4）建筑生产的不可逆性

建筑产品一旦进入生产阶段，其产品不可能退换，也难以重新建造，否则双方都将承受极大的损失。所以，建筑最终产品质量是由各阶段成果的质量决定的，设计、施工必须按照规范和标准进行，才能保证生产出合格的建筑产品。

（5）建筑产品的社会性

绝大部分建筑产品都具有相当广泛的社会性，涉及公众的利益和生命财产的安全，即使是私人住宅，也会影响到环境以及进入或靠近它的人员的生活和安全。政府作为公众利益的代表，加强对建筑产品的规划、设计、交易、建造的管理是非常必要的，有关建设的市场行为都应受到管理部门的监督和审查。

2）建筑产品的商品属性

改革开放以后，由于推行了一系列以市场为导向的改革措施，建筑企业成为独立的生产单位，建设投资由国家拨款改为多种渠道筹措，市场竞争代替行政分配任务，建筑产品价格也由市场形成，建筑产品的商品属性的观念已为大家所认识，成为建设市场发展的基础，并推动了建设市场的价格机制、竞争机制和供求机制的形成，使实力强、素质好、经营好的企业在市场上更具竞争力，能够更快地发展，从而实现了资源的优化配置，提高了全社会的生产力水平。

3）工程建设标准的法定性

建筑产品的质量不仅关系承发包双方的利益，也关系到国家和社会的公共利益。正是由于建筑产品的这种特殊性，其质量标准是以国家标准、国家规范等形式颁布实施的，从事建筑产品生产必须遵守这些标准规范的规定，违反这些标准规范的将受到国家法律的制裁。

工程建设标准涉及面很宽，包括房屋建筑、交通运输、水利、电力、通信、采矿冶炼、石油化工、市政公用设施等诸方面。工程建设标准的对象是工程勘察、设计、施工、验收、质量检验等环节中需要统一的技术要求。它包括 5 个方面的内容：
- 工程建设勘察、设计、施工及验收等的质量要求和方法；
- 与工程建设有关的安全、卫生、环境保护的技术要求；
- 工程建设的术语、符号、代号、量与单位、建筑模数和制图方法；
- 工程建设的试验、检验和评定方法；
- 工程建设的信息技术要求。

在具体形式上，工程建设标准包括了标准、规范、规程等。工程建设标准的独特作用在于：一方面，通过有关的标准规范为相应的专业技术人员提供需要遵循的技术要求和方法；另一方面，由于标准的法律属性和权威属性，指导从事工程建设的有关人员按照规定去执行，从而为保证工程质量打下基础。

1.3　建设市场的结构特征及运行机制

建设市场是国民经济整个大市场中的有机组成部分。建设市场表现为建筑产品、建筑生产活动和与建筑生产活动有关的机构 3 个方面之间的相互联系和相互作用，可用三维坐标图表示，如图 1.2 所示。

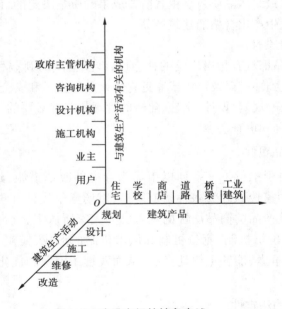

图 1.2　建设市场的抽象表述

· 1.3.1　建设市场的结构特征 ·

市场结构特征是指市场的组织特征，主要包括买主和卖主的集中程度，即卖主或买主的数目和交易的规模；产品的差别程度，或买主对不同卖主的产品质量和声誉的鉴别程度等。与一般市场相比，建设市场结构具有许多特点，主要表现在以下几方面：

1）建设市场中没有商业中介，由需求者和生产者直接交易

由于建筑产品具有单件性和生产过程必须在其使用（消费）地点最终完成的特点，建筑生产者不可能像制造家电和日用百货一样，预先生产出某种产品，再通过批发、零售环节进入市场，只能按照具体用户的要求，在指定的地点为其制造某种特定的建筑物。因此，建设市场上的交易是需求者和生产者的直接交易，先成交，后生产，不需经过中间环节。

此外，在建设市场中，建筑商品的交换关系确立在产品生产之前。在建设市场中并不以具有实物形态的建筑产品作为交换对象，而是就拟建建筑产品的质量、标准、功能、价格、交货时间、付款方式与时间等内容，由需求者和生产者达成交易条件，从而确立双方之间的交换关系。经双方达成一致的这些交易条件，不仅规定了生产者今后的生产活动，同时也明确了需求者的权利和义务，对供求双方都具有约束作用。

2）建筑产品的交换过程很长

众所周知，一般商品的交换基本上都是"一手交钱、一手交货"，交换是一次完成的。但建筑产品的交换则不同，由于不是以具有实物形态的建筑产品作为交换对象，因而无法进行这种"一手交钱、一手交货"的交易。而且，由于建筑产品价值巨大，生产周期长，因而在确定交易条件时，生产者不可能接受先垫付资金进行生产，待交货后再由需求者全额付款的结算方式；同样，需求者也不可能接受先支付全部工程款，待工程完全建成后才由生产者向需求者交货的交易方式。因此，建筑产品的交换基本上都是采用分期交货（中间产品或部分产品）、分期付款的方式，通常是按月度进行结算。这样，从货款支付和交货过程（即建筑产品实物形成的过程）来看，建筑产品的交换有一个很长的过程。

3）建设市场具有明显的地区性

由于建筑产品的固定性，建筑产品的生产地点和消费地点是一致的。对于生产者来说，他无权选择特定建筑产品的具体生产地点，但可以选择自己的生产经营范围。由于大规模远距离的流动生产势必增加生产成本，降低竞争能力，因而建筑产品生产者的生产经营范围总有一个相对稳定和集中的地理区域。从需求者来看，他一旦选定了拟建建筑产品的建造地点，也就在一定程度上限制了对生产者的选择范围。这意味着，建筑产品生产者和需求者相互之间的选择都有一定的局限性，只能在一定范围内确定相互之间的交换关系，表现出明显的地区性。当然，建设市场的区域性也不是绝对的，它是随建设市场供求关系的变化而变化的。

4）建设市场竞争激烈

建筑业生产要素的集中程度远远低于资金、技术密集型产业，不可能采用生产要素高度集中的生产方式，而是采用生产要素相对分散的生产方式，使大型企业的市场占有率较低。因此，在建设市场中，建筑产品生产者之间的竞争较为激烈。而且，由于建筑产品的不可替代性，生产者基本上是被动地去适应需求者的需要，需求者相对而言处于主导地位，甚至处于相对垄断的地位，这自然加剧了建设市场竞争的激烈程度。

建设市场竞争的基本方式是招标投标。建筑产品生产者之间的竞争首先表现为价格上的竞争。由于不同的生产者在专业特长、管理和技术水平、生产组织的具体方式、对建筑产品所在地各方面情况了解和市场熟悉程度以及竞争策略等方面有较大的差异，因此它们之间的生产价格会有较大差异,从而使价格竞争更加激烈。

5)建设市场风险较大

对建筑产品生产者来说,建设市场的风险主要表现在:一是定价风险。由于建设市场中的竞争主要表现为价格竞争,定价过高就意味着竞争失败;定价过低则可能亏本,甚至导致破产。二是生产过程中的风险。由于建筑产品的生产周期长,在生产过程中会遇到许多干扰因素,如气候条件、地质条件、环境条件的变化等,这些干扰因素不仅直接影响到生产成本,而且会影响生产周期,甚至影响到建筑产品的质量与功能。三是需求者支付能力的风险。建筑产品的价值巨大,其生产过程中的干扰因素可能使生产成本和价格升高,从而超过需求者的支付能力,或因贷款条件变化而使需求者筹措资金产生困难,甚至有可能需求者一开始就不具备足够的支付能力,凡此种种,都有可能出现需求者对生产者已完成的阶段产品或部分产品拖延支付,甚至中断支付的情况。

对建筑产品需求者来说,建设市场的风险主要表现在:一是价格与质量的矛盾。需求者往往希望在产品功能和质量一定的条件下价格尽可能低,由于生产者与需求者对最终产品的质量标准产生理解上的分歧,从而在既定的价格条件下达不到需求者预期的质量标准。二是价格与交货时间的矛盾。需求者往往对影响建筑产品生产周期的各种干扰因素估计不足,提出的交货日期有时很不现实,生产者为获得生产任务接受这一条件,但都有相应的对策,使需求者陷入"骑虎难下"的境地。三是生产者一般无力垫付巨额生产资金,故多由需求者先向生产者支付一笔工程款,以后根据工程进度逐步扣回,这就可能使某些经营作风不正的生产者有机可乘,给需求者造成严重的经济损失。

· *1.3.2 建设市场的运行机制* ·

建设市场运行机制是指建设市场中经济活动关系的总和。它把建设市场中经济活动视为一个有机体,其各个组成部分之间相互联系、相互制约、自我控制、自我平衡,使得建设市场的经济活动不断运转与发展。建设市场经济活动的关系有:建筑企业与市场、建筑企业与政府、建筑企业与用户、建筑企业与生产要素供应企业、建筑企业相互之间、建筑企业对海外承包、建筑企业内部职工之间的关系等。上述这些关系的总和构成建设市场经济运行机制。

实行市场经济后,建设市场运行机制的模式由政府为主体转向企业和个人为主体的格局,企业、个人成为决策执行主体和利益主体,决策风险也由政府和社会承担转向由企业和个人承担,企业由依附政府型向自主发展型转变,价格由行政性定价向市场定价转变,建立起以市场形成价格的价格机制,政府仅对低价抢标高价抬标者依法管理。

建设市场的运行模式可概括如下:
- 运行主体——建筑企业;
- 运行基地——建设市场;
- 调节主体——国家;
- 调节对象——市场活动。

这一运行模式即为"国家调控市场,市场引导企业"的体现,是以企业为本位,以市场为基础,以国家为领导,实行国家→市场→企业双向调节的社会主义市场运行机制。此运行模式具有如下特点:

①建筑企业真正成为独立的具有自负盈亏、自主经营、自我约束、自我发展能力的商品生产者,成为市场主体。

②建设市场体系完善,市场组织健全,市场发育程度高。

③国家实行有效的宏观调控,市场法制化体系初步形成。政府行为要有规范化的约束,政府不应拥有竞争性企业,按照市场经济的严格规定竞争性企业必须与政府脱钩。

1.4　我国建设市场的资质管理

建筑活动的专业性、技术性都很强,而且建设工程投资大、周期长,一旦发生问题,将给社会和人民的生命财产造成极大损失。因此,为保证建设工程的质量和安全,对从事建设活动的单位和专业技术人员必须实行从业资格审查,建立资质管理制度。

建设市场中的资质管理包括两类:一类是对从业企业的资质管理;另一类是对专业人员的资格管理。在资质管理上,我国和欧美等发达国家有很大差别,我国侧重对从业企业的资质管理,发达国家则侧重对专业人员的从业资格管理。近年来,对专业人员的从业资格管理在我国也开始得到重视。

· 1.4.1　从业企业资质管理 ·

在建设市场中,围绕工程建设活动的主体主要有三方,即业主方、承包方(包括供应商)和工程咨询方(包括勘察设计单位)。《中华人民共和国建筑法》(以下简称《建筑法》)规定:对从事建筑活动的施工企业、勘察单位、设计单位和工程监理单位实行资质管理。

1)承包商资质

(1)企业规模

承包企业的规模是建设市场资质管理中需要考虑的一个主要问题,企业规模的大小是生产能力(包括劳动力、生产设备、管理能力、资金能力等)在生产单位集中程度的反映。国际上通常将企业按规模划分为大、中、小 3 个类别。

合理的施工企业规模是取得良好经济效益的主要条件,从整个建设市场角度看,这也能形成较为合理的分工。在西方发达国家,承包商多数为中、小型施工企业,容纳就业人数很多;大型施工企业比例很少,一般不超过 1%,就业人数很少,但在建筑生产领域中却占有主导地位。

(2)大、中、小型施工企业在建设市场中的定位

在建设市场中,工程建设项目按投资规模可划分为大、中、小 3 个层次。大、中、小型企业结构和生产组织正是对市场需求的一种体现。

中、小型企业的存在有利于建筑工程体系专业化和阶段专业化的发展,有利于提高工人的技术水平和熟练程度。

小型企业在施工中以手工操作为主,一般拥有少量的小型或轻型机械装备,以工种化为特征。小型企业多数情况下以专业分包形式承接任务。少数情况下也有可能独立承包一个或几个技术要求不高的小型工程或零星的修建任务。

中型企业一般采用手工操作和机械化施工相结合的生产方式,专业装备达到一定水平甚至很高水平。中型企业有能力作为大型工程的阶段性专业化和体系专业化的分包商,或以联

合的方式承包中、小型工程。

　　大型企业资金雄厚,技术装备水平高,拥有较为合理的施工机械系列。同时大型施工企业的管理水平较高,具有掌握多种高新施工技术和施工工艺的能力,可承担大、中、小型各类项目的建设,在建设市场中处于总承包地位。大型企业多数情况下把部分施工任务以分包的形式发包给中、小型施工企业,这有利于实现专业化管理,突出大型企业在技术装备、资金方面的优势。对于中、小型企业则可能保证其生产任务的连续性和均衡性。一个大型企业和多个中、小型企业出于利益互补的考虑,可形成较稳定的协作关系。

　　(3)承包商资质管理

　　对于承包商资质的管理,亚洲国家和欧美国家做法不同。日本、韩国、新加坡以及我国的香港、台湾地区等亚洲国家和地区均对承包商资质的评定有着严格的规定,按照其拥有注册资本、专业技术人员、技术装备和已完成建筑工程的业绩等资质条件,将承包商按工程专业划分为不同的资质等级。承包商承担工程必须与其评审的资质等级和专业范围相一致。例如,我国香港特别行政区按工程性质将承包商分为建筑、道路、土石方、水务和海事5类专业。A级(牌)企业可承担2 000万元以下的工程;B级(牌)企业可承担5 000万元以下的工程;C级(牌)企业可承担任何价值的工程。日本将承包商分为总承包商和分包商两个等级,对总承包商只分为两个专业,即建筑工程和土木工程,对分包商则划分了几十个专业。而在欧美国家则没有对承包商资质的评定制度,在工程发包时由业主对承包商的承包能力进行审查。

　　无论是由政府对承包商的资质进行评定,还是业主对承包商的承包能力进行审查,重点都是对承包商的技术能力、施工经验、人力资源和财务状况进行考察。

　　(4)我国对承包商的资质管理

　　《建筑法》对承包商(建筑施工企业)的从业资格条件有如下明确的规定:

　　①从事建筑施工活动的承包商(建筑施工企业)应当具备下列条件:

　　● 有符合国家规定的注册资本;

　　● 有与其从事建筑施工活动相适应的具有法定执业资格的专业技术人员;

　　● 有从事相关建筑施工活动所应有的技术装备;

　　● 法律、法规规定的其他条件。

　　②从事建筑施工活动的承包商(建筑施工企业)按照其拥有的注册资本、专业技术人员、技术装备和已完成的建筑工程业绩等资质条件,划分为不同的资质等级,经资质审查合格取得相应等级的资质证书后,方可在其资质等级许可的范围内从事建筑施工活动。

　　③从事建筑施工活动的专业技术人员,应当依法取得相应的执业资格证书,并在执业资格证书许可的范围内从事建筑施工活动。

2)工程咨询单位资质

　　发达国家的工程咨询单位具有民营化、专业化、小规模的特点,许多工程咨询单位都是以专业人员个人名义进行注册。由于工程咨询单位一般规模很小,很难承担咨询错误造成的经济风险,所以国际上通行的做法是让其购买专项责任保险,在管理上则通过实行专业人员执业制度实现对工程咨询从业人员的管理,一般不对咨询单位实行资质管理制度。

　　(1)工程咨询的性质与工作内容

　　工程咨询是一种知识密集型的高智能服务工作。国际上把工程咨询分为两类:一类是技术咨询;另一类是管理咨询。工程设计属于技术咨询,项目管理则属于管理咨询。

　　在建设市场中,围绕工程建设的主体各方在建筑法规约束下,构成相互制约的合同关系,即所谓的建设项目管理机制,如图 1.3 所示。在这种机制中,咨询方对项目建设的成败起着非常关键的作用。因为他们掌握着工程建设所需的技术、经济、管理方面的知识、技能和经验,将指导和控制工程建设的全过程。

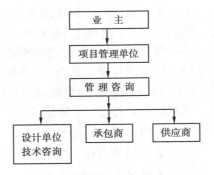

图 1.3　建设项目管理机制

工程咨询的工作内容一般包括可行性研究、工程设计、工程测量、项目管理、专业技术咨询等。工程咨询传统做法是咨询工程师不但负责工程设计,还要完成对施工的监督任务。现代咨询分工:一部分咨询工程师成立工程设计公司、建筑师事务所、测量师(造价工程师)事务所等,为业主提供可行性研究、工程设计、工程测量和工程预算等服务;另一部分咨询工程师成立专门的项目管理公司或事务所,针对大中型项目组织管理复杂的特点,为项目业主提供专业化的工程管理服务。

(2)工程项目管理

在欧洲,很早以前建筑师自然就是总营造师,不仅负责设计,还负责购买材料、雇用工匠,并组织工程的施工。16—18 世纪中期,欧洲兴起华丽的花型建筑热潮,在建筑师队伍中开始形成了分工:一部分建筑师进行设计;另一部分建筑师则负责组织监督施工。因此,逐步形成了设计和施工的分离。

设计和施工的分离导致了业主对工程监督的需求,最初的工程监督的思想是对施工加以监督,这个时期施工监督的重点主要是质量监督。

20 世纪 50 年代末 60 年代初,美国、德国、法国等欧美国家,开始建设很多大型、特大型工程,这些工程技术复杂、规模大,对项目建设的组织与管理提出了更高的要求。竞争激烈的社会环境,迫使人们重视项目管理。建筑工程管理学和专门从事项目管理的咨询公司、事务所也就在这样的社会条件下逐步形成。现在,工程项目管理已发展成为一项专门的职业。

目前我国推行的工程建设监理制度,在工作性质、工作内容上与发达国家为业主提供项目管理咨询服务有很大区别。发达国家的项目管理咨询服务内容包括设计准备阶段、设计阶段、施工阶段、动用前准备阶段和保修阶段 5 个阶段,各阶段要做投资控制、进度控制、质量控制、合同管理、组织协调和信息管理 6 个方面工作。而我国的工程监理主要是施工阶段的监理,且大多只注重质量控制,与项目管理咨询相差甚远。

(3)咨询单位资质管理

我国对工程咨询单位也实行资质管理。目前,已明确资质等级评定条件的有勘察设计、工程监理、工程造价、招标代理等咨询专业。例如,监理单位划分为 3 个等级:丙级监理单位可承担本地区、本部门的三等工程;乙级监理单位可承担本地区、本部门的二、三等工程;甲级监理单位可承担跨地区、跨部门的一、二、三等工程。

工程咨询单位的资质评定条件包括注册资金、专业技术人员和业绩 3 个方面的内容,不同资质等级的标准均有具体规定。

· 1.4.2　专业人员资格管理 ·

在建设市场中,把具有从事工程咨询资格的专业工程师称为专业人员。

专业人员在建设市场管理中起着非常重要的作用。由于他们的工作水平对工程项目建设成败具有重要的影响,因此对专业人员的资格条件要求很高。从某种意义上说,政府对建设市场的管理,一方面要靠完善的建筑法规,另一方面要依靠专业人员。我国香港特别行政区将经过注册的专业人员称作"注册授权人"。英国、德国、日本、新加坡等国家的法规甚至规定,业主和承包商向政府申报建筑许可、施工许可、使用许可等手续,必须由专业人员提出,申报手续除应符合有关法律规定,还要有相应资格的专业人员签章。由此可见,专业人员在建设市场中的地位和作用很不一般。

1)专业人员的责任

专业人员属于高智能工作者。专业人员的工作是利用他们的知识和技能为项目业主提供咨询服务。专业人员只对他提供的咨询活动所直接造成的后果负责。例如,工程设计虽然实行建筑师负责制,但为建筑师服务的结构工程师、机电工程师和其他专业工程师要对他们自己的工作成果负责,并影响其职位的升迁。

专业人员对民事责任的承担方式,国际上通行的做法是让其购买专业责任保险。因为专业人员即使是附属于咨询单位从事工程咨询工作,由于咨询单位一般规模较小,资金有限,很难承担因其工作失误造成的经济损失。

2)专业人员组织

在西方发达国家中,对专业人员的执业行为进行监督管理是专业人员组织的主要职能之一。一般情况下,专业工程师要成为专业人员,首先要通过由专业人员组织(学会)的考试才能取得专业人员资格。同时,各国的专业人员组织均对专业人员的执业行为规定了严格的职业道德标准,专业人员违背了这些标准,损害了公共利益,就要受到制裁乃至取消其资格,不能在社会上继续从事其专业工作。

在发达国家和地区,政府对建设市场的许多微观管理职能是由各种形式的专业协会组织实施的,这些专业协会在整个建筑管理体制中起着举足轻重的作用。所以,发达国家有着"小政府、大协会"之称。专业协会与政府和专业人员的相互关系如图1.4所示。

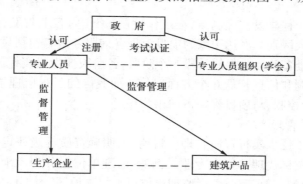

图1.4 专业人员及组织在建筑市场管理中的关系

随着建设市场全球化的发展,许多世界著名的专业人员组织(学会)正积极谋求国际化的发展,以协助专业人员和本国政府开拓国际市场。其中,国际互联网络已成为各专业学会向世界展示自己,进行交流的重要工具。

3)专业人员的资格管理

由于各国情况不同,专业人员的资格有的由学会或协会负责(以欧洲一些国家为代表)授予和管理,有的由政府负责确认和管理。

英国、德国政府不负责专业人员的资格管理,咨询工程师的执业资格由专业学会考试颁发并由学会进行管理。

美国有专门的全国注册考试委员会,负责组织专业人员的考试。通过基础考试并经过数年专业实践后再通过专业考试,即可取得注册工程师资格。

法国和日本由政府管理专业人员的执业资格。法国在建设部内设有一个审查咨询工程师资格的"技术监督委员会",该委员会首先审查申请人的资格和经验,申请人须高等学院毕业,并有 10 年以上的工作经验。资格审查通过后可参加全国考试,考试合格者,予以确认公布。一次确认的资格,有效期为 2 年。在日本,对参加统一考试的专业人员的学历、工作经历也都有明确的规定,执业资格的取得与法国相类似。

新加坡对专业人员进行资格管理有专门的法规(主要有《专业工程师法案》和《建筑师法案》),并由国家授权的法定机构——专业工程师理事会和建筑师理事会负责进行注册和管理。我国香港特区政府通过一套严格的注册制度来确认和授予专业人员的从业资格,具体由建筑师注册管理局、工程师注册管理局、注册委员会等专业管理机构实施。专业人员只有取得这些机构确认的从业资格后,方可独立开业,从事工程建设有关业务。表 1.1 给出了部分国家和地区有代表性的专业人员资格和注册条件。

表 1.1　中外有代表性的专业人员资格和注册条件

国家或地区	专业人员名称	资格条件	考试或资格证书颁发机构	注册机构
美国	项目管理工程师	(1)学士学位,并于 3 ~ 6 年内具备 4 600 h 相关领域项目管理经验;如无学士学位,则在 5 ~ 8 年内具备相关领域 7 500 h 的实践 (2)7 年工作经验或学士学位加 2 年经验,并且在通过考试后 6 年内完成 950 h 的培训(教育)	PMI(项目管理学会)	无须政府注册,政府认可 PMI
德国	审核工程师	(1)资深专业人员 (2)政府最高建设主管部门认可 (3)建筑工程相关专业人员 (4)5 年以上相关专业工作经验	政府最高建设主管部门认可	需要政府认可
日本	建筑师	(1)一级建筑师要通过建设大臣的考试 (2)二、三级建筑师要通过都道府县知事的考试 (3)大学相关专业学士学位 (4)有相关专业 20 年以上的实践经验	政府主管官员政府主管部门	需要政府注册
英国	测量师(QS)建造师	(1)取得 QS 学会(RICS)认可的学士学位 (2)3 年 QS 学会认可的工程实践 (3)通过 RICS 组织的考试 (4)获得 RICS 颁发的正式 QS 证书	RICS(英国皇家特许测量师学会)	政府授权的 RICS 负责注册

续表

国家或地区	专业人员名称	资格条件	考试或资格证书颁发机构	注册机构
新加坡	建筑师	(1)专业建筑师理事会认可的建筑专业学历 (2)1 年以上的工作经验 (3)参加国家考试	建筑师理事会	由政府授权的建筑师理事会按照国会批准的注册法令注册
中国香港特别行政区	工程师	(1)有专业工程师学会认可的专业学位(大学,不少于 3 年) (2)不少于 2 年的专业实习训练 (3)通过工程师学会组织的考试,成为专业工程师 (4)至少 1 年的工程经验 (5)申请注册,接受面试(由工程师学会和政府代表共同执行) (6)面试合格	工程师学会负责资格考试及颁发资格证书	工程师学会和政府代表共同组织面试,由政府颁发注册授权认证书
中国	监理工程师	(1)按照国家统一规定的标准,已取得工程师、建筑师或经济师资格 (2)取得上述资格后,具有 3 年以上的设计或现场施工与管理的实际经验 (3)取得国家住建部颁发的监理工程师资格证书	通过全国监理工程师资格考试委员会的考试	建设行政主管部门注册

　　我国专业人员管理制度是从发达国家引入的,目前已经确定和将要确定的专业人员有 5 种:建筑师、结构工程师、监理工程师、造价工程师和建造(营造)工程师。其资格和注册条件为:大专以上的专业学历;参加全国统一考试,成绩合格;相关专业的实践经验。

1.5　建设工程交易中心

　　建设工程交易中心是我国近几年来出现的使建设市场有形化的管理方式,这种管理方式在世界上是独一无二的。
　　我国是社会主义公有制为主体的国家,政府部门、国有企事业单位投资在社会投资中占主导地位。这种公有制主导地位的特性,决定了对工程承发包管理不能照搬发达国家的做法,既不能像对私人投资那样放任不管,也不可能由某一个或几个政府部门来管理。因此,把所有代表国家或国有企事业单位投资的业主请进建设工程交易中心进行招标,设置专门的监督机构,就成为我国解决国有建设项目交易透明度差的问题和加强建设市场管理的一种独特方式。

· 1.5.1　建设工程交易中心的性质与作用 ·

有形建设市场的出现,促进了我国工程招投标制度的推行。但是,在建设工程交易中心出现之初,对其性质存在2种认识:一种观点认为建设工程交易中心是经政府授权的具备管理职能的机构,负责对工程交易活动实行监督管理;另一种观点认为建设工程交易中心是服务性机构,不具备管理职能。这两种认识体现了在创建具有中国特色的建设管理体制中的一个摸索过程。

1)建设工程交易中心的性质

建设工程交易中心是服务性机构,不是政府管理部门,也不是政府授权的监督机构,本身并不具备监督管理职能。

建设工程交易中心又不是一般意义上的服务机构,其设立需得到政府或政府授权的主管部门的批准,并非任何单位和个人可随意成立。它不以营利为目的,旨在为建立公开、公正、公平竞争的招投标制度服务,只可经批准收取一定的服务费。

2)建设工程交易中心的作用

按照我国有关规定,所有建设项目都要在建设工程交易中心内报建、发布招标信息、合同授予、申领施工许可证。招投标活动都需在场内进行,并接受政府有关管理部门的监督。应该说建设工程交易中心的设立,对国有投资的监督制约机制的建立,规范建设工程承发包行为,将建设市场纳入法制管理轨道都有重要作用,是符合我国特点的一种好方式。

建设工程交易中心建立以来,由于实行集中办公、公开办事制度以及一条龙的"窗口"服务,不仅有力地促进了工程招投标制度的推行,而且遏制了违法违规行为,在防止腐败、提高管理透明度方面都收到了显著的成效。

· 1.5.2　建设工程交易中心的基本功能 ·

我国的建设工程交易中心是按照3大功能进行构建的。

(1)信息服务功能

信息服务功能包括收集、存储和发布各类工程信息、法律法规、造价信息、建材价格、承包商信息、咨询单位和专业人员信息等。在设施上配备有大型电子墙、计算机网络工作站,为承发包交易提供广泛的信息服务。工程建设交易中心一般要定期公布工程造价指数和建筑材料价格、人工费、机械租赁费、工程咨询费以及各类工程指导价等,指导业主和承包商、咨询单位进行投资控制和投标报价。但在市场经济条件下,工程建设交易中心公布的价格指数仅是一种参考,投标最终报价还是需要依靠承包商根据本企业的经验或"企业定额"、企业机械装备、生产效率、管理能力和市场竞争需要来决定。

(2)场所服务功能

对于政府部门、国有企事业单位的投资项目,我国明确规定:一般情况下都必须进行公开招标,只有特殊情况下才允许采用邀请招标。所有建设项目进行招投标必须在有形建设市场内进行,必须由有关管理部门进行监督。按照这个要求,工程建设交易中心必须为工程承发包交易双方包括建设工程的招标、评标、定标、合同谈判等提供设施和场所服务。建设部颁发的《建设工程交易中心管理办法》规定:建设工程交易中心应具备信息发布大厅、洽谈室、开标室、会议室及相关设施,以满足业主和承包商、分包商、设备材料供应商之间的交易需要。同时,要为政府有关管理部门进驻集中办公,办理有关手续和依法监督招投标活动提供场所服务。

(3)集中办公功能

由于众多建设项目要进入有形建设市场进行报建、招投标和办理有关批准手续,这样就要求政府有关建设管理部门进驻工程交易中心,集中办理有关申报审批手续和进行管理。受理申报的内容一般包括工程报建、招标登记、承包商资质审查、合同登记、质量报监、施工许可证发放等。进驻建设工程交易中心的相关管理部门集中办公,公布各自的办事制度和程序,一般要求实行"窗口化"的服务,既能按照各自的职责依法对建设工程交易活动实施有力监督,也方便当事人办事,有利于提高办公效率。这种集中办公方式决定了建设工程交易中心只能集中设立,不能像其他商品市场随意设立。按照我国有关法规,每个城市原则上只能设立一个建设工程交易中心,特大城市可增设若干个分中心,但分中心的3项基本功能必须健全(见图1.5)。

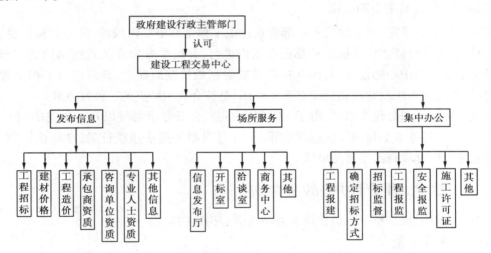

图1.5 建设工程交易中心基本功能

· 1.5.3 建设工程交易中心的运行原则 ·

为了保证建设工程交易中心能够有良好的运行秩序和市场功能的充分发挥,必须坚持市场运行的一些基本原则。

(1)信息公开原则

有形建设市场必须充分掌握政策法规,业主、承包商和咨询单位的资质,造价指数,招标规则,评标标准,专家评委库等各项信息,并保证市场各方主体都能及时获得所需要的信息资料。

(2)依法管理原则

建设工程交易中心应严格按照法律、法规开展工作,尊重建设单位依照法律规定选择投标单位和选定中标单位的权利,尊重符合资质条件的建筑企业提出的投标要求和接受邀请参加投标的权利,任何单位和个人不得非法干预交易活动的正常进行。监察机关应当进驻建设工程交易中心实施监督。

(3)公平竞争原则

建立公平竞争的市场秩序是建设工程交易中心的一项重要原则,进驻的有关行政监督管理部门应严格监督招标、投标单位的行为,防止行业、部门垄断和不正当竞争,不得侵犯交易活动各方的合法权益。

(4)办事公正原则

建设工程交易中心是政府建设行政主管部门批准建立的服务性机构,须配合进场各行政管理部门做好相应的工程交易活动管理和服务工作。要建立监督制约机制,公开办事规则和程序,制订完善的规章制度和工作人员守则,发现建设工程交易活动中的违法违规行为,应当向政府有关管理部门报告,并协助进行处理。

·*1.5.4 建设工程交易中心运作的一般程序*·

按照有关规定,建设项目进入建设工程交易中心后,一般按下列程序运行(见图1.6):

①拟建工程得到计划管理部门立项(或计划)批准后,到中心办理报建备案手续。工程建设项目的报建内容主要包括工程名称、建设地点、投资规模、资金来源、当年投资额、工程规模、工程筹建情况、计划开工和竣工日期等。

②报建工程由招标监督部门依据《招标投标法》和有关规定确认招标方式。

③招标人依据《招标投标法》和有关规定,履行建设项目(包括项目的勘察、设计、施工、监理以及与工程建设有关的重要设备、材料采购等)的招标程序:

a.由招标人组成符合要求的招标工作班子,招标人不具有编制招标文件和组织评标能力的,应委托招标代理机构办理有关招标事宜。

b.编制招标文件,招标文件应包括工程的综合说明、施工图纸等有关资料、工程量清单、工程价款执行的定额标准和支付方式、拟签订的合同主要条款等。

c.招标人向招投标监督部门进行招标申请,招标申请书的主要内容包括建设单位的资格、招标工程具备的条件、拟采用的招标方式、对投标人的要求和评标方式等,并附招标文件。

d.招标人在建设工程交易中心统一发布招标公告,招标公告应当载明招标人的名称和地址,招标项目的性质、数量、实施地点和时间以及获取招标文件的办法等事项。

e.接受投标人投标申请。

f.招标人对投标人进行资格预审,并将审查结果通知各申请投标的投标人。

g.在交易中心内向合格的投标人分发招标文件及设计图纸、技术资料等。

h.组织投标人踏勘现场,并对招标文件答疑。

i.建立评标委员会,制订评标、定标办法。

j.在交易中心内接受投标人提交的投标文件,并组织开标。

k.在交易中心内组织评标,决定中标人。

l.发出中标通知书。

④自中标之日起30日内,发包单位与中标单位签订合同。

⑤按规定进行质量、安全监督登记。

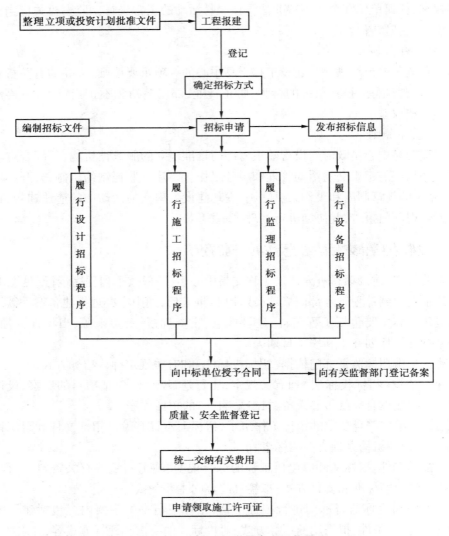

图 1.6　建设工程交易中心运行图

⑥统一交纳有关工程前期费用。

⑦领取建设工程施工许可证。申请领取施工许可证,应当按建设部第 71 号部令规定,具备以下条件:

a. 已经办理该建筑工程用地批准手续。

b. 在城市规划区的建筑工程,已经取得规划许可证。

c. 施工场地已经基本具备施工条件,需要拆迁的,其拆迁进度符合施工要求。

d. 已经确定建筑施工企业。按照规定应该招标的工程没有招标,应该公开招标的工程没有公开招标,或者肢解发包工程,以及将工程发包给不具备相应资质条件的,所确定的施工企业无效。

e. 有满足施工需要的施工图纸及技术资料,施工图设计文件已按规定进行了审查。

f. 有保证工程质量和安全的具体措施。施工企业编制的施工组织设计中有根据建筑工程特点制订的相应质量、技术、安全措施,专业性较强的工程项目编制了专项质量、安全施工组织设计,并按照规定办理了工程质量、安全监督手续。

g. 按照规定应该委托监理的工程已委托监理。

h. 建设资金已经落实。建设工期不足 1 年的,到位资金原则上不得少于工程合同价的 50%;建设工期超过 1 年的,到位资金原则上不得少于工程合同价的 30%。建设单位应当提供银行出具的到位资金证明,有条件的可以实行银行付款保函或者其他第三方担保。

i. 法律、行政法规规定的其他条件。

1.6 国际建设市场概况

· 1.6.1 国际建设市场及管理体制 ·

世界上不同的国家,由于社会制度、国情的不同,建设市场及管理体制也各不相同。例如,美国没有专门的建设主管部门,相应的职能由其他各部设立专门分支机构承担。管理并不具体针对行业,为规范市场行为制定的法令,如《公司法》《合同法》《破产法》《反垄断法》等,并不限于建设市场管理。日本则有针对性比较强的法律,如《建设业法》《建筑基准法》等,对建筑物安全、审查培训制、从业管理等均有详细规定,政府按照法律规定行使检查监督权。

经历了 20 世纪 90 年代的建筑业萧条后,工业发达国家普遍进行了机构改革,组建环境、交通、建筑一体化的部门。英国 1996 年完成环境与交通部的合并,德国也于 1998 年成立交通与住宅部。机构精简了,政府的职能不能削弱,所以相应的职能就向民间或官方机构转移,例如规范制定、标准合同、文本起草、工程质量监督等都由民间或半官方机构完成。当然,政府要对这些民间或半官方机构进行业务审核和认可。

· 1.6.2 主要发达国家政府建设主管部门的组织形式 ·

主要发达国家政府建设主管部门的组织形式,因各国国情存在差异,所以各国政府的建设主管部门的组织形式各不相同,一般由住宅、交通、环境等部门综合而成,反映了国际上的发展趋势。这种发展趋势建立在这样的认识之上,即良好的人类生活环境不单取决于住宅、交通、环境等因素的任何一个,而是三者之和。这种认识也经历了几十年的时间,一直到 20 世纪 90 年代才完全形成。

英国最高建设主管机构称作"环境、交通和区域部",该部的组织分为 4 层:部领导小组、部理事会、组和组下属的局。部领导小组由国务秘书长和分管不同业务的大臣、国务大臣、议会秘书组成;部理事会代表各执行机构、政府办公室的利益,在政策制定方面发挥着重要的作用;组则由功能相近的局构成(见图 1.7)。

德国建设主管机构称作"联邦土地规划、建设和城市建设部",下设综合司、住宅司、土地规划与城市建设司、建筑司和临时设置的柏林迁都工程部,如图 1.8 所示。

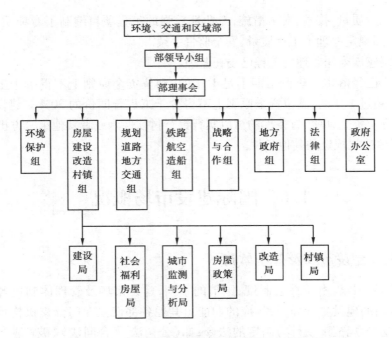

图 1.7　英国环境、交通和区域部的组织结构图

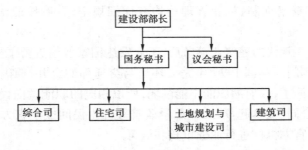

图 1.8　德国联邦土地规划、建设和城市建设部的组织结构图

与英、德相比,日本建设省组织层次清晰,其设置也与我国较相近,建设省由 7 个局和附属机构组成,局下设相关的科、室,如图 1.9 所示。

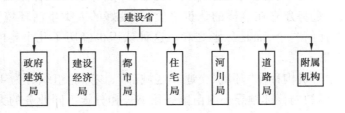

图 1.9　日本建设省的组织结构图

· 1.6.3　主要发达国家建设管理体制 ·

发达国家建设主管部门对企业的行政管理并不占主要的地位,政府的作用是建立有效、

公平的建设市场,提高行业服务质量和推进整个行业的良性发展,而不是过多地干预企业的经营和生产;对建筑业的管理主要是通过政府引导、法律规范、市场调节、行业自律、专业组织辅助管理来实现,在市场机制下,经济手段和法律手段成为约束企业行为的主要方式;法制是政府管理的基础。

西方发达国家在政体上国家机构与地方政府并无隶属关系。其对建设市场的管理也体现了这一特点,即主要是通过法律手段对市场主体行为进行规范,政府不介入企业的具体经营活动或建设行为的具体过程。

在管理职能方面,立法机构负责法律、法规的制定和颁布;行政机关负责监督检查,制订发展规划和对有关事情进行审批;司法部门负责执法和处理。此外,作为整个管理体制的补充,其行业协会和一些专业组织也承担了相当一部分工作,如制定有关技术标准、对合同的仲裁等。以国家法律为基础,地方政府往往也制定相对独立的法律。

小 结 1

本章主要讲述建设市场含义、建设市场的主体和客体、我国建设市场的资质管理、建设工程交易中心、国际建设市场概况等。其要点为:

①建设市场是指以建筑工程承发包交易活动为主要内容的市场,有狭义和广义之分。广义的建设市场体系包括工程市场和要素市场两个主要部分,是工程建设生产和交易关系的总和。改革开放以后,我国建设市场有一个从培育、建立、发展到逐渐完善的发展过程,初步形成了用法律法规的强制力来管理的建设市场。

②建筑生产交易过程中的各方参与者构成建设市场的主体,如业主、承包商、工程设计单位、工程监理公司等。不过它们都必须具备相应的从业资格和能力。建筑生产不同阶段的生产成果和交易内容等非物化的劳动构成建设市场的客体,如建筑产品、工程设施与设备、构配件、各种图纸和报告等。上述各类智力型服务保证了工程建设的顺利实施。

③在建设工程施工活动中,参与者主要有业主、承包商和工程咨询机构三方。《建筑法》规定:对从事建筑活动的施工企业、勘察单位、设计单位和工程监理单位实行严格的资质管理,并建立相应的资质管理制度,对相关的各类专业技术人员的从业资格也实行严格的注册等级考试制度,从而对保证建设工程质量和安全,提高企业管理水平和经济效益起到了重要作用。

④建设工程交易中心是我国在改革中出现的一种建设市场有形化的管理方式,也是世界上独一无二的管理方式。它是一个服务性机构,本身不具备监督管理职能,但具有信息服务、场所服务和集中办公的三大功能。其目的是为公开、公正、公平竞争的招投标制度服务,它对国有资产监督制约机制的建立,规范建设工程承发包行为和把建设市场纳入法制管理的轨道具有非常重要的作用,是符合我国国情和特点的一种建设市场管理模式。

复习思考题 1

1.1　什么是建设市场？其具体含义是什么？

1.2　建设市场体系的结构组成包括哪些内容？

1.3　简述我国建设市场的建立与发展。

1.4　建设市场的结构有何特征？其运行机制是怎样的？

1.5　我国政府对建设市场的管理范围和内容是什么？

1.6　什么是建设市场的主体和客体？它们包括哪些具体内容？

1.7　什么是建设市场的资质管理？为什么要加强建设市场的资质管理？

1.8　我国政府加强资质管理的范围和主要内容是什么？

1.9　什么是建设工程交易中心？建设工程交易中心的性质和作用是什么？有何功能？

2 建设工程项目施工招标

本章导读：本章主要讲述建设工程施工项目招标概述、建设工程项目施工招标程序、建设工程项目施工招标文件的组成和建设工程项目施工招标文件的编制。

通过本章的学习，要求了解招标投标的概念、分类，招标方式和招标条件等，熟悉国内施工招标程序，重点掌握施工招标文件的内容组成和标底的编制。

2.1 招标概述

· *2.1.1 关于《招标投标法》的修订* ·

按照党中央、国务院要求，为深化招标投标领域"放管服"改革，不断增强招标投标制度的适用性和前瞻性，推动政府职能转变，助力供给侧结构性改革，促进经济社会持续健康发展，多次对《招标投标法》和《中华人民共和国招标投标法实施条例》（以下简称《招标投标法实施条例》）进行了修订。

1)《招标投标法》制定和修订历程

1999 年 8 月 30 日第九届全国人民代表大会常务委员会第十一次会议通过，自 2000 年 1 月 1 日起施行。

根据 2017 年 12 月 27 日第十二届全国人民代表大会常务委员会第三十一次会议《关于修改〈中华人民共和国招标投标法〉、〈中华人民共和国计量法〉的决定》进行了修正。

2)《招标投标法实施条例》制定和修订历程

《招标投标法实施条例》2011 年 11 月 30 日国务院第 183 次常务会议通过，自 2012 年 2 月 1 日起施行，分总则，招标，投标，开标、评标和中标，投诉与处理，法律责任，附则 7 章 84 条。

根据 2017 年 3 月 1 日中华人民共和国国务院令第 676 号《国务院关于修改和废止部分行政法规的决定》第一次修订。

根据 2018 年 3 月 19 日中华人民共和国国务院令第 698 号令《国务院关于修改和废止部分行政法规的决定》第二次修订。

根据 2019 年 3 月 2 日《国务院关于修改部分行政法规的决定》第三次修订。

· 2.1.2 招标投标的概念 ·

招标投标是一种商品交易行为,它包括招标和投标两个方面的内容。目前,招标投标在国际上广泛采用,不仅政府、企事业单位用它来采购原材料、器材和机械设备,而且各种工程项目也采用这种形式进行物资采购和工程承包。它是在商品经济比较发达的阶段出现的,是商品经济发展的结果。

商品生产的进一步发展,商品交换便出现了现货交易和期货交易两种方式。现货交易是买卖双方在商品市场上见面以后,通过讨价还价,达成契约,进行银货授受行为,即进行交割,或在极短的期限内履行交割的一种买卖。交割完成后,交易即告结束。期货交易也称"定期交易"或"期货买卖",是交易成立时,双方约定一定时期实行交割的一种买卖。这种方式适用于大宗商品、外汇、证券等交易。期货交易方式的出现,客观上要求交易成立之前的洽谈具有广泛性质,交易成立之后的契约具有约束性,这就促使了招标投标的产生。

招标投标是由一家买主通过发布招标广告,吸引多家卖主前来投标,进行洽谈,这样买主可享有灵活的选择权。因此,招标投标非常适合期货交易方式的需要。买卖双方通过招标投标达成协议,但交易成立之后,还没有实行交割,此时还需要签订合同,以保证交易的顺利进行。因此,招标投标制与合同制是紧密相连的,两者结合起来,才能保证期货交易成功。现就招标投标的一些基本概念介绍如下:

(1)招标

招标人在采购货物、发包建设工程项目或购买服务之前,以公告或邀请书的方式提出招标的项目、价格和要求,以便愿意承担项目的投标人按照招标文件的条件和要求,提出自己的价格,填好标书进行投标,这个过程称为招标。招标人通过招标,利用投标人之间的竞争,达到货比三家、优中选优的目的。至于选优的标准,要根据每个招标人的实际需要和要求来决定。招标人是指依法提出施工招标项目、进行招标的法人或者其他组织。

(2)投标

投标人响应招标人的要求参加投标竞争,也就是投标人在同意招标人在招标文件中提出的条件和要求的前提下,对招标项目估算自己的报价,在规定的日期内填写标书并递交给招标人,参加竞争并争取中标,这个过程称为投标。投标人是指响应招标、参加投标竞争的法人或者其他组织。

(3)开标

招标人在规定的地点和时间,在有投标人出席的情况下,当众拆标书(即投标函件),宣布标书中投标人的名称、投标价格和投标价格的有效修改等主要内容,这个过程称为开标。开标应当在招标文件确定的提交投标文件截止时间的同一时间公开进行,开标地点应当是招标文件中确定的地点。开标应当在法律保障和有公证员的监督下进行。开标一般有以下 3 种方式:

①在有投标人自愿参加的情况下,公开开标,不当场宣布中标候选人或中标人;

②在公证人的监督下,公开开标,当场宣布与确定中标候选人;

③在有投标人自愿参加的情况下,公开开标,当场宣布与确定中标人。

（4）评标定标

招标人按照《招标投标法》的要求，由专门的评标委员会对各投标人报送的投标数据进行全面审查，择优选定中标人，这个过程称为评标。评标是一项比较复杂的工作，要求有生产、质量、检验、供应、财务、计划等各方面的专业人员参加，对各投标人的质量、价格、期限等条件进行综合分析和评比，并根据招标人的要求，择优评出中标候选人或中标人。其评定办法有以下3种：

①全面评比，综合分析条件，最优者为中标候选人或中标人；

②按各项指标打分评标，以得分最高者为中标候选人或中标人；

③以能否满足招标人的侧重条件，如工期短、报价低等选择中标候选人或中标人。

（5）中标（得标）

当招标人以中标通知书的形式正式通知投标人得了标，作为投标人来说就是中标。在开标以后，经过评标，择优选定的投标人，就称为中标人，在国际工程招标投标中，称为成功的投标人。招标人应当接受评标委员会推荐的中标候选人，一般是按排序限定1～3个为中标候选人。排名第一的中标候选人放弃，招标人可以确定排名第二的中标候选人为中标人。

（6）招标投标

招标投标是招标与投标两者的统称。它是指招标人通过发布公告，吸引众多投标者前来参加投标，择优选定中标人，最后双方达成协议的一种商品交易行为。买卖双方在进行商品交易时，一般是经过协商洽谈、付款、提货等几个环节，招标投标则属于协商洽谈这一环节。招标人进行招标，实际上是对自己想购买的商品询价。因此，人们把买方先行询价的一种商品交易行为统称为招标投标。

（7）招标投标制

招标投标是一种商品交易行为，招标人与投标人之间存在一种商品经济关系。为体现招标投标双方的经济权力，推动双方负起经济责任，并维护他们的经济利益而建立的一套招标投标管理制度就是招标投标制。制度本身是一种法的形式，它反映统治阶级的利益，属于上层建筑领域，因此在不同的社会形态中，招标投标制的内容也就不一样。

· 2.1.3 建设工程项目招标分类 ·

建设工程项目招标按其建设程序、承包范围和行业类别的不同进行分类。

1）按工程项目建设程序分类

建设工程项目建设的全过程，可分为建设前期阶段、勘察设计阶段和实施施工阶段。因此，按建设工程项目的建设程序，招标可分为建设工程项目开发招标、勘察设计招标、施工招标、材料设备供应招标和其他招标。

（1）建设工程项目开发招标

建设工程项目开发招标，是指招标人（业主）在工程项目可行性研究及项目建议书阶段，为科学、合理地选择投资开发建设方案，通过投标竞争寻找满意的建设咨询单位所进行的投标。投标人是指建设咨询公司或建筑设计研究院，中标人最终成果是向业主提交该工程项目的可行性研究报告，据此作为业主对该工程项目投资开发决策的依据。

（2）勘察设计招标

勘察设计招标是指招标人（业主）根据批准的工程项目可行性研究报告，选择勘察设计单位所进行的招标。勘察设计可由勘察单位和设计单位分别完成。勘察单位的最终成果是向业主提交该工程项目的勘察报告，包括该工程项目施工现场的地理位置、地形、地貌、地质、水文等勘察资料。设计单位最终成果是向业主提交该工程项目的初步设计图纸，或施工图设计图纸和该工程概预算，据此作为业主对该工程项目实施施工招标的依据。

（3）建设工程项目施工招标

建设工程项目施工招标，是指招标人（业主）在工程项目的初步设计或施工图设计完成后，利用招标方式选择施工企业所进行的招标。施工企业最终成果是向业主交付符合招标设计文件规定、工程质量合格的建筑产品。

（4）建设工程项目的材料、设备供应招标

建设工程项目的材料、设备供应招标，是指招标人（业主）或施工企业根据设计图纸的要求和工程施工的需要，利用招标的方式选择建筑材料和机械设备供货商的招标。建筑材料和机械设备供货商的最终成果，是向业主或施工企业交付符合质量要求的建筑材料和机械设备。

（5）其他招标

其他招标主要包括与工程项目建设有关的建设监理、工程劳务、特殊进口材料、设备等的招标。不过，有的是业主组织的招标，如建设监理的招标；有的是施工企业组织的招标，如工程劳务的招标。

2）按工程承包范围分类

工程承包按其范围可分为建设项目总承包、建筑安装工程承包和专项工程承包等。工程项目招标也可相应地按上述工程承包范围的不同进行分类。

（1）建设项目总承包招标

建设项目总承包招标，是指招标人（业主）为选择建设项目总承包人所进行的招标，即建设项目实施全过程的招标。它是从建设项目建议书开始，包括该项目的可行性研究报告，勘察设计，材料、设备询价与采购，工程施工，生产准备，投料试车，直至竣工投产、交付使用的全过程实行招标，因此又称为"交钥匙工程"的招标。

（2）建筑安装工程承包招标

建筑安装工程承包招标，是指招标人（业主）在施工图设计完成后，为选择建筑安装工程施工承包人所进行的招标。这种招标范围仅包括工程项目的建筑安装施工活动，不包括建设项目的建设前期准备、勘察设计和生产准备等。

（3）专项工程招标

专项工程招标，是指在建设项目的招标中，对其中某些技术比较复杂、专业性或保密性强、施工和制作要求特殊的专项工程所进行的工程招标。

3）按行业类别分类

按与工程建设相关业务性质的不同，招标亦可分为勘察设计招标、材料设备采购招标、土木工程招标、建筑安装工程招标、生产工艺技术转让招标和工程咨询服务招标等。

· *2.1.4　建设工程项目招标方式* ·

建设工程项目招标前招标人应做好准备,以保证招标工作的顺利进行。其准备工作在国外多由业主委托咨询公司承担,主要是编写招标文件及标底计算等。我国的工程招标准备工作,一般由工程发包人组织进行。整个招标工作的好坏和质量的高低,关键取决于招标前的准备工作。在招标准备工作中,标底的计算与确定是至关重要的。目前国内一些招标人不熟悉编制标底的业务,可请中介机构或建设银行代为编制,或者委托招标咨询小组为招标人编制。准备工作完成后,即可组织进行招标,其招标方式有如下两种:

1)公开招标

公开招标是指招标人(业主)以招标公告的方式邀请不特定的法人或其他组织参加投标的一种方式。公开招标也称为开放型招标,是一种无限竞争性招标。采用这种招标,由招标人利用报刊、电台、广播等形式,公开发表招标公告,宣布招标项目的内容与要求。公开招标不受地区限制,各承包企业凡对此感兴趣者,通过资格预审后,都有权利购买招标文件,积极参加投标活动。招标人则可在众多的投标人中优选出理想的承包人(或企业)为中标人。

我国规定国家重点建设项目和各省、自治区、直辖市确定的地方重点建设项目,以及全部或控股的国有资金投资的工程建设项目,都应当公开招标。

公开招标的优点是可以给一切有法人资格的承包商以平等竞争机会参加投标。招标人可以从大量的投标书中获取较为价廉而优质的报价,选择出理想的承包人,真正做到优中选优。其缺点是:参加者越多其竞争愈趋激烈,可能出现少数的承包人为了得标故意采取压低报价的手段,力图排挤那些持严肃认真态度的投标人的现象。但是,只要认真对标书严格审查,这种招标方式仍是十分可取的。

2)邀请招标

邀请招标是指招标人(业主)以投标邀请书的方式邀请特定的法人或其他组织参加投标的一种方式。这是一种有限竞争性招标,招标人根据工程特点,有选择地邀请若干具有承包该工程项目能力的承包人前来投标。具有下列情况之一的,经批准可以进行邀请招标:

①项目技术复杂或有特殊要求,只有少数几家潜在投标人可供选择的;

②受自然地域环境限制的;

③涉及国家安全、国家秘密或者抢险救灾,适宜招标但不宜公开招标的;

④拟公开招标的费用与项目的价值相比,不值得的;

⑤法律、法规规定不宜公开招标的。

《工程建设项目施工招标投标办法》(七部委〔2013〕30 号令,以下简称《招标投标办法》)规定:国家重点建设项目的邀请招标,应当经国务院发展计划部门批准;地方重点建设项目的邀请招标,应当经各省、自治区、直辖市人民政府批准。国有资金投资(控股)的需要批准的工程建设项目的邀请招标,应当经项目审批部门批准立项,由有关行政监督部门审批。

这种方式的招标同样要进行资格预审程序,经过标书评审择优选定中标人和发出中标通知书。邀请招标目标明确,经过选定的投标人在施工经验、施工技术和信誉上都比较可靠,基本上能保证工程质量和进度。邀请招标的整个组织管理工作比公开招标相对要简单一些,但报价也可能高于公开招标。

2.2 建设工程项目施工招标程序

· 2.2.1 工程项目施工招标条件 ·

《招标投标办法》对招标人(业主)及建设工程项目的招标条件均做了明确规定,并以此规范招标人(业主)的行为,维持招投标市场秩序,确保招标工作有条不紊地进行。

1)招标人(业主)招标应具备的条件

①招标人(业主)是法人或依法成立的其他组织;

②有与招标工程相适应的经济、技术、管理人员;

③有组织编制招标文件的能力;

④有审查投标人(承包商)资质的能力;

⑤有组织开标、评标、定标的能力。

上述条件中,前两条是对招标人(业主)招标资格的认定,后三条则是对招标人(业主)能力的要求。若招标人(业主)不具备上述某些条件时,可以委托具有相应资质的咨询、监理等单位代理工程项目的招标事宜。

2)工程项目施工招标应具备的条件

①招标人已经依法成立;

②初步设计及概算应当履行审批手续的,已经批准;

③招标范围、招标方式和招标组织形式等应当履行核准手续的,已经核准;

④有相应资金或资金来源已经落实;

⑤有招标所需的设计图纸及技术资料;

⑥已经建设项目所在地规划部门批准,施工现场的"三通一平"已经完成或一并列入施工招标范围。

上述规定将促使招标人(业主)严格建设程序办事,防止"三边"工程的发生,确保建设工程项目招标工作的顺利进行。

· 2.2.2 工程项目施工招标程序 ·

招标投标活动涉及招标人(业主)和投标人(承包商)两个方面,且是一个整体活动。因此,在工程项目招标活动中必然涉及投标活动的内容。工程项目招标程序如图2.1所示。

1)建设工程项目报建

建设工程项目报建是工程项目招标活动的前提,其报建范围包括各类房屋建筑、道路、桥梁、管道线路及设备安装、装饰整修等建设工程。报建内容主要包括工程名称、建设地点、投资规模、资金来源、工程概况、发包方式、计划开竣工日期和工程筹建情况等。

在建设工程项目立项批准文件或固定资产投资计划下达后,招标人(业主)应根据工程建设项目报建的规定进行报建,并由当地建设行政主管部门进行审批。具备招标条件的,可开始办理招标人资格审查。

2)审查招标人(业主)资格

审查招标人资格主要是审查招标人是否具备招标条件,不具备招标条件的招标人(业主)必须委托具有相应资质的中介机构代理招标。招标人(业主)与中介机构签订委托代理招标协议后,应报招标管理部门备案。

3)编制招标文件与送审

《招标投标法》规定:凡是已确定招标的工程项目,必须是列入本年度计划的工程项目,设计文件齐备、建设用地、建设资金、建筑材料、主要设备和协作配套条件等准备工作均已落实,才能据此编制工程招标文件,同时计算拟建工程标底,并报建设主管部门审批备案。

标底的计算与确定是招标文件编制的重要环节。由业主(建设单位)或委托招标咨询单位根据设计图纸和有关规定计算,并经招标主管部门审定的发包标价,称为标底。标底的内容除合理造价外,还包括与造价相对应的施工、质量要求,以及为缩短工期所需的措施费等。它是进行评标和定标

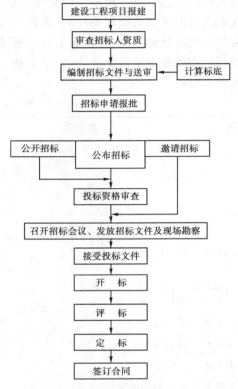

图2.1　工程项目施工招标程序框图

工作的主要参考依据之一。标底在开标前要严格保密,如有泄漏,对责任者要严肃处理,直至给予经济、法律制裁。目前标底的计算多数以现行计价定额为计算基础,按建设工程工程量清单计价的方法计算。有的也以当地平方米造价包干为计算基础,上下浮动。标底的确定既应控制在概算或修正概算以内,又要体现建筑产品的合理价格;既要努力降低造价,又要考虑承包企业基本的合理权益,以调动双方的积极性。关于标底的概念及具体计算方法后面再做详细介绍。

4)招标申请报批

招标人(业主)在工程招标准备工作基本完毕后,应向政府建设主管部门报送招标申请文件,并由主管部门对招标人(业主)进行招标条件审查,招标人必须等待审查批准后才能进行招标。审查的主要内容包括:招标人(业主)资格、建设资金有无保证、主要建筑材料与设备是否落实、招标文件内容是否齐全、工程标底是否计算完毕、工程招标方式是否确定等。工程招标的方式一般是业主(招标人)根据工程情况与建设主管部门共同商定。

5)投标资格预审

招标人或招标领导小组对投标人(承包商)进行工程投标资格预审是一项很重要的工作,按照《招标投标法》规定,只有通过投标资格预审后,投标人才具有参加工程投标的资格。

按照《标准施工招标资格预审文件》的规定,资格预审文件包括:资格预审公告、申请人须知、资格审查办法、资格预审申请文件格式和项目建设概况,以及招标人对资格预审文件的澄清及修改。其中资格预审申请文件包括:资格预审申请函、法定代表人身份证明或附有法定代表人身份证明的授权委托书、联合体协议书、申请人基本情况表、近年财务状况表、近年完成的类似项目情况表、正在施工和新承接的项目情况表、近年发生的诉讼及仲裁情况和其他材料。资格预审申请文件应包含"申请人须知"规定的全部内容。"申请人须知前附表"详见表2.1所示。

表2.1 申请人须知前附表

条款号	条款名称	编列内容
1.1.2	招标人	名称: 地址: 联系人: 电话:
1.1.3	招标代理机构	名称: 地址: 联系人: 电话:
1.1.4	项目名称	
1.1.5	建设地点	
1.2.1	资金来源	
1.2.2	出资比例	
1.2.3	资金落实情况	
1.3.1	招标范围	
1.3.2	计划工期	计划工期:_____日历天 计划开工日期:_____年_____月_____日 计划竣工日期:_____年_____月_____日
1.3.3	质量要求	
1.4.1	申请人资质条件、能力和信誉	资质条件: 财务要求: 业绩要求: 信誉要求: 项目经理(建造师,下同)资格: 其他要求:
1.4.3	是否接受联合体资格预审申请	□不接受 □接受,应满足下列要求:
2.2.1	申请人要求澄清 资格预审文件的截止时间	
2.2.2	招标人澄清 资格预审文件的截止时间	

续表

条款号	条款名称	编列内容
2.2.3	申请人确认收到 资格预审文件澄清的时间	
2.3.1	招标人修改 资格预审文件的截止日期	
2.3.2	申请人确认收到资格预审文件修改的 时间	
3.1.1	申请人必须补充的其他材料	
3.2.4	近年财务状况的年份要求	＿＿＿＿＿年
3.2.5	近年完成的类似项目的年份要求	＿＿＿＿＿年
3.2.7	近年发生的诉讼及仲裁情况的年份 要求	＿＿＿＿＿年
3.3.1	签字或盖章要求	
3.3.2	资格预审申请文件副本份数	＿＿＿＿＿份
3.3.3	资格预审申请文件的装订要求	
4.1.2	封套上写明	招标人地址： 招标人全称： ＿＿＿（项目名称）＿＿＿＿标段施工招标资格预审申请 文件在＿＿＿＿＿年＿＿＿月＿＿＿日＿＿＿时＿＿＿分前不得 开启
4.2.1	申请截止时间	＿＿＿＿＿年＿＿＿月＿＿＿日＿＿＿时＿＿＿分
4.2.2	递交资格预审申请文件的地点	
4.2.3	是否退还资格预审申请文件	
5.1.2	审查委员会人数	
5.2	资格审查方法	
6.1	资格预审结果的通知时间	
6.3	资格预审结果的确认时间	
9	需要补充的其他内容	
…	…	
…	…	
…	…	

6)召开招标会议

招标人(业主)或招标领导小组在工程招标准备工作结束后,就可以召开有投标人(承包商)、设计单位、建设银行和当地工程招标主管部门等参加的招标会议,同时对通过资格预审的投标人发售招标文件(包括施工图纸)。招标会议一般是由当地招标主管部门主持,招标人介绍工程情况及施工要求,解答提出的有关问题,补充与完善招标文件的内容,明确投标人报送标函的具体时间与地点等。对招标文件内容所提出的修改和补充意见,应做会议纪要,并分发给有关单位。会后招标人可组织各投标人对施工现场进行考察,包括:施工现场可提供的场地面积和房屋数量;施工用水、电源位置及可供量;施工运输道路和桥梁承载能力情况;拟建工程项目与已建房屋的关系;施工现场的地貌、地质和水文情况等。

7)接收投标文件

投标人(承包商)根据招标文件的要求,编制投标文件并进行密封,在投标截止时间前按规定的地点交给招标人(业主)。招标人接收投标文件后将其封存,按规定的时间、地点和要求开标。

8)开标

开标一般是招标人或招标领导小组在规定的时间、地点,在有招标人(业主)、投标人(承包商)、建设银行、工程招标主管部门和公证机关参加的情况下公开举行,并当众启封标函,宣布投标人(承包商)的报价及投标书的主要内容。按照《招标投标法》的规定,工程招标的开标应当在有法律保障和公证员监督的条件下公开进行。现将开标的具体方式分述如下:

(1)公开开标,当场确定中标人

这种方式是在召开的开标会上,由评标委员会负责,当众启封各投标人报送的标函,并宣布各标函的报价等内容,经评标委员会成员与招标人短时间评标磋商后,当场定标宣布中标人(承包商)。

(2)公开开标,当场预定中标候选人

这种方式是在召开的开标会上,当众启封标函,如果在有若干投标人(承包商)的标函报价和内容各具特色,各有长处,难以当场确定中标人的情况下,可当众宣布其中1~3个作为候选中标人进行第二次报价,经评标后再定标,确定最后中标人。

(3)公开开标,当场不定中标人

当众启封标函后,如各投标人(承包商)的标函报价与标底等要求相差甚远,难以从现有投标人中确定候选中标人或中标人时,只好另行招标,或会后从现有投标人中选择若干投标人进行协商议标,最后确定中标人。

按我国《招标投标法》的规定,凡有标函未密封,或标函未按要求填写,或填写字迹模糊辨认不清,或标函未加盖本企业和法人印鉴,或标函寄出(交付)时间超过投标截止日期(以邮戳为准)等情况之一者,均按废标处理。

9)评标

评标是招标人和评标委员会,对投标人(承包商)所报送的标函进行审查、评议和分析的活动,它是整个招标投标活动的重要环节,评标委员会在评标时,应贯彻公正平等、经济合理、技术先进的原则,并按规定的评标标准进行评标。

(1)评标标准

①标价合理。我国的标价确定仍以施工图纸为依据,投标人按招标文件中的"建设工程工程量清单计价"的方法计算工程费用,各投标人的报价,主要是在企业管理费或材料价格上

浮动。评标时应保证投标人(承包商)的正当经济利益,不能只讲标价越低越好。

②工期适当。一般以国家或当地规定的工期定额为准,不能突破,或所定工期要在采取一定的技术组织措施下保证能够实现。

③保证质量。工程质量关系着工程建设项目的投产使用,因此,要求投标人有严格的质量保证体系和措施,使工程质量达到国家规范要求。

④企业信誉好。承包企业的信誉主要体现在信守合同、遵守法律、工程质量和服务质量良好等方面,且得到社会的广泛承认。投标人(承包商)的信誉,是在自己的实际施工经历中树立的,不是自己吹嘘所能获得的。

在不同工程、不同条件下,其评定标准不尽相同。如某商业大厦,地处闹市,商业利润高,招标人希望尽量缩短工期,早日投入使用而获得更多利润,因此评定标准中便将工期列为重点,报价稍高的投标企业,只要工期短,其他条件也适当,就有可能中标。

(2)评标方法

目前常用的评标方法主要有条件对比法和打分评标法 2 种。

①条件对比法。条件对比法是指在公开开标后,按条件分别进行登记并排列次序,然后评价对比各项条件如:标价、工期、质量、安全、技术素质、协作条件等。

②打分评标法。打分评标法是指对投标人(承包商)所报送的标函,按工期、造价、质量、材料、社会信誉等进行定量评价。标函的评分指标构成情况大致为:工程造价 30 分(或 25 分),工期 30 分(或 25 分),工程质量 15 分(或 20 分),材料 10 分(或 15 分),附加条件 15 分。

评标是一项比较复杂的工作,其认识也不尽一致,故有的地区采用评分与对比评价相结合的办法进行。如××市规定:评分的办法是根据标价、工期、质量、企业信誉、材料消耗等情况分别计分,计分比例为:标价 40 分,低于标价 5% 以内的,每低于 1% 加 1 分;高于标价 5% 以内的,每高于 1% 扣 1 分;超过标价 5% 以上或低于标价 5% 以下不计分。工期:25 分;品质:25 分(参照企业信誉及各项措施进行评分);材料消耗:10 分。

10)定标

开标后,由招标人或评标委员会,对各投标人(承包商)的标函经过各项条件的对比分析,综合平衡,择优确定最佳中标人(承包商)的过程称为定标,也称为决标。定标方法有以下几种:

①全面评比、分析各项条件,选择综合条件最优者为中标候选人或中标人(承包商)。

②按各项指标打分评标,以得分最高者为中标候选人或中标人(承包商)。

③以满足招标人(业主)的特殊要求或侧重条件,如工期短或报价低等,选择中标候选人或中标人(承包商)。

11)签订承包合同

确定中标人后,应填写中标通知书,报送当地建设主管部门审核签发,并与中标人(承包商)签订承包合同。凡未按规定的时间(中标后 20 天或 30 天内)签订合同,经建设主管部门裁决,责任属于投标人的,取消其该工程的承包权;责任属于招标人(业主)的由招标人赔偿投标人的延期开工损失,其额度由建设主管部门裁定。

2.3 建设工程项目施工招标文件的组成

根据我国自2000年1月1日起实行的《招标投标法》，以及国家九部委发布的《标准施工招标文件》的规定，招标人（业主）应按照招标项目的特点和需要编制招标文件，招标文件应包括招标项目的技术要求、对投标人资格预审的标准、投标报价的规定、评标标准和签订合同的主要条款等所有实质性要求及条件。

建设工程招标文件是由招标人（业主）或其委托相关的咨询机构编制并发布的，它既是投标人（承包商）编制投标文件的依据，也是招标人与投标人签订工程承包合同的基础，招标文件中提出的各项要求，对整个招标工作乃至承发包双方均有约束力。由于建设工程招标投标分为若干个不同的标段，每个标段招标文件的编制内容和要求不尽相同。其招标文件的内容由招标方式（招标公告或投标邀请书）、投标人须知、评标办法、合同条款及格式、工程量清单、施工图纸、技术标准和要求、投标文件格式、投标人须知前附表规定的其他材料等部分组成。招标人对招标文件所作的澄清、修改，也是招标文件的组成部分。如果采用邀请招标方式，其招标文件内容除没有资格审查表以外，其余均与上述内容完全相同。现就建设工程施工招标文件的组成分述如下：

· 2.3.1 招标方式 ·

招标方式主要有公开招标和邀请招标两种。公开招标内容包括：招标条件、项目概况与招标范围、投标人资格要求、招标文件的获取、投标文件的递交、发布公告的媒介和联系方式等内容。邀请招标除不需发布公告外，其余内容均与公开招标相同。

· 2.3.2 投标人须知 ·

投标人须知包括投标须知前附表和投标须知。投标须知前附表如表2.2所示。投标须知主要由总则、招标文件、投标文件、投标报价、开标、评标、合同授予、重新招标和不再招标、纪律和监管以及其他内容组成。

1）总则

（1）项目概况

项目概况主要包括以下内容：

①根据有关法规等规定，本项目已具备招标条件，并对本标段施工进行招标。

②本招标项目名称及其招标人。

③本标段施工招标代理机构。

④本标段建设地点。

以上各项的内容及要求，详见投标人须知前附表（表2.2）所示。

（2）资金来源和落实情况

其内容主要包括：本招标项目的资金来源、出资比例和资金的落实情况等，详见投标人须知前附表（表2.2）所示。

（3）招标范围、计划工期和质量要求

其内容主要包括：本招标项目的本次招标范围、本标段施工计划工期和质量要求,详见投标人须知前附表(表2.2)所示。

表2.2　投标人须知前附表

条款号	条款名称	编列内容
1.1.2	招标人	名称： 地址： 联系人： 电话：
1.1.3	招标代理机构	名称： 地址： 联系人： 电话：
1.1.4	项目名称	
1.1.5	建设地点	
1.2.1	资金来源	
1.2.2	出资比例	
1.2.3	资金落实情况	
1.3.1	招标范围	
1.3.2	计划工期	计划工期：_____ 日历天 计划开工日期：____ 年___月___日 计划竣工日期：____年___月___日
1.3.3	质量要求	
1.4.1	投标人资质条件、能力和信誉	资质条件： 财务要求： 业绩要求： 信誉要求： 项目经理(建造师,下同)资格： 其他要求：
1.4.2	是否接受联合体投标	□不接受 □接受,应满足下列要求：
1.9.1	踏勘现场	□不组织 □组织,踏勘时间： 　　踏勘集中地点：

续表

条款号	条款名称	编列内容
1.10.1	投标预备会	□不召开 □召开,召开时间: 　　　召开地点:
1.10.2	投标人提出问题的截止时间	
1.10.3	招标人书面澄清的时间	
1.11	分包	□不允许 □允许,分包内容要求: 　　　分包金额要求: 　　　接受分包的第三人资质要求:
1.12	偏离	□不允许 □允许
2.1	构成招标文件的其他材料	
2.2.1	投标人要求澄清招标文件的截止时间	
2.2.2	投标截止时间	_____年____月____日____时____分
2.2.3	投标人确认收到招标文件澄清的时间	
2.3.2	投标人确认收到招标文件修改的时间	
3.1.1	构成投标文件的其他材料	
3.3.1	投标有效期	
3.4.1	投标保证金	投标保证金的形式: 投标保证金的金额:
3.5.2	近年财务状况的年份要求	____年
3.5.3	近年完成的类似项目的年份要求	____年
3.5.5	近年发生的诉讼及仲裁情况的年份要求	____年
3.6	是否允许递交备选投标方案	□不允许 □允许
3.7.3	签字或盖章要求	
3.7.4	投标文件副本份数	____份
3.7.5	装订要求	
4.1.2	封套上写明	招标人地址: 招标人名称: _____(项目名称)_____标段投标文件在___年___月 ___日___时___分前不得开启

续表

条款号	条款名称	编列内容
4.2.2	递交投标文件地点	
4.2.3	是否退还投标文件	□否 □是
5.1	开标时间和地点	开标时间:同投标截止时间 开标地点:
5.2	开标程序	(4)密封情况检查: (5)开标顺序:
6.1.1	评标委员会的组建	评标委员会构成:____人,其中招标人代表____人,专家____人; 评标专家确定方式:
7.1	是否授权评标委员会确定中标人	□是 □否,推荐的中标候选人数:
7.3.1	履约担保	履约担保的形式: 履约担保的金额:
10	需要补充的其他内容	
…	…	
…	…	

（4）投标人资格要求

投标人资格要求包括以下内容:（适用于未进行资格预审的情况）

①投标人应具备承担本标段施工的条件、能力和信誉。如资质条件、财务要求、业绩要求、信誉要求、项目管理资格和其他要求等,详见投标人须知前附表(表2.2)所示。

②按规定接受联合体投标的,除应符合投标人须知前附表中所规定的要求外,还应遵守以下规定:

a.按规定的格式签订联合体协议书,明确联合体负责人和各方的权利及义务;

b.同一专业队伍组成的联合体,按资质等级较低的单位确定资质等级;

c.联合体各方不得以自己的名义单独或参加其他联合体在同一标段中投标。

③投标人不得存在下列情形之一的规定:

a.为招标人不具有独立法人资格的附属机构(单位);

b.为本标段前期准备提供设计或咨询服务的,但设计施工总承包的除外;

c.为本标段的监理人或代建人或提供招标代理服务的;

d.与本标段的监理人或代建人或招标代理机构同为一个法定代表人的;

e.与本标段的监理人或代建人或招标代理机构相互控股或参股的;

f. 与本标段的监理人或代建人或招标代理机构相互任职或工作的；

g. 被责令停业的，被暂停或取消投标资格的；

h. 财产被接管或冻结的；

i. 在最近3年内有骗取中标或严重违约或重大工程质量问题的。

（5）费用承担

投标人准备和参加投标活动发生的费用自理。

（6）保密

参与招标投标活动的各方应对招标文件和投标文件中的商业或技术等秘密保密，违者应对此造成的后果承担法律责任。

（7）语言文字

除专用术语外，与招标投标有关的语言均使用中文。必要时专用术语应附有中文注释。

（8）计量单位

所有计量均采用中华人民共和国法定计量单位。

（9）踏勘现场

①按规定应组织踏勘现场的，招标人应按"投标人须知前附表"规定的时间、地点组织投标人踏勘项目现场。

②投标人踏勘现场发生的费用自理。

③除招标人的原因外，投标人自行负责在踏勘现场中所发生的人员伤亡和财产损失。

④招标人在踏勘现场中介绍的工程场地和相关的周边环境情况，供投标人在编制投标文件时参考，招标人不对投标人据此作出的判断和决策负责。

（10）投标预备会

①按规定应召开投标预备会的，招标人应按"投标人须知前附表"规定的时间和地点召开投标预备会，澄清和解答投标人提出的问题。

②投标人应在规定的时间前，以书面形式将提出的问题送达招标人，以便招标人在会议期间澄清和解答。

③投标预备会后，招标人应在规定的时间内，对投标人所提问题予以澄清和解答，并以书面方式通知所有购买招标文件的投标人。该澄清和解答的内容是招标文件的组成部分。

（11）分包

投标人在中标后拟将中标项目的部分非主体、非关键性工作进行分包时，应符合"投标人须知前附表"规定的分包内容、分包金额和接受分包的第三人资质要求等限制性条件。

（12）偏离

"投标人须知前附表"允许投标文件偏离招标文件某些要求的，偏离应当符合招标文件规定的偏离范围和幅度。

2）招标文件

（1）招标文件的组成

标准施工招标文件应由招标方式、投标人须知、评标办法、合同条款及格式、工程量清单、图纸、技术标准和要求、投标文件格式和投标人须知前附表规定的其他材料等内容组成。根据规定对招标文件所作的澄清、修改，也是招标文件的组成部分。

（2）招标文件的澄清

①投标人应仔细阅读和检查招标文件的全部内容，如发现缺页或附件不全，应及时向招标人提出，以便补齐。如有问题，应在规定的时间前以书面形式（包括信函、电报、传真等），要求招标人对招标文件予以澄清。

②招标文件的澄清，招标人应在规定的投标截止时间15天前以书面形式发给所有购买招标文件的投标人，如果澄清发出的时间距投标截止时间不足15天，应相应延长投标截止时间。

③投标人在接到澄清后，应在规定的时间内以书面形式通知招标人，确认已收到澄清。

（3）招标文件的修改

①在投标截止时间15天前，招标人可以书面形式修改招标文件，并通知所有购买招标文件的投标人。如果修改的时间距投标截止时间不足15天，应相应延长投标截止时间。

②投标人在收到修改内容后，应在规定的时间内以书面形式通知招标人，确认已收到该修改。

3）投标文件

（1）投标文件的组成

投标文件是由投标函及投标函附录、法定代表人身份证明或法人的授权委托书、联合体协议书、投标保证金、已标价工程量清单、施工组织设计、项目管理机构、拟分包项目情况表、资格审查资料和前附表规定的其他材料等内容组成。

按规定不接受联合体投标的，或投标人没有形成联合体的，投标文件不包括上述的联合体协议书。

（2）投标报价

①投标人应按"工程量清单"的要求填写报价表格。

②投标人在投标截止时间前要修改投标函中的投标总报价，应同时修改"工程量清单"中的相应报价。

（3）投标有效期

①在规定的有效期内，投标人不得要求撤销或修改其投标文件。

②需要延长投标有效期的，招标人应以书面形式通知所有投标人延长投标有效期。投标人同意延长的，应相应延长投标保证金的有效期，但不得要求或被允许修改或撤销其投标文件；投标人拒绝延长的，其投标不失效，投标人有权按原有效期收回投标保证金。

（4）投标保证金

①投标人在递交投标文件的同时，应按规定的金额、担保形式和投标保证金的保函格式递交投标保证金，并作为投标文件的组成部分。联合体投标的，按规定应由牵头人递交投标保证金。

②投标人不按要求提交投标保证金的，其投标文件作废标处理。

③招标人与中标人签订合同后的5天内，应向未中标的投标人和中标人退还投标保证金。

④有下列情形之一的，投标保证金将不予退还：

● 投标人在规定的投标有效期内撤销或修改其投标文件。

● 中标人在收到中标通知书后,无正当理由拒签合同或未按招标文件规定提交履约担保。

(5)资格审查资料

投标人在编制投标文件时,应按申请资格预审时提供的资料(包括情况更新和补充),以证实其各项资格条件能继续满足资格预审文件的要求,具备承担本标段施工的资质条件、能力和信誉。关于对投标人资格预审的有关规定,前面已做了详细介绍。

(6)备选投标方案

除另有规定外,投标人不得递交备选投标方案。只有中标人所递交的备选投标方案方可予以考虑。评标委员会认为中标人的备选方案优于所有投标方案的,招标人可以接受该备选投标方案。

(7)投标文件的编制

①投标文件应按"投标文件格式"进行编写。其中,投标函附录在满足招标文件要求的基础上,可以提出更有利于招标人的承诺。

②投标文件应当对招标文件有关工期、投标有效期、质量要求、技术标准和要求、招标范围等实质性内容做出响应。

③投标文件应用不褪色的材料书写或打印,并由投标人的法定代表人或委托代理人签字或盖单位章。委托代理人签字的,投标文件应附法定代表人签署的授权委托书。投标文件若有改动,其改动之处应加盖单位章或由法定代表人或授权的代理人签字确认。

④投标文件正本一份,副本若干份(根据需要而定),并在封面上清楚地标记"正本"或"副本"的字样。当正本与副本不一致时,以正本为准。

⑤按其规定,投标文件的正本与副本应分别装订成册,并编制目录。

4)投标

(1)投标文件的密封和标记

①投标文件的正本与副本应分开包装,加贴封条,并在封套的封口处加盖投标人单位章。

②投标文件的封套上应清楚地标记"正本"或"副本"字样,封套上应写明的其他内容见投标人须知前附表。

③未按规定与要求密封和加写标记的投标文件,招标人不予受理。

(2)投标文件的递交

①投标人应在规定的投标截止时间前递交投标文件。

②投标人递交投标文件的地点,见投标人须知前附表。

③除另有规定外,投标人所递交的投标文件不予退还。

④招标人收到投标文件后,向投标人出具签收凭证。

⑤逾期送达的或者未送达指定地点的投标文件,招标人不予受理。

(3)投标文件的修改与撤回

①在规定的投标截止时间前,投标人可以修改或撤回已递交的投标文件,但应以书面形式通知招标人。

②投标人修改或撤回已递交投标文件的书面通知,应按规定与要求签字或盖章。招标人收到书面通知后,向投标人出具签收凭证。

③修改的内容为投标文件的组成部分。修改的投标文件应按规定进行编制、密封、标记和递交,并标明"修改"字样。

5)开标

(1)开标时间和地点

招标人在规定的投标截止时间(开标时间)和规定的地点公开开标,并邀请所有投标人的法定代表人或其委托代理人准时参加。

(2)开标程序

开标主持人应按以下程序进行开标:

①宣布开标纪律;

②公布在投标截止时间前递交投标文件的投标人名称,并点名确认投标人是否派人参加到场;

③宣布开标人、唱标人、记录人、监标人等有关人员的姓名;

④按照投标人须知前附表规定检查投标文件的密封情况;

⑤按照投标人须知前附表规定确定并宣布投标文件的开标顺序;

⑥设有标底的,公布标底;

⑦按照宣布的开标顺序当众开标,公布投标人名称、标段名称、投标保证金的递交情况、投标报价、质量目标、工期及其他内容,并记录在案;

⑧投标人代表、招标人代表、监标人、记录人等有关人员在开标记录上签字确认;

⑨开标结束。

6)评标

(1)评标委员会

①评标由招标人依法组建的评标委员会负责。评标委员会由招标人或其委托的招标代理机构熟悉相关业务的代表,以及有关技术、经济等方面的专家组成。评标委员会成员人数和技术、经济等方面专家的确定方式见投标人须知前附表。

②评标委员会成员有以下情形之一者,应当回避:

● 招标人或投标人的主要负责人的近亲属;

● 项目主管部门或者行政监督部门的人员;

● 与投标人有经济利益关系,可能影响对投标公正评审的;

● 曾因在招标、评标以及其他与招标投标有关活动中从事违法行为而受过行政处罚或刑事处罚的。

(2)评标原则

评标应遵循公平、公正、科学和择优的原则进行。

(3)评标

评标委员会按照"评标办法"规定的方法、评审因素、标准和程序对投标文件进行评审。"评标办法"中没有规定的方法、评审因素和标准,不能作为评标依据。

7)合同授予

(1)定标方式

招标人依据评标委员会推荐的中标候选人确定中标人,除评标委员会直接确定中标人外,评标委员会推荐中标候选人的人数一般为 1 ~ 3 人。

（2）中标通知

在规定的投标有效期内，招标人以书面形式向中标人发出中标通知书，同时将中标结果通知未中标的投标人。

（3）履约担保

①在签订合同前，中标人应按投标人须知前附表规定的金额、担保形式和招标文件规定的履约担保书格式向招标人提交履约担保。联合体中标的，其履约担保书应由牵头人递交。

②中标人不能按要求提交履约担保的，视为放弃中标，其投标保证金不予退还，给招标人造成的损失超过投标保证金数额的，中标人还应当对超过部分予以赔偿。

（4）签订合同

①招标人和投标人应当自中标通知书发出之日起 30 天内，根据招标文件和中标人的投标文件签订书面合同。中标人无正当理由拒签合同的，招标人取消其中标资格，其投标保证金不予退还，给招标人造成的损失超过投标保证金数额的，中标人还应当对超过部分予以赔偿。

②发出中标通知书后，招标人无正当理由拒签合同的，招标人向中标人退还投标保证金，给中标人造成损失的，招标人应当赔偿损失。

8）重新招标和不再招标

（1）重新招标

有下列情形之一的，招标人可以重新招标：

- 投标截止时间止，投标人少于 3 个的；
- 经评标委员会评审后否决所有投标的。

（2）不再招标

重新招标后投标人仍少于 3 个或者所有投标被否决的，属于必须审批或核准的工程建设项目，经原审批或核准部门批准后不再进行招标。

9）纪律与监督

（1）对招标人的纪律要求

招标人不得泄露招标投标活动中应当保密的情况和资料，不得与投标人串通损害国家利益、社会公共利益或者他人合法权益。

（2）对投标人的纪律要求

投标人不得相互串通投标或者与招标人串通投标，不得向招标人或者评标委员会成员行贿谋取中标，不得以他人名义投标或者以其他方式弄虚作假骗取中标。投标人不得以任何方式干扰、影响评标工作。

（3）对评标委员会成员的纪律要求

评标委员会成员不得收受他人的财物或者其他好处，不得向他人透漏对投标文件的评审与比较、中标候选人的推荐情况以及评标有关的其他情况。在评标活动中，评标委员会成员不得擅离职守，影响评标程序正常进行，不得使用"评标办法"没有规定的评审因素和标准进行评标。

（4）对与评标活动有关的工作人员的纪律要求

与评标活动有关的工作人员不得收受他人的财物或者其他好处，不得向他人透漏对投标文件的评审与比较、中标候选人的推荐情况以及评标有关的其他情况。在评标活动中，与评标活动有关的工作人员不得擅离职守，影响评标程序正常进行。

（5）投诉

投标人和其他利害关系人认为本次招标活动违反法律、法规和规章规定的,有权向有关行政监督部门投诉。

10）需要补充的其他内容

需要补充的其他内容见投标人须知前附表。

· 2.3.3 评标办法 ·

在《标准施工招标文件》中规定,评标办法有"经评审的最低投标价法"和"综合评估法"两种。现重点将综合评估法介绍如下,其评标办法前附表详见表2.3。

1）评标方法

评标若采用综合评估法,其具体方法是:评标委员会对满足招标文件实质性要求的投标文件,按照规定的评分标准进行打分,并按得分由高到低顺序推荐中标候选人,或根据招标人授权直接确定中标人,但投标报价低于其成本的除外。综合评分相等时,以投标报价低的优先;投标报价也相等的,由招标人自行确定。

2）评审标准

评审标准详见评标办法前附表(表2.3)。

表2.3 评标办法前附表

条款号	评审因素	评审标准
2.1.1	形式评审标准	投标人名称 与营业执照、资质证书、安全生产许可证一致
		投标函签字盖章 有法定代表人或其委托代理人签字或加盖单位章
		投标文件格式 符合"投标文件格式"的要求
		联合体投标人 提交联合体协议书,并明确联合体牵头人
		报价唯一 只能有一个有效报价
		⋮ ⋮
2.1.2	资格评审标准	营业执照 具备有效的营业执照
		安全生产许可证 符合"投标人须知前附表"第1.4.1项的规定
		资质等级 符合"投标人须知前附表"第1.4.1项的规定
		财务状况 符合"投标人须知前附表"第1.4.1项的规定
		类似项目业绩 符合"投标人须知前附表"第1.4.1项的规定
		信誉 符合"投标人须知前附表"第1.4.1项的规定
		项目经理 符合"投标人须知前附表"第1.4.1项的规定
		其他要求 符合"投标人须知前附表"第1.4.1项的规定
		联合体投标人 符合"投标人须知前附表"第1.4.2项的规定
		⋮ ⋮

续表

条款号		评审因素	评审标准
2.1.3	响应性 评审标准	投标内容	符合"投标人须知前附表"第1.3.1项的规定
		工期	符合"投标人须知前附表"第1.3.2项的规定
		工程质量	符合"投标人须知前附表"第1.3.3项的规定
		投标有效期	符合"投标人须知前附表"第3.3.1项的规定
		投标保证金	符合"投标人须知前附表"第3.4.1项的规定
		权利义务	符合"合同条款及格式"的规定
		已标价工程量清单	符合"工程量清单"给出的范围及数量
		技术标准和要求	符合"技术标准和要求"的规定
		⋮	⋮

条款号		条款内容	编列内容
2.2.1		分值构成 （总分100分）	施工组织设计：_____分 项目管理机构：_____分 投标报价：_____分 其他评分因素：_____分
2.2.2		评标基准价计算方法	
2.2.3		投标报价的偏差率 计算公式	偏差率＝100％×（投标人报价－评标基准价）/评标基准价
2.2.4(1)	施工组织 设计评分 标准	内容完整性和编制水平	…
		施工方案与技术措施	…
		质量管理体系与措施	…
		安全管理体系与措施	…
		环境保护管理体系与措施	…
		工程进度计划与措施	…
		资源配备计划	…
		⋮	⋮
2.2.4(2)	项目管理 机构评分 标准	项目经理任职资格与业绩	…
		技术负责人任职资格与业绩	…
		其他主要人员	…
		⋮	⋮
2.2.4(3)	投标报价 评分标准	偏差率	…
		⋮	⋮
2.2.4(4)	其他因素 评分标准	…	…
		⋮	⋮

（1）初步评审标准

初步评审标准包括：形式评审标准、资格评审标准和响应性评审标准，详见评标办法前附表（表2.3）。

（2）分值构成与评分标准

①分值构成。分值由施工组织设计、项目管理机构、投标报价和其他评分因素构成，详见评标办法前附表（表2.3）。

②评标基准价计算。评标基准价计算方法，详见评标办法前附表（表2.3）。

（3）投标报价的偏差率计算

投标报价的偏差率计算公式，详见评标办法前附表（表2.3）。

（4）评分标准

评分标准分为施工组织设计评分标准、项目管理机构评分标准、投标报价评分标准和其他因素评分标准，详见评标办法前附表（表2.3）。

3）评标程序

（1）初步评审

①评标委员会可以要求投标人提交"投标人须知"规定的有关证明和证件的原件，以便核验。评标委员会依据规定的评审标准对投标文件进行初步评审。有一项不符合评审标准的，即作废标处理。当投标人资格预审申请文件的内容发生重大变化时，评标委员会依据规定的标准对其更新资料进行评审。

②投标人有以下情形之一的，其投标作废标处理：

● 违反"投标人须知"中规定的任何一种情形的；

● 串通投标或弄虚作假或有其他违法行为的；

● 不按评标委员会要求澄清、说明或补正的。

③投标报价有算术错误的，评标委员会按以下原则对投标报价进行修正，修正的价格经投标人书面确认后具有约束力。投标人不接受修正价格的，其投标作废标处理。如：

a. 投标文件中的大写金额与小写金额不一致的，以大写金额为准；

b. 总价金额与依据单价计算出的结果不一致的，以单价金额为准修正总价，但单价金额小数点有明显错误的除外。

（2）详细评审

①评标委员会按规定的量化因素和分值进行打分，并计算出综合评估得分。

a. 按规定的评审因素和分值对施工组织设计计算出得分 A；

b. 按规定的评审因素和分值对项目管理机构计算出得分 B；

c. 按规定的评审因素和分值对投标报价计算出得分 C；

d. 按规定的评审因素和分值对其他部分计算出得分 D。

②评分分值计算保留小数点后两位，小数点后第三位"四舍五入"。

③投标人得分 = A + B + C + D。

④评标委员会发现投标人的报价明显低于其他投标报价，或者在设有标底时明显低于标底，使得其投标报价可能低于其成本的，应当要求该投标人作出书面说明并提供相应的证明材料。投标人不能合理说明或者不能提供相应证明材料的，由评标委员会认定该投标人以低于成本报价竞标，其投标作废标处理。

（3）投标文件的澄清和补正

①在评标过程中，评标委员会可以书面形式要求投标人对所提交投标文件中不明确的内

容进行书面澄清或说明,或者对细微偏差进行补正。评标委员会不接受投标人主动提出的澄清、说明或补正。

②澄清、说明和补正不得改变投标文件的实质性内容(算术性错误修正的除外)。投标人的书面澄清、说明和补正属于投标文件的组成部分。

③评标委员会对投标人提交的澄清、说明或补正有疑问的,可以要求投标人进一步澄清、说明或补正,直至满足评标委员会的要求。

(4)评标结果

①除"投标人须知前附表"授权直接确定中标人外,评标委员会按照得分由高到低的顺序推荐中标候选人。

②评标委员会完成评标后,应当向招标人提交书面评标报告。

· 2.3.4 合同条件及合同格式 ·

1)合同条件

《建设工程施工合同(示范文本)》(GF—2017—0201)由通用合同条款、专用合同条款、合同协议书3部分组成,可在招标文件中采用。关于上述合同条款的具体内容,在第7章"建设工程合同"中再作详细介绍。

2)合同格式

合同格式包括合同协议书格式、银行履约保函格式、履约担保书格式、预付款担保书格式。为了便于投标与评标,在招标文件中都应做统一的规定。招标文件可参考选用以下格式进行编写。

(1)合同协议书格式

第一部分 合同协议书

发包人(全称):＿＿＿＿＿＿＿＿＿＿＿＿＿＿＿＿＿＿＿＿＿

承包人(全称):＿＿＿＿＿＿＿＿＿＿＿＿＿＿＿＿＿＿＿＿＿

根据《中华人民共和国合同法》《中华人民共和国建筑法》及有关法律规定,遵循平等、自愿、公平和诚实信用的原则,双方就＿＿＿＿＿＿＿＿＿＿＿＿＿工程施工及有关事项协商一致,共同达成如下协议:

一、工程概况

1. 工程名称:＿＿＿＿＿＿＿＿＿＿＿＿＿＿＿＿＿＿＿＿＿＿＿＿＿＿＿＿＿＿＿＿＿＿＿。

2. 工程地点:＿＿＿＿＿＿＿＿＿＿＿＿＿＿＿＿＿＿＿＿＿＿＿＿＿＿＿＿＿＿＿＿＿＿＿。

3. 工程立项批准文号:＿＿＿＿＿＿＿＿＿＿＿＿＿＿＿＿＿＿＿＿＿＿＿＿＿＿＿＿＿＿＿。

4. 资金来源:＿＿＿＿＿＿＿＿＿＿＿＿＿＿＿＿＿＿＿＿＿＿＿＿＿＿＿＿＿＿＿＿＿＿＿。

5. 工程内容:＿＿＿＿＿＿＿＿＿＿＿＿＿＿＿＿＿＿＿＿＿＿＿＿＿＿＿＿＿＿＿＿＿＿。

群体工程应附《承包人承揽工程项目一览表》(附件1)。

6. 工程承包范围:

＿＿＿

＿＿＿。

二、合同工期

计划开工日期:＿＿＿＿＿＿年＿＿＿＿＿月＿＿＿＿＿日。

计划竣工日期:＿＿＿＿＿＿年＿＿＿＿＿月＿＿＿＿＿日。

工期总日历天数：＿＿＿＿＿＿＿天。工期总日历天数与根据前述计划开竣工日期计算的工期天数不一致的，以工期总日历天数为准。

三、质量标准

工程质量符合＿＿＿＿＿＿＿＿＿＿＿＿＿＿＿＿＿＿＿标准。

四、签约合同价与合同价格形式

1.签约合同价为：

人民币（大写）＿＿＿＿＿＿＿＿＿＿（￥＿＿＿＿＿元）。

其中：

（1）安全文明施工费：

人民币（大写）＿＿＿＿＿＿＿＿＿＿（￥＿＿＿＿＿元）；

（2）材料和工程设备暂估价金额：

人民币（大写）＿＿＿＿＿＿＿＿＿＿（￥＿＿＿＿＿元）；

（3）专业工程暂估价金额：

人民币（大写）＿＿＿＿＿＿＿＿＿＿（￥＿＿＿＿＿元）；

（4）暂列金额：

人民币（大写）＿＿＿＿＿＿＿＿＿＿（￥＿＿＿＿＿元）。

2.合同价格形式：＿＿＿＿＿＿＿＿＿＿＿＿＿＿＿＿＿＿＿。

五、项目经理

承包人项目经理：＿＿＿＿＿＿＿＿＿＿＿＿＿＿＿＿＿。

六、合同文件构成

本协议书与下列文件一起构成合同文件：

（1）中标通知书（如果有）；

（2）投标函及其附录（如果有）；

（3）专用合同条款及其附件；

（4）通用合同条款；

（5）技术标准和要求；

（6）图纸；

（7）已标价工程量清单或预算书；

（8）其他合同文件。

在合同订立及履行过程中形成的与合同有关的文件均构成合同文件组成部分。

上述各项合同文件包括合同当事人就该项合同文件所作出的补充和修改，属于同一类内容的文件，应以最新签署的为准。专用合同条款及其附件须经合同当事人签字或盖章。

七、承诺

1.发包人承诺按照法律规定履行项目审批手续、筹集工程建设资金并按照合同约定的期限和方式支付合同价款。

2.承包人承诺按照法律规定及合同约定组织完成工程施工，确保工程质量和安全，不进行转包及违法分包，并在缺陷责任期及保修期内承担相应的工程维修责任。

3.发包人和承包人通过招投标形式签订合同的，双方理解并承诺不再就同一工程另行签订与合同实质性内容相背离的协议。

八、词语含义

本协议书中词语含义与第二部分通用合同条款中赋予的含义相同。

九、签订时间

本合同于_____年_____月_____日签订。

十、签订地点

本合同在_____签订。

十一、补充协议

合同未尽事宜,合同当事人另行签订补充协议,补充协议是合同的组成部分。

十二、合同生效

本合同自_____生效。

十三、合同份数

本合同一式_____份,均具有同等法律效力,发包人执_____份,承包人执_____份。

发包人:_____(盖单位章)　　　　承包人:_____(盖单位章)

法定代表人或其委托代理人:____(签字)　　法定代表人或其委托代理人:____(签字)

组织机构代码:_____　　　组织机构代码:_____

地　　址:_____　　　　地　　址:_____

邮政编码:_____　　　　邮政编码:_____

法定代表人:_____　　　法定代表人:_____

委托代理人:_____　　　委托代理人:_____

电　　话:_____　　　　电　　话:_____

传　　真:_____　　　　传　　真:_____

电子信箱:_____　　　　电子信箱:_____

开户银行:_____　　　　开户银行:_____

账　　号:_____　　　　账　　号:_____

(2)履约担保书格式

履约担保

_____(发包人名称):

鉴于_____(发包人名称,以下简称"发包人")与_____

____(承包人名称,以下称"承包人")于_____年_____月_____日就

_____(工程名称)施工及有关事项协商一致共同签订《建设工程施工合同》。我方愿意无条件地、不可撤销地就承包人履行与你方签订的合同,向你方提供连带责任担保。

1.担保金额人民币(大写)_____元(￥_____)。

2.担保有效期自你方与承包人签订的合同生效之日起至你方签发或应签发工程接收证书之日止。

3.在本担保有效期内,因承包人违反合同约定的义务给你方造成经济损失时,我方在收到你方以书面形式提出的在担保金额内的赔偿要求后,在7天内无条件支付。

4.你方和承包人按合同约定变更合同时,我方承担本担保规定的义务不变。

5.因本保函发生的纠纷,可由双方协商解决,协商不成的,任何一方均可提请_____仲裁委员会仲裁。

6.本保函自我方法定代表人(或其授权代理人)签字并加盖公章之日起生效。

担　保　人：＿＿＿＿＿＿＿＿＿＿＿＿＿＿＿＿（盖单位章）

法定代表人或其委托代理人：＿＿＿＿＿＿＿＿＿（签字）

地　　　址：＿＿＿＿＿＿＿＿＿＿＿＿＿＿＿＿

邮　政　编　码：＿＿＿＿＿＿＿＿＿＿＿＿＿＿＿＿

电　　　话：＿＿＿＿＿＿＿＿＿＿＿＿＿＿＿＿

传　　　真：＿＿＿＿＿＿＿＿＿＿＿＿＿＿＿＿

＿＿＿＿＿＿＿年＿＿＿＿月＿＿＿＿日

（3）预付款担保书格式

预付款担保

＿＿＿＿＿＿＿＿＿（发包人名称）：

　　根据＿＿＿＿＿＿＿＿＿＿＿＿（承包人名称，以下称"承包人"）与＿＿＿＿＿＿＿＿＿＿＿＿＿＿（发包人名称，以下简称"发包人"）于＿＿＿＿＿年＿＿＿＿月＿＿＿＿日签订的＿＿＿＿＿＿＿＿＿＿＿＿＿＿＿＿（工程名称）《建设工程施工合同》，承包人按约定的金额向你方提交一份预付款担保，即有权得到你方支付相等金额的预付款。我方愿意就你方提供给承包人的预付款为承包人提供连带责任担保。

　　1. 担保金额人民币（大写）＿＿＿＿＿＿＿＿＿＿＿＿＿＿＿元（￥＿＿＿＿＿＿）。

　　2. 担保有效期自预付款支付给承包人起生效，至你方签发的进度款支付证书说明已完全扣清止。

　　3. 在本保函有效期内，因承包人违反合同约定的义务而要求收回预付款时，我方在收到你方的书面通知后，在 7 天内无条件支付。但本保函的担保金额，在任何时候不应超过预付款金额减去你方按合同约定在向承包人签发的进度款支付证书中扣除的金额。

　　4. 你方和承包人按合同约定变更合同时，我方承担本保函规定的义务不变。

　　5. 因本保函发生的纠纷，可由双方协商解决，协商不成的，任何一方均可提请＿＿＿＿＿＿＿＿＿＿仲裁委员会仲裁。

　　6. 本保函自我方法定代表人（或其授权代理人）签字并加盖公章之日起生效。

担　保　人：＿＿＿＿＿＿＿＿＿＿＿＿＿＿＿＿（盖单位章）

法定代表人或其委托代理人：＿＿＿＿＿＿＿＿＿（签字）

地　　　址：＿＿＿＿＿＿＿＿＿＿＿＿＿＿＿＿

邮　政　编　码：＿＿＿＿＿＿＿＿＿＿＿＿＿＿＿＿

电　　　话：＿＿＿＿＿＿＿＿＿＿＿＿＿＿＿＿

传　　　真：＿＿＿＿＿＿＿＿＿＿＿＿＿＿＿＿

＿＿＿＿＿＿＿年＿＿＿＿月＿＿＿＿日

· *2.3.5　工程量清单* ·

　　工程量清单是指建设工程的分部分项工程项目、措施项目、其他项目、规费项目和税金项目的名称及相应数量等的明细清单。

　　为促进建设市场的健康发展，规范建设工程工程量清单计价行为，国家建设部、质量监督检验检疫总局，在原《建设工程工程量清单计价规范》实施的基础上，于 2012 年 12 月 25 日颁发《建设工程工程量清单计价规范》（GB 50500—2013），从 2013 年 4 月 1 日起施行。

1）工程量清单的内容组成

工程量清单由以下内容组成：

（1）工程量清单说明

工程量清单说明包括一般说明、投标报价说明和其他说明。

①工程量清单一般说明

a. 工程量清单是根据招标文件中包括的、有合同约束力的图纸以及有关工程量清单的国家标准、行业标准、合同条款中约定的工程量计算规则编制。约定计量规则中没有的子目，其工程量按照有合同约束力的图纸所标示尺寸的理论净量计算。计量采用中华人民共和国法定计量单位。

b. 工程量清单应与招标文件中的投标人须知、通用合同条款、专用合同条款、技术标准和要求及图纸等一起阅读和理解。

c. 工程量清单仅是投标报价的共同基础，实际工程计量和工程价款的支付应遵循合同条款的约定和第 6 章"技术标准和要求"的有关规定。

d. 补充子目工程量计算规则及子目工作内容的说明。

②投标报价说明

a. 工程量清单中的每一子目须填入单价或价格，且只允许有一个报价。

b. 工程量清单中标价的单价或金额，应包括所需人工费、施工机械使用费、材料费、其他（运杂费、质检费、安装费、缺陷修复费、保险费，以及合同明示或暗示的风险、责任和义务等），以及管理费、利润等。

c. 工程量清单中投标人没有填入单价或价格的子目，其费用视为已分摊在工程量清单中其他相关子目的单价或价格之中。

d. 暂列金额的数量及拟用子目的说明。

e. 暂估价的数量及拟用子目的说明。

③其他说明

（2）分部分项工程量清单

分部分项工程量清单包括项目编码、项目名称、项目特征、计量单位和工程量。

（3）措施项目清单

措施项目清单应根据拟建工程的实际情况列项，通用措施可按表 2.4 中的项目选择列项。

表 2.4　通用措施项目一览表

序号	项目名称	序号	项目名称
1	安全文明施工（含环境保护、文明施工、安全施工、临时设施）	5	大型机械设备进出场及安拆
		6	施工排水
2	夜间施工	7	施工降水
3	二次搬运	8	地上、地下设施。建筑物的临时保护设施
4	冬雨期施工	9	已完工程及设备保护

注：措施项目中可计算工程量的项目清单宜采用分部分项工程量清单的方式编制，列出项目编码、项目名称、项目特征、计量单位和工程量计算规则。不能计算工程量的清单项目，以"项"为计量单位。

（4）其他项目清单

其他项目清单可按下列内容进行列项，如：暂列金额，暂估价（包括材料暂估价、专业工程暂估价），计日工，总承包服务费等，也可根据工程实际情况进行补充。

（5）规费项目清单

规费项目清单可按下列内容进行列项，如：工程排污费、工程定额测定费、社会保障费（包括养老保险费、失业保险费、医疗保险费）、住房公积金、危险作业意外伤害保险等，还应根据省级政府或有关权力部门的规定列项。

（6）税金项目清单

税金项目清单可按下列内容进行列项，如：营业税、城市维护建设税、教育费附加等，还应根据财务部门的规定列项。

2）工程量清单（表）的填报要求与说明

工程量清单（表）应按以下要求进行填报：

①工程量清单（表）应与投标须知、合同条件、技术规范和图纸一起使用。

②工程量清单（表）所列工程量系招标人估算，以作为投标人共同报价的基础，工程付款以实际完成的工程量，即由承包单位计量，监理工程师核准的实际完成工程量为依据。

③工程量清单与计价表中所填入的单价如果是综合单价，应说明包括人工费、材料费、机械费、其他直接费、间接费，有关文件规定的调价、利润、税金，现行取费中的有关费用、材料差价以及采用固定价格的工程所测算的风险金等全部费用。如果是工料单价应说明按照现行预算定额的工料机消耗及预算价格确定，作为直接费的基础。其他直接费、间接费，有关文件规定的调价、利润、税金、材料差价、设备价、现场因素费用、施工组织措施费用，以及采用固定价格的工程所测算的风险金等，按现行计算方法计取，计入其他相应的报价表中。

④工程量清单与计价表不再重复或概括工程及材料的一般说明，在编制和填写工程量清单报价表的每一项单价和合价时，应考虑投标须知和合同文件的有关条款。

⑤应根据建设单位选定的工程测量标准和计量方法进行测量和计算，所有工程量应为完工后测量的净值。

⑥所有报价应用人民币表示。

· *2.3.6 施工图纸* ·

①图纸是招标文件的重要组成部分，是投标人（承包商）拟定施工方案、确定施工方法、提出替代方案、填报工程量清单和计算投标报价不可缺少的资料。

②图纸的详细程度取决于设计的深度与合同的类型。实际上，常有在工程实施中陆续补充和修改图纸的情况，这些补充和修改的图纸必须经监理工程师签字后正式下达，才能作为施工和结算的依据。

③地质钻柱状图，水文地质和气象等资料也属图纸的一部分，招标人（业主）和监理工程师应对这些资料的正确性负责，而投标人据此做出自己的分析判断，拟定的施工方案和施工方法，招标人和监理工程师不负责任。

· 2.3.7　技术规范 ·

技术规范的内容主要包括说明工程现场的自然条件、施工条件及本工程项目施工技术要求和采用的技术规范。

①工程现场的自然条件。应说明工程所处的位置、现场环境、地形、地貌、地质与水文条件、地震烈度、气温、雨雪量、风向、风力等。

②施工条件。应说明建设用地面积、建筑物占地面积、场地拆迁及平整情况,施工用水、用电、通信情况,现场地下埋设物及其有关勘探资料等。

③施工技术要求。主要说明施工的工期、材料供应、技术质量标准,以及工程管理中对分包、各类工程报告(开工报告、测量报告、试验报告、材料检验报告、工程自检报告、工程进度报告、竣工报告、工程事故报告等)、测量、试验、施工机械、工程记录、工程检验、施工安装、竣工数据的要求等。

④技术规范。一般可采用国际国内公认的标准及施工图中规定采用的施工技术规范。

招标文件中的技术规范部分必须由招标人根据工程的实际要求,自行决定其具体的内容和格式,由招标文件的编写人员自己编写,没有标准化内容和格式可以套用。技术规范是检验工程质量的标准和质量管理的依据,招标人对这部分文件的编写应特别重视。

· 2.3.8　投标文件及其格式 ·

投标文件由投标函(书)及投标函(书)附录、法定代表人身份证明、授权委托书、联合体协议书、投标保证金、已标价工程量清单、施工组织设计、项目管理机构、拟分包项目情况表、资格审查资料和其他材料等组成。

1)投标函(书)及投标书附表

(1)投标函(书)

投标函(书)是由投标人授权的代表签署的投标文件,是对业主和承包商双方均具有约束力的合同的重要部分。与投标函(书)相随的有投标函(书)附录和价格指数权重表。投标函(书)的格式如下所示:

投标函(书)

_____(招标人名称):

1.我方已仔细研究了_____(项目名称)____标段施工招标文件的全部内容,愿意以人民币(大写)_____元(￥_____)的投标总报价,工期_____日历天,按合同约定实施和完成承包工程,修补工程中的任何缺陷,工程质量达到_____。

2.我方承诺在投标有效期内不修改、撤销投标文件。

3.随同本投标函提交投标保证金一份,金额为人民币(大写)_____元(￥_____)。

4.如我方中标:

(1)我方承诺在收到中标通知书后,在中标通知书规定的期限内与你方签订合同。

(2)随同本投标函递交的投标函附录属于合同文件的组成部分。

(3)我方承诺按照招标文件规定向你方递交履约担保。

(4)我方承诺在合同约定的期限内完成并移交全部合同工程。

5. 我方在此声明,所递交的投标文件及有关资料内容完整、真实和准确,且不存在"投标人须知前附表"第1.4.3项规定的任何一种情形。

6. _____(其他补充说明)。

投 标 人：_____（盖单位章）

法定代表人或其委托代理人：_____（签字）

地　　　址：_____

网　　　址：_____

电　　　话：_____

传　　　真：_____

邮政编码：_____

_____年_____月_____日

(2)投标函(书)附录及价格指数权重表

投标函(书)附录及价格指数权重表详见表2.5、表2.6。

表2.5　投标函附录

序号	条款名称	合同条款号	约定内容	备注
1	项目经理	1.1.2.4	姓名：_____	
2	工期	1.1.4.3	天数：____日历天	
3	缺陷责任期	1.1.4.5		
4	分包	4.3.4		
5	价格调整的差额计算	16.1.1	见价格指数权重表	
…	…	…	…	

表2.6　价格指数权重表

名　称		基本价格指数		权　重			价格指数来源
		代号	指数值	代号	允许范围	投标人建议值	
定值部分				A			
变值部分	人工费	F_{01}		B_1	至		
	钢材	F_{02}		B_2	至		
	水泥	F_{03}		B_3	至		
	…	…		…	…		
合　计						1.00	

2)法定代表人身份证明及授权委托书

(1)法定代表人身份证明

法定代表人身份证明的格式如下所示:

法定代表人身份证明

投标人名称:＿＿＿＿＿＿＿＿＿＿＿＿＿＿＿

单位性质:＿＿＿＿＿＿＿＿＿＿＿＿＿＿＿＿＿

地　　址:＿＿＿＿＿＿＿＿＿＿＿＿＿＿＿＿＿

成立时间:＿＿＿＿年＿＿＿＿月＿＿＿＿日

经营期限:＿＿＿＿＿＿＿＿＿＿＿＿＿＿

姓名:＿＿＿＿性别:＿＿＿＿年龄:＿＿＿＿职务:＿＿＿＿

系＿＿＿＿＿＿＿＿＿＿＿＿＿＿(投标人名称)的法定代表人。

特此证明。

投标人:＿＿＿＿＿＿＿＿＿(盖单位章)

＿＿＿＿年＿＿＿＿月＿＿＿＿日

(2)授权委托书

授权委托书的格式如下所示:

授权委托书

本人＿＿＿＿＿(姓名)系＿＿＿＿＿(投标人名称)的法定代表人,现委托＿＿＿＿＿(姓名)为我方代理人。代理人根据授权,以我方名义签署、澄清、说明、补正、递交、撤回、修改＿＿＿＿＿(项目名称)＿＿＿＿＿标段施工投标文件,签订合同和处理有关事宜,其法律后果由我方承担。

委托期限:＿＿＿＿＿＿＿＿。

代理人无转委托权。

附:法定代表人身份证明

投标人:＿＿＿＿＿＿＿＿＿＿＿＿＿＿＿＿＿(盖单位章)

法定代表人:＿＿＿＿＿＿＿＿＿＿＿＿＿(签字)

身份证号码:＿＿＿＿＿＿＿＿＿＿＿＿＿

委托代理人:＿＿＿＿＿＿＿＿＿＿＿＿＿(签字)

身份证号码:＿＿＿＿＿＿＿＿＿＿＿＿＿

＿＿＿＿年＿＿＿＿月＿＿＿＿日

3）联合体协议书

联合体协议书的格式如下所示：

联合体协议书

_____（所有成员单位名称）自愿组成_____（联合体名称）联合体，共同参加 _____（项目名称）_____ 标段施工投标。现就联合体投标事宜订立如下协议。

1. _____（某成员单位名称）为_____（联合体名称）牵头人。

2. 联合体牵头人合法代表联合体各成员负责本招标项目投标文件编制和合同谈判活动，并代表联合体提交和接收相关的资料、信息及指示，并处理与之有关的一切事务，负责合同实施阶段的主办、组织和协调工作。

3. 联合体将严格按照招标文件的各项要求，递交投标文件，履行合同，并对外承担连带责任。

4. 联合体各成员单位内部的职责分工如下：_____。

5. 本协议书自签署之日起生效，合同履行完毕后自动失效。

6. 本协议书一式_____份，联合体成员和招标人各执一份。

注：本协议书由委托代理人签字的，应附法定代表人签字的授权委托书。

牵头人名称：_____（盖单位章）

法定代表人或其委托代理人：_____（签字）

成员一名称：_____（盖单位章）

法定代表人或其委托代理人：_____（签字）

成员二名称：_____（盖单位章）

法定代表人或其委托代理人：_____（签字）

......

_____ 年_____ 月_____ 日

4）投标保证金

投标保证金的格式如下所示：

投标保证金

_____（招标人名称）：

鉴于_____（投标人名称）（以下称"投标人"）于_____ 年_____ 月_____ 日参加_____（项目名称）_____ 标段施工的投标，_____（担保人名称，以下简称"我方"）无条件地、不可撤销地保证：投标人在规定的投标文件有效期内撤销或修改其投标文件的，或者投标人在收到中标通知书后无正当理由拒签合同或拒交规定履约担保的，我方承担保证责任。收到你方书面通知后，在 7 日内无条件向你方支付人民币（大写）_____ 元。

本保函在投标有效期内保持有效。要求我方承担保证责任的通知应在投标有效期内送达我方。

担保人名称：_____（盖单位章）

法定代表人或其委托代理人：_____（签字）

地　　　址：_____

邮政编码：_____

电　　话：_____

传　　真：_____

_____年_____月_____日

5）已标价工程量清单

已标价工程量清单，系指投标人投标报价中的工程量清单计价。它包括一系列项目清单与计价表的填报及计算。

为促进建设市场的健康发展，规范建设工程工程量清单计价行为，《建设工程工程量清单计价规范》（GB 50500—2013）规定，建设工程工程量清单与计价表由下列内容组成：

①封-3 投标总价；

②表-01 总说明；

③表-02 建设项目投标报价汇总表；

④表-03 单项工程投标报价汇总表；

⑤表-04 单位工程投标报价汇总表；

⑥表-08 分部分项工程和单价措施项目清单与计价表；

⑦表-09 工程量清单综合单价分析表；

⑧表-11 总价措施项目清单与计价表；

⑨表-12 其他项目清单与计价汇总表；

⑩表-12-1 暂列金额明细表；

⑪表-12-2 材料（工程设备）暂估单价及调整表；

⑫表-12-3 专业工程暂估价表；

⑬表-12-4 计日工表；

⑭表-12-5 总承包服务费计价表；

⑮表-13 规费、税金项目计价表。

关于上述各表的格式、填写的具体内容和要求，详见《建设工程工程量清单计价规范》（GB 50500—2013）的有关规定，以及《建筑工程计量与计价》教材中的"工程量清单与计价"部分。

6）施工组织设计

（1）编制施工组织设计的要求

①投标人在编制施工组织设计时，应采用文字并结合图表形式说明施工方法。

②投标人应编制拟投入本标段的主要施工设备情况、试验和检测仪器设备情况、劳动力计划等。

③投标人应结合工程特点,制订保证施工顺利进行的技术组织措施,如提出切实可行的工程质量、安全生产、文明施工、工程进度、技术组织措施,同时应对关键工序、复杂环节重点提出相应技术措施,如冬雨期施工技术、减少噪声、降低环境污染、地下管线及其他地上地下设施的保护加固措施等。

(2)施工组织设计除采用文字表述外,还可附下列图表加以表述:

①投入本标段的主要施工机械设备表。

②配备本标段的试验和检测仪器设备表。

③劳动力计划表。

④计划开、竣工日期和施工进度网络图。投标人应提交施工进度网络图或施工进度表,说明按招标文件要求的计划工期进行施工的各个关键日期。施工进度表亦可采用横道图表示。

⑤施工总平面图。投标人应提交一份施工总平面图,并附文字说明临时设施、加工车间、现场办公、设备及仓储、供电、供水、卫生、生活、道路、消防等设施的情况和布置。

⑥临时用地表。关于上述图表与格式要求,可详见本《标准施工招标文件》及参阅其他相关教材。

7)项目管理机构

项目管理机构的组织情况一般通过项目管理机构组成表和主要人员简历表说明。

①项目管理机构组成表:包括各部门的设置及各部门负责人的姓名、职务、职称、执业或职业资格证明等。

②主要人员简历表:包括各主要人员的姓名、年龄、学历、职务、职称、毕业学校、拟在本合同任职和主要工作经历等。其中:

a.项目经理应附项目经理证、身份证、职称证、学历证、养老保险复印件,管理过的项目业绩须附合同协议书复印件;

b.技术负责人应附身份证、职称证、学历证、养老保险复印件,管理过的项目业绩须附证明其所任技术职务的企业文件或用户证明;

c.其他主要人员应附职称证(执业证或上岗证书)、养老保险复印件。

8)拟分包项目情况表

拟分包项目情况表主要包括分包人名称、法定代表人、资质等级、营业执照号码、地址、电话、拟分包的工程项目、主要内容、预计造价(万元)、已经做过的类似工程等。

9)资格审查资料

资格审查资料主要包括投标人基本情况表、近年财务状况表、近年完成的类似项目情况表、正在施工的和新承接的项目情况表和近年发生的诉讼及仲裁情况表等。上述各类情况表的具体内容与格式,详见《标准施工招标文件》。

对于未经过资格预审的投标人,在招标文件中应编制投标人资格审查表,以便进行资格审查。在评标前,必须首先按资格审查表的要求对投标人进行资格审查,只有资格审查通过者才有资格进入评标。

2.4 建设工程项目施工招标文件的编制

我国《招标投标法》规定:招标人(业主)应根据招标工程项目的特点和需要编制招标文件。工程项目施工招标文件是由招标人(业主)或其委托的咨询机构编制并发布的,它既是投标人(承包商)编制投标文件的依据,也是招标人(业主)与将来中标人签订承包合同的基础。工程项目施工招标文件的编制,除包括上节所介绍的主要内容外,还包括该项工程招标控制价(标底)的编制,并将其作为招标文件的一个组成部分。由于建设工程的招标控制价(标底)是评标、定标的重要参考依据,因此,招标控制价(标底)具有严格的保密性,可不与前述的招标文件一同发出。现将建设工程项目施工招标文件及建设工程招标控制价(标底)的编制分述如下。

· 2.4.1 工程项目施工招标文件的编制 ·

工程项目施工招标文件的编制,按照招标方式的不同,又分为建设工程施工公开招标的招标文件编制和邀请招标的招标文件编制。下面主要介绍公开招标的施工招标文件内容组成与编制要求,以及有关标准文本的选用。

1)投标须知

投标须知包括投标须知前附表和投标须知。投标须知前附表和投标须知的具体内容,在《标准施工招标文件》中都有明确的规定与表述。招标人(业主)在编制招标文件中的投标须知时,应认真选用与执行,并根据建设工程的特点及要求,对部分条款可做修改与补充。

2)合同条款

建设工程招标文件中的合同条件,按照《标准施工招标文件》中的规定,参照《建设工程施工合同(示范文本)》(GF-2017-0201)中的条款进行编制。该部分由合同协议书、通用合同条款、专用合同条款3个部分组成。

3)合同格式

为便于投标工作和评标工作的顺利进行,合同格式在招标文件中都做了统一规定,主要包括"合同协议书""银行履约保函""履约担保书""预付款银行保函"等格式。招标人(业主)可参考上述的统一格式进行编写。

4)技术规范

技术规范是投标人(承包商)制订施工技术措施的依据,也是检验工程质量的标准和进行工程管理的依据。招标人(业主)应根据招标项目具体特点和实际要求编制。但其各项技术标准应符合国家强制性标准,不得要求或标明某一特定的专利、商标、名称、设计、原产地或生产供应者,不得含有倾向或者排斥潜在投标人的其他内容。如果必须引用应在"参照"后面加上"或相当于"字样。

5）投标文件

投标文件中的投标书（即标函）及投标书附录、辅助资料表和资格审查表等，招标人（业主）可按照《标准施工招标文件》中的规定和要求，以及上节中介绍的投标文件内容和一般格式进行编写。

关于工程量清单的编制，招标人（业主）应根据《建设工程工程量清单计价规范》（GB 50500—2013）中有关工程量清单的编制规定、招标项目具体特点和实际需要进行编制，并与"投标人须知""合同条款""技术标准与要求""施工图纸"相衔接。

6）图纸

施工图纸是招标文件的重要组成部分，是招标人（业主）编制工程量清单和计算确定工程造价不可缺少的资料，也是投标人（承包商）拟订施工组织设计或施工方案的依据。施工图纸应由招标人根据行业标准施工招标文件（如有）、招标项目具体特点和实际需要编制，实际中主要是由委托的建筑设计院提供，并负责设计文件的交底。对于图纸修改和补充，编写人员应在招标文件中做出明确规定。

· 2.4.2　工程项目施工招标标底的编制和审查 ·

1）招标标底概述

（1）招标标底的概念

建设工程招标标底是建筑安装工程造价的一种重要表现形式，它是由招标人（业主）或受其委托具有相应资质的工程造价咨询机构，根据设计图纸、定额、取费标准等数据编制，并按规定报经当地建设主管部门和建设银行审定的招标项目的控制价格。

招标标底是审核投标人报价、评标人评标、招标人定标的参考依据，要求在招标文件发出之前完成。招标标底的编制是一项十分严肃的工作，在开标前要严格保密，不许泄漏。

（2）招标项目标底的组成内容

①招标项目标底综合编制说明：包括招标项目标底的编制目的、编制依据、编制要求、计算方法和有关规定等。

②招标项目标底主要文件：包括标底价格审定书、标底价格计算书、带有价格的工程量清单、现场因素、各施工措施费用的测算明细表、采用固定价格的风险系数测算明细表等。

③主要材料用量：包括水泥、木材、钢材（含钢筋、型钢、管材、板材等）、电器设备、电线、灯具、大宗材料（砖、瓦、砂、石）等。

④招标项目标底附件：包括各项交底纪要，各种材料和设备的价格来源，现场的地质、水文、地上情况的有关资料，以及编制标底价格所依据的施工方案或施工组织设计等。

（3）招标项目标底的作用

①招标项目标底能够使招标人（业主）预先明确自己在拟建工程上应承担的财务义务。

②招标项目标底为上级主管部门提供核实建设资金的依据。

③招标项目标底是衡量投标人（承包商）报价的参考依据。有了标底才能正确判断投标人所投报价的合理性、可靠性。

④招标项目标底是评标的参考依据之一。只有制订了科学的标底，才能在定标时做出正

确的抉择,否则评标就是盲目的。

2)编制招标项目标底的主要程序

招标文件中的商务条款一经确定,即可进入标底编制阶段。招标项目标底编制程序如下:

①确定标底的编制单位。标底可由招标人(业主)自行编制或委托经建设行政主管部门批准具有编制标底资格和能力的中介机构代为编制。

②提供以下文件资料,以便进行标底计算:

a. 全套施工图纸及现场地质、水文、地上情况的有关资料;

b. 招标文件;

c. 标底价格计算书及报审的有关表格。

③参加交底会及现场勘察。标底编审人员均应参加施工图纸交底、施工方案交底、现场勘察、招标预备会,以便于标底的编、审工作。

④编制标底。编制人员应严格按照国家的有关政策、规定,科学公正地编制标底。

3)编制招标项目标底应遵循的原则

①根据国家公布的统一工程项目划分、统一计量单位、统一计算规则,以及施工图纸、招标文件,并参照国家制定的基础定额和国家、行业、地方规定的技术标准规范,以及市场价格确定工程量和编制标底。

②标底作为招标人(业主)对招标项目的控制价,应力求与市场的实际变化相吻合,有利于竞争和保证工程质量。

③标底应由成本、利润、税金等组成,应控制在批准的总概算(或修正概算)及投资包干的限额内。

④标底应考虑人工、材料、设备、机械台班等价格变化因素,还应包括不可预见费(特殊情况)、预算包干费、措施费(施工技术措施费、赶工措施费)、现场因素费用、保险以及采用固定价格时的风险金等。工程质量要求优良的还应增加相应的费用。

⑤标底编制完成后,应密封报送招标管理机构审定。审定后必须及时妥善封存,直至开标。所有接触过标底价格的人员均负有保密责任,不得泄露。

4)编制标底的主要依据

根据《标准施工招标文件》和示范文本的规定,标底的编制依据主要有:

①招标文件的商务条款;

②工程施工图纸、工程量计算规则;

③施工现场地质、水文、地上情况的有关资料;

④施工组织设计或施工方案;

⑤现行预算定额、工期定额、工程项目计价类别及取费标准、国家或地方有关价格调整文件等;

⑥招标时建筑安装材料及设备的市场价格。

5)标底的编制方法

当前,我国建设工程施工招标标底主要采用工料单价法和综合单价法来编制。

（1）工料单价法

具体做法是根据施工图纸及技术说明，按照分部分项工程子目，逐项计算出工程量，再套用工料单价确定直接费，然后按规定的费用定额确定其他直接费、现场经费、间接费、利润和税金，还要加上材料调价和适当的不可预见费，汇总后即为工程标底的基础。也可以采用概算定额编制标底，主要适用于技术设计阶段进行招标的工程。在施工图阶段招标，也可按施工图计算工程量，按概算定额和单价计算直接费，既可保证计算结果的可靠性，又可减少工作量，节省人力与时间。

运用工料单价法编制一个合理、可靠的标底还必须在上述计算的基础上考虑以下因素：

①标底必须适应目标工期的要求，应将目标工期对照工期定额，按提前天数计算出必要的赶工费和奖励，并列入标底。

②标底必须适应招标方的质量要求，对高于国家验收规范的质量应给一定费用补偿，因为承包商要付出比合格水平更多的费用。据某些地区测算，建筑产品从合格到优良，其人工和材料的消耗要使成本相应增加3% ~ 5%，因此，标底的计算应体现优质优价。

③标底必须适应建筑材料采购渠道和市场价格的变化，应考虑材料差价因素，并将材料差价列入标底。

④标底必须合理考虑招标工程的自然地理条件和招标工程范围等因素，应将地下工程或"三通一平"等招标工程范围内的费用正确地计入标底。由于自然条件导致的施工不利因素而产生的费用也应考虑计入标底。

（2）综合单价法

综合单价就是各分项工程的单价，包括人工费、材料费、机械费、管理费、利润。综合单价确定后，再与各分项工程量相乘，并计算有关规定的调价、利润、税金以及采用固定价格的风险金等全部费用。汇总，即可得到标底。

①一般住宅和公共设施工程中，以平方米造价包干为基础编制标底。这种标底主要适用于大量采用标准图建造的住宅工程。考虑到基础工程因地基条件不同而有很大差别，平方米造价多以±0以上的工程为对象，基础及地下室工程仍以施工图预算为基础编制标底，二者之和构成完整标底。

②在工业项目的工程中，尽管其结构复杂，用途各异，但整个工程中分部工程的构成则大同小异，主要有土方工程、桩基工程、砌筑工程、混凝土及钢筋混凝土工程、防腐防水工程、管道工程、金属结构工程、机电设备安装工程等。按照分部工程分类，在施工图、材料、设备及现场条件具备的情况下，经过科学的测算，可以得出综合单价，有了这个综合单价即可计算出该工程项目的标底。

6）标底的审定

工程施工招标的标底应在投标截止后至开标之前，按规定报招标管理部门审查，招标管理部门在规定的时间内完成标底的审定工作，未经审定的标底一律无效。

（1）标底审查时应提交的各类文件

标底报送招标管理部门审查时，应提交工程施工图纸、施工组织设计或施工方案、填有单价与合价的工程量清单、标底计算书、标底汇总表、采用固定价格的工程风险系数测算明细表，以及现场因素、各种施工技术措施测算表、主要材料用量、设备清单等。

（2）标底审定内容

①采用工料单价法编制的标底，主要审查以下内容：

a.计价内容与计价方法：包括承包范围，招标文件规定的计价方法，以及招标文件的其他有关条款。

b.计算内容：包括工程量清单单价、补充定额单价、直接费、其他直接费、有关文件规定的调价、间接费、现场经费、预算包干费、利润、税金、设备费和主要材料设备数量等。

c.其他费用：包括材料市场价格、措施费（施工技术措施费、赶工措施费）、现场因素费用、不可预见费（特殊情况）、材料设备差价，以及采用固定价格的工程测算的在施工周期内价格波动风险系数等。

②采用综合单价法编制的标底，主要审查以下内容：

a.计价内容与计价方法：包括承包范围，招标文件规定的计价方法，以及招标文件的其他有关条款。

b.计算内容：包括工程量清单单价，人工、材料、机械台班价格、直接费、其他直接费、有关文件规定的调价、间接费、现场经费、预算包干费、利润、税金、采用固定价格的工程测算的在施工周期内价格波动风险系数、不可预见费（特殊情况）和主要材料数量等。

c.其他费用：包括设备市场供应价格、措施费（施工技术措施费、赶工措施费）、现场因素费用等。

（3）标底的审定时间

标底的审定时间一般在投标截止日后，开标之前，结构不太复杂的中小型工程7天以内，结构复杂的大型工程14天以内。

（4）标底的保密

标底的编制人员应在保密的环境中编制，标底完成之后应密封送审，审定完成后应及时封存，直至开标。

小 结 2

本章主要讲述招标投标概念、分类及招标方式，工程项目招标条件和招标程序，工程项目施工招标文件的组成内容等，现就其要点分述如下：

①招标投标是一种商品交易行为，是一种期货交易方式，是市场经济的产物，它包括招标和投标两个方面。工程项目施工招标是按建设程序、承包范围和行业类别的不同进行分类的，其招标方式分有公开招标和邀请招标。我国加入WTO以后，现行的招标投标法虽具有自身的特点，但是，建设市场竞争机制还需进一步的完善与发展。

②按照《工程建设施工招标管理办法》中的规定，招标人（业主）和工程项目施工招标都必须具备一定的条件，并据此规范招标人的行为，维护建设市场秩序，保证招标工作的顺利进行。从广义上讲，招标包括招标前的准备、招标公告、资格预审、编制和发售招标文件、开标、评标、定标和合同签订等招标活动的全过程。

③工程项目施工招标文件，按照《标准施工招标文件》的规定，由投标须知、合同条件及合

同格式、技术规范、投标文件格式及要求、图纸数据等内容组成。投标文件的编制是投标人（承包商）的工作重点，它的主要内容包括投标书、投标书附录、工程量清单与计价表、辅助数据表和资格审查表等。

④标底是由招标人（业主）自行或委托工程造价咨询机构所编制的工程项目预期价格（工程造价），是确定和核实建设工程投资规模的依据，是衡量投标人（承包商）投标报价的准绳，是评标和定标的重要尺度。其编制方法有工料单价法和综合单价法两种。标底编制和审定完毕后，应及时封存妥善保管，不得泄露。

复习思考题2

2.1　什么是招标？什么是投标？

2.2　什么是开标？什么是评标、定标和中标？

2.3　工程项目施工招标按建设程序和承包范围的不同分哪几种？它们有何特点？

2.4　工程项目施工招标方式有哪几种？在什么条件和要求下采用邀请招标方式？

2.5　我国招标投标制有何特点？存在什么问题？怎样进行改进与完善？

2.6　招标人（业主）和工程项目施工招标应具备什么条件？工程施工招标有哪些步骤？

2.7　工程施工招标文件由哪些内容组成？其中规定的投标文件包括哪些内容？

2.8　什么是标底？其组成内容是什么？有何作用？

2.9　标底编制的主要依据是什么？编制方法有哪几种？怎样进行标底的审定？

3 建设工程项目施工投标

本章导读:本章主要讲述建设工程项目施工投标概述,建设工程项目施工投标程序,建设工程项目施工投标文件的组成,建设工程项目施工投标文件的编制,建设工程项目施工投标决策与评估分析,建设工程项目施工投标报价策略与技巧。

通过本章的学习,要求了解建设工程项目施工投标的概念、投标程序和工作过程,掌握投标文件的组成和编制、投标决策和技巧等,这部分既是本章应掌握的重点,也是本章的难点。

3.1 投标概述

· 3.1.1 投标人及其资格条件 ·

1)投标人

按照《工程建设项目施工招标投标办法》和《标准施工招标文件》的规定:"投标人是响应招标、参加投标竞争的法人或者其他组织。"所谓响应招标,主要是指投标人对招标人在招标文件中提出的实质性要求和条件做出响应。《招标投标法》还规定:"依法招标的科研项目允许个人参加投标的,投标的个人适用本法有关投标人的规定。"因此,投标人的范围除了包括法人、其他组织,还应当包括自然人。随着我国招标事业的不断发展,自然人作为投标人的情形也会经常出现。

2)投标人的资格条件

按照《招标投标法》的规定,投标人应具备下列条件:

①投标人应当具备承担招标项目的能力;国家有关规定对投标人资格条件或者招标文件对投标人资格条件有规定的,投标人应当具备规定的资格条件。

②投标人应当按照招标文件的要求编制投标文件。投标文件应当对招标文件提出的实质性要求和条件做出响应。招标项目属于建设施工的,投标文件的内容应当包括拟派出的项目负责人与主要技术人员的简历、业绩和拟用于完成招标项目的机械设备等。

③投标人应当在招标文件要求提交投标文件的截止时间前,将投标文件送达投标地点。招标人收到投标文件后,应当签收保存,不得开启。在招标文件要求提交投标文件的截止时间后送达的投标文件,招标人应当拒收。

④投标人在招标文件要求提交投标文件的截止时间前,可以补充、修改或撤回已提交的

投标文件,并书面通知招标人。补充、修改的内容可作为投标文件的组成部分。

⑤投标人根据招标文件载明的项目实际情况,拟在中标后将中标项目的部分非主体、非关键性工作进行分包,应当在投标文件中载明。

⑥2个以上法人或者其他组织可以组成一个联合体,以一个投标人的身份共同投标。联合体各方均应当具备承担招标项目的相应能力及相应资格条件。联合体各方应当签订共同投标协议,明确约定各方拟承担的工作和责任,并将共同投标协议连同投标文件一并提交招标人。联合体各方应当共同与招标人签订合同,就中标项目向招标人承担连带责任。招标人不得强制投标人组成联合体共同投标,也不得限制投标人之间的竞争。

⑦投标人不得相互串通投标报价,不得排挤其他投标人的公平竞争,损害招标人或其他投标人的合法权益。

⑧投标人不得以低于成本的报价竞标,也不得以他人名义投标或以其他方式弄虚作假,骗取中标。

· 3.1.2 投标的组织 ·

投标的组织主要是组建一个强有力的投标机构和配备高素质的各类人才。投标人进行工程投标,需要有专门的投标机构和人员对投标的全部活动加以组织与管理,这是投标人获得成功的重要保证。

参加投标竞争,不仅是比报价的高低,还要比技术、比实力、比经验和比信息。尤其是在国际工程承包市场上,由于技术密集型工程项目越来越多,这给投标人带来两方面的挑战:一方面要求投标人具有先进的科学技术,能够完成高、新、尖、难的工程;另一方面要求投标人具有现代企业先进的管理水平,能够实现优质、高效、低成本,获得好的经济效益。

为迎接技术和管理方面的挑战,使其在激烈的投标竞争中取胜,组建投标机构和配备各类人员是极其重要的。投标机构可由以下几种类型的人员组成:

(1)经营管理类人员

经营管理类人员是指专门从事工程承包经营管理,制订和贯彻经营方针与规划,负责投标工作的全面筹划和具有决策能力的人员。为此,这类人员应具备以下基本条件:

①知识渊博,视野广阔,能全面、系统地观察和分析问题。

②具备一定的法律知识和税务工作经验,了解我国和国际上有关的法律和国际惯例,并对开展投标业务所应遵循的各项规章制度有比较全面的了解。

③勇于开拓,具有较强的思维能力和社会活动能力,积极参加有关的社会活动,扩大信息交流,不断地吸收投标业务工作所必需的新知识和情报信息。

④掌握一套科学的管理研究方法和手段,如科学的调查、统计、分析、预测的方法等。

(2)专业技术类人员

专业技术类人员主要是指工程及施工中的各类技术人员,诸如建筑师、土木工程师、电气工程师、机械工程师等各类专业技术人员。他们应具有本学科最新的专业知识,具备熟练的实际操作能力,以便在投标时能从本公司的实际技术水平出发,制订各项专业实施方案。如果是国际工程项目投标(包含国内涉外工程),则应配备懂得专业和合同管理的外语翻译人员。

（3）商务金融类人员

商务金融类人员主要是指具有金融、贸易、税法、保险、采购、保函、索赔等专业知识的人员。财务人员要懂得税收、保险、涉外财会、外汇管理和结算等方面的知识。

以上是对投标班子 3 类人员个体素质的基本要求。一个投标班子仅仅做到个体素质良好是不够的，还需要各方人员的共同协作，充分发挥各方的力量，并要保持投标班子成员的相对稳定，不断提高其整体素质和水平。同时，还应逐步采用和开发投标报价的软件，使投标报价工作更加快速、准确。

3.2　建设工程项目施工投标程序

· 3.2.1　建设工程项目施工投标程序 ·

投标人（承包商）在取得投标资格并愿意参加投标时，就可以按照图 3.1 投标工作程序图所列的步骤进行投标。

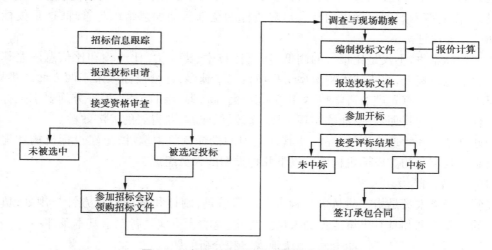

图 3.1　建设工程项目施工投标程序框图

· 3.2.2　建设工程项目施工投标过程 ·

投标过程主要是指投标人（承包商）从填写资格预审调查表申报资格预审时开始，到将编制完毕的正式投标文件报送招标人（业主）为止所进行的全部工作。这一过程的工作量很大，内容包括：填写资格审查表和申报资格预审，当资格预审通过后，参加招标会议和购买招标文件，进行投标前的调查与现场勘察，分析招标文件，校核工程量和编制施工规划，进行工程估价，确定利润方针，计算和确定报价，编制投标文件，办理投标保函，报送投标文件。如果中标，则与招标人协商并签署承包合同。

下面将介绍投标过程中各个步骤的主要工作内容：

1)申报与接受资格预审

资格预审是投标人(承包商)投标过程中的第一关。有关资格预审文件的要求、内容及资格预审评定的内容,在第2章中已有详细介绍,这里仅就投标人申报资格预审时应注意的事项介绍如下:

①应注意平时对一般资格审查有关资料的积累工作,并储存在计算机内,当要参加某个项目投标需填写资格审查表时,再将有关资料调出来,并加以补充完善。如果平时不积累资料,完全靠临时填写,则往往会达不到招标人(业主)要求而失去机会。

②加强填表时的分析,既要针对工程特点,下功夫填好重点栏目,又要全面反映出本公司的施工经验、施工水平和施工组织能力。这往往是招标人(业主)考虑的重点。

③在研究本公司今后发展的地区和项目时,注意收集信息,如果有合适的工程项目应及早动手做资格审查的申请准备。可以参照亚洲开发银行的评分办法给自己公司评分,这样可以及早发现问题。如果发现某个方面的缺陷(如资金、技术水平、经营年限等)不是公司本身可以解决的,则应考虑寻找适宜的伙伴,组成联营体来参加资格预审。

④做好递交资格审查表后的跟踪工作,以便及时发现问题,补充资料。如果是国际工程投标可通过当地的分公司或代理人进行有关查询工作。

2)投标前的调查与现场考察

这是投标前极其重要的准备工作。如果事前对招标工程有所了解,拿到招标文件后一般只需进行有针对性的补充调查,否则应进行全面的调查研究。如果是去国外工程投标,拿到招标文件后再进行调查研究,则时间是很紧迫的。

现场考察主要是指去工地现场进行考察,招标人一般在招标文件中会注明现场考察的时间和地点。施工现场考察是投标人必须经过的投标程序。按照国际惯例,投标人提出的报价单一般被认为是在现场考察的基础上编制的。一旦在报送投标函规定的截止时间之后,发现问题,投标人就无权因为现场考察不周、情况了解不细或因素考虑不全而提出修改投标报价或提出补偿等要求。现场考察既是投标人的权利,也是投标人的职责。因此,投标人在报价以前必须认真地进行施工现场考察,全面、仔细地调查了解工地现场及其周围的政治、经济、地理等情况。

现场考察之前,应先仔细地研究招标文件,特别是招标文件中的工程范围、专用条款,以及设计图纸和说明,然后拟定出考察提纲,确定重点要解决的问题,做到事先有准备。

现场考察应重点做好以下5个方面的工作:

①了解工程的性质以及该工程与其他工程之间的关系;

②了解投标人投标的那一部分工程与其他承包商或分包商之间的关系;

③了解工地地貌、地质、气候、交通、电力、水源等情况,有无障碍物等;

④了解工地附近的住宿条件、料场开采条件、其他加工条件、设备维修条件等;

⑤了解工地附近治安情况。

3)分析招标文件,校核工程量,编制施工规划

(1)分析招标文件

招标文件是投标的主要依据,因此投标人应仔细地分析研究招标文件,其重点应放在投

标须知、合同条件、设计图纸、工程范围和工程量清单与计价上，最好有专人或专门小组负责研究技术规范和设计图纸，弄清其特殊要求。

（2）校核工程量

对于招标文件中的工程量清单，投标人一定要进行校核，因为它直接影响投标报价和中标机会。例如当投标人大体上确定了工程总报价之后，对某些项目工程量可能增加的，可以提高单价，而对某些项目工程量估计会减少的，可以降低单价。如发现工程量有重大出入的，特别是漏项的，必要时可与招标人核对，要求招标人认可，并给予书面证明，这对于总价固定合同，尤为重要。

（3）编制施工规划

该工作对于投标报价影响很大。在投标过程中，必须编制施工规划，其深度和广度都比不上施工组织设计细致、全面。如果中标，再编制施工组织设计。施工规划的内容一般包括施工方案和施工方法、施工进度计划、施工机械需要量计划、材料设备需要量计划和劳动力需要量计划，以及临时生产、生活设施等。制订施工规划的依据是设计图纸，现行规范，经复核的工程量，招标文件要求的开工、竣工日期，以及对市场材料、设备、劳力价格的调查。编制的原则是在保证工期和工程质量的前提下，使成本最低，利润最大。

①选择和确定施工方法。根据工程类型，研究可以采用的施工方法。对于一般的土石方工程、混凝土工程、房建工程等比较简单的工程，可结合已有施工机械及工人技术水平来选定实施方法，努力做到节省开支，加快进度。对于大型复杂的工程则要考虑几种施工方案，进行综合比较。如水利工程中的施工导流方式，对工程造价及工期均有很大影响，投标人应结合施工进度计划及能力进行研究确定。又如地下工程（开挖隧洞或洞室），则要进行地质资料分析，确定开挖方法（用掘进机还是用钻孔爆破等），确定支洞、斜井、竖井数量和位置，以及出渣方法、通风方式等。

②选择施工机械和施工设施。此工作一般与研究施工方法同时进行。在工程估价过程中还要不断进行施工机械和施工设施的比较，如考虑利用旧机械设备还是采购新机械设备，在国内采购还是在国外采购，并对机械设备的型号、配套、数量（包括使用数量和备用数量）进行比较。还应研究哪些类型的机械可以采用租赁办法，对于特殊的、专用的机械设备须进行单独考虑。如新购机械设备，订货清单中应考虑辅助和修配机械及备用零件，尤其是订购外国的机械设备时应特别注意这一点。

③编制施工进度计划。编制施工进度计划应紧密结合施工方法和施工设备考虑。施工进度计划中应提出各时段应完成的工程量及限定日期。施工进度计划是采用网络进度计划还是采用横线条进度计划，应根据招标文件的要求而定。在投标阶段，一般采用横线条进度计划即可满足要求。

4）投标报价的计算

投标报价计算包括定额分析、单价分析、计算工程成本、确定利润方针，最后确定标价。

5）编制投标文件

编制投标文件也称填写投标书，或称编制投标报价书。

投标文件应完全按照招标文件的各项要求编制，一般不能带任何附加条件，否则将导致投标作废。

6）准备备忘录提要

招标文件中一般都有明确规定，不允许投标人对招标文件的各项要求进行随意取舍、修改或提出保留。但是在投标过程中，投标人对招标文件反复深入地进行研究后，往往会发现很多问题，这些问题可归纳如下：

①发现的问题对投标人有利。可以在投标时加以利用或在以后可提出索赔要求的，这类问题投标人一般在投标时是不提的。

②发现的错误明显对投标人不利。如总价包干合同工程项目漏项或是工程量偏少，这类问题投标人应及时向业主提出疑问，要求业主更正。

③投标人企图通过修改某些招标文件和条款，或是希望补充某些规定，以使自己在合同实施时能处于主动地位的问题。

如发现上述问题，在编写投标文件时应单独另写一份备忘录提要，但这份备忘录提要不能附在投标文件中提交，只能自己保存。第三类问题可保留在合同谈判时使用，也就是说，当该投标使招标人感兴趣、邀请投标人谈判时，再把这些问题根据当时情况一个一个地提出来谈判，并将谈判结果写入合同协议书的备忘录中。

7）递送投标文件

递送招标文件也称递标，是指投标人在规定的投标截止日期之前，将准备好的所有投标文件密封递送给招标人的行为。对于招标人，在收到投标人的投标文件后，应签收或通知投标人已收到其投标文件，并记录收到日期和时间。同时，在开标之前，所有投标文件均不得启封，并应采取措施确保投标文件的安全。

除了上述规定的投标文件外，投标人还可以写一封更为详细的致函，对自己的投标报价做必要的说明，以吸引招标人对递送这份投标文件的投标人感兴趣和有信心。例如：关于降低报价的决定，说明与业主有友好而长远合作的诚意，决定按报价单的汇总价格无条件地降低某一个百分点，或按总价降低多少金额，并愿意以这一降低后的价格签订合同。又如：若招标文件允许替代方案，并且投标人又制订了替代方案，可以说明替代方案的优点，明确如果采用替代方案，可能降低或增加的标价。还可说明愿意在评标时，与业主或咨询公司进一步讨论，使报价更为合理等。

3.3 建设工程项目施工投标文件的组成

投标文件的组成，也就是投标文件的内容。根据招标项目的不同，投标文件在组成上也会存在一定的差异。按照《招标投标办法》的规定："招标项目属于工程施工的，投标文件的内容应当包括拟派出的项目负责人与主要技术人员的简历、业绩和拟用于完成招标项目的机械设备等"。下面重点介绍工程建设项目投标文件的组成。

1）证明文件及有关资料

证明文件包括营业证书、委托书、银行资信证明、注册证书及交税证明等。有关资料包括投标人(承包商)章程与简介、管理人员名单、资产负债表等。投标人(承包商)应当按照规定提交上述证明与资料。

2)投标函(书)及投标书附件

投标函(书)是指需要填写的投标文件。投标人(承包商)应当按照招标文件的要求填写投标项目的名称、投标人名称、投标人地址、投标总价等内容,并由投标人签名、盖章。另外,投标人还应按照要求对投标函(书)附录等进行填写。关于投标函(书)及投标书附录的内容详见本教材第 2 章。

3)投标保证金

投标保证金一般采用银行保函的形式。保函应写明委托人(被担保人)名称、担保人名称、债权人名称、担保金额、担保期限及担保责任的范围等内容,并由担保人、被担保人共同签字、盖章。

4)履约保证金

履约保证金一般也采用银行保函形式。履约保函同样应写明委托人(被担保人)名称、担保人名称、债权人名称、担保金额、担保期限及担保的责任范围等内容,并由担保人、被担保人共同签字、盖章。

5)报价单与工程量清单计价

投标人在报价单(含工程量清单计价)中需要填写工程名称、工程量、单价、成本价、总报价等,报价须有投标人签字、盖章。报价单随着合同类型不同而异,在综合单价合同中,一般都将各项单价列在工程量清单计价表上,并按照招标人的要求全部综合单价都应附上工程量清单综合单价分析表。关于报价单的计算,详见《建筑工程计量与计价》教材中的"工程量清单与计价"等内容。

6)施工组织设计

施工组织设计是投标文件的一项重要内容,也是投标人中标后履行合同时的工作计划。其内容包括施工方案、施工技术措施和施工进度计划,同时还包括有关的工程机械设备清单、技术说明书和投标附函。施工方案中主要说明工程项目概况,准备采用的施工技术和施工方法。施工进度计划主要说明开竣工时间及整个工程的工期与进度等。

工程机械和设备清单,应详细列出工程拟采用的机械设备名称、规格、型号、数量、制造厂家名称等,投标人提供上述内容的目的是说明这些机械设备能够满足工程施工的需要。投标人还可通过技术说明书对有关机械和设备的性能及使用特点进行文字说明,以增强招标人的信任感。

投标附件是指投标人在投标文件外仍需说明的问题而对招标人的致函,包括施工方案、施工进度计划的修改,工程的付款方式及汇率等。施工组织设计基本上由投标人自行确定格式编写,没有统一的规定及要求。

7)资格审查表和辅助资料表

资格审查表是投标人(承包商)填报和提交的文件资料,便于招标人对投标人的资格进行全面审查。已通过资格审查的可不再填报。辅助资料表是投标人进一步说明参加工程的管理机构与人员、施工技术人员、机械设备和各项相关工作的安排情况,以便于评标时进行比较。关于资格审查表和辅助资料表的有关内容详见本教材第 2 章。

3.4 建设工程项目施工投标文件的编制

建设工程项目施工投标文件的编制是一项比较复杂的计算与决策过程,投标人(承包商)在编制工程项目施工投标文件时,应切实做好下列工作。

· 3.4.1 投标文件编制的准备工作 ·

投标人(承包商)在编制投标文件前,应认真做好以下准备工作:

①组建投标工作领导班子,确定该项目施工投标文件的编制人员。

②投标人(承包商)应收集与投标文件编制有关的政策文件和资料,如现行的各种定额、费用标准、政策性调价文件及各类标准图等。上述有关的文件与资料是编制施工投标文件(投标报价书)的重要依据。

③投标人(承包商)应认真阅读和仔细研究工程项目施工招标文件中的各项规定与要求,如认真阅读投标须知、投标书和投标书附录的编制等各项内容,尤其是要仔细研究其合同条款、技术规范、质量要求和价格条件等内容,以明确上述的具体规定和要求,从而增强投标文件编制内容的针对性、合理性和完整性。

④投标人(承包商)应根据施工图纸、设计说明、技术规范和计算规则,对工程量清单表中的各分部分项工程量进行认真审查,若发现内容、数量有误时,应在收到工程项目招标文件的7 日内,用书面形式通报给招标人(业主),以利于工程量的调整和报价计算的准确。

· 3.4.2 投标文件的编制 ·

投标人(承包商)应重点做好施工组织设计、投标报价书等施工投标文件的编制工作,现将其编制内容与步骤分述如下:

①投标文件编制人员根据招标文件、工程技术规范等,结合工程项目现场施工条件等编制施工组织设计,包括施工方法,施工技术措施,施工进度计划和各项物资、人工需用量计划等。

②投标文件编制人员根据现行的各种定额、费用标准、政策性调价文件、施工图纸(含标准图)、技术规范、工程量清单、综合单价或工料单价等资料编制投标报价书,并确定其工程总报价。

③投标文件编制人员根据招标文件的规定与要求,认真做好投标函(书)、投标书附录、投标辅助资料等投标文件的填写编制工作,并与有关部门联系,办理投标保函。

④投标文件编制人员在投标文件编制完成以后,应认真进行核对、整理和装订成册,再按照招标文件的要求进行密封和标志,并在规定的截止时间内递交给招标人(业主)。

小 结 3

本章主要讲述投标概念、投标资格条件和投标的组织、建设工程项目施工投标程序和投标工作过程、投标文件的组成和编制、投标决策和技巧等。现就其要点分述如下：

①参加建设工程项目施工投标的投标人是指响应招标，参加投标竞争的法人或者其他组织。按照《招标投标法》的规定，投标人（承包商）必须具备规定的资格条件。组建一个强有力的投标班子和配备高素质的各类专业人才，是投标人（承包商）获得投标成功、取得最佳经济效益的重要保证。

②投标人（承包商）从取得投标资格开始，到投标文件的编制及报送为止，应按照一定的程序开展投标活动，其具体工作过程是接受投标资格预审、参加招标会议和购买招标文件、调查与现场勘察、编制施工组织设计、计算工程报价、编制投标文件、办理投标保函和递交投标文件等。投标文件的组成内容，包括投标证明文件、投标书及附件、投标保函、工程清单及报价表、施工组织设计、辅助资料表、资格审查表等。投标文件编制的重点是做好施工组织设计的制订、投标报价的计算与确定。

通过本章的学习，要了解建设工程项目施工投标的概念、投标程序、工作过程等，重点掌握投标文件的组成和编制、投标决策和技巧等。

复习思考题 3

3.1　什么是投标人？投标人应具备什么资格条件？

3.2　投标的组织工作有何重要作用？怎样才能做好投标的组织工作？

3.3　建设工程项目施工投标工作的主要步骤是什么？

3.4　建设工程项目施工投标文件的组成内容有哪些？它的编制重点是什么？

4 建设工程项目施工投标报价决策、策略与技巧

在投标竞争中,一个承包商纵然有丰富的企业经营知识和强有力的组织机构,但如果缺乏投标艺术和策略观念,那也是会失败的。投标策略是研究在工程投标竞争中,如何制订正确的谋略和投标时的指导方针,以便保证用少量的消耗取得最大的经济效果。本章重点研究国际承包工程中的投标策略问题,也能为国内投标竞争所应用。

4.1 建设工程项目施工投标决策

4.1.1 投标决策

1)投标决策的概念

投标人为了在激烈的投标竞争中取胜而获得施工任务,并且从承包工程中盈利,就必须认真研究投标决策问题。所谓投标决策就是指投标人(承包商)对是否参加投标,投什么标和采用什么投标策略所作出的决定。投标人投标决策的正确与否,关系到能否中标及中标后所取得的效益,关系到企业的发展和职工的经济利益。因此,投标人及决策班子必须充分认识投标决策的重要意义,并应将投标决策列入企业的重要议事日程。

2)投标决策的划分

投标决策可分为两个阶段进行,即投标的前期决策和投标的后期决策。

(1)投标的前期决策

投标的前期决策,主要是投标人及其决策班子对是否参加投标进行研究、论证并做出决策。这一阶段的决策必须在投标人参加投标资格预审前完成。以下就这一阶段决策的主要依据和应放弃投标的项目分述以下:

①决策依据:

● 招标人发布的招标公告;

● 对招标工程项目的跟踪调查情况;

● 对招标人(业主)情况的研究及了解程度;

● 若是国际招标工程,其决策依据还必须包括对工程所在国家和所在地的调查研究及了解程度。

②应放弃投标的招标项目。在通常情况下,以下招标项目投标人可以放弃投标。

- 本承包企业主营和兼营能力以外的招标项目;
- 工程规模、技术要求超过本企业等级的招标项目;
- 本承包企业施工生产任务饱和,无力承担的招标项目;
- 工程盈利水平较低或风险较大的招标项目;
- 本承包企业等级、信誉、施工技术、施工管理水平明显不如竞争对手的招标项目。

(2)投标的后期决策

通过前期论证并决定参加投标后,便进入投标的后期决策阶段,该阶段是指从申报投标资格预审资料至投标报价(报送投标文件)期间的决策研究阶段,主要研究投什么样的标及投标的策略问题。投标决策一般有以下分类:

①按性质分类。按性质不同,投标可分为投风险标和投保险标。

a. 投风险标:投标人通过前期阶段的调查研究,知道该工程承包难度大、风险多,且技术、设备、资金等问题尚未完全解决。但由于本企业任务不足、处于窝工状态,或者工程盈利丰厚,或者为了开拓市场而决定参加投标。投标后,若上述问题解决得好,企业可取得较好的经济效益,同时还可锻炼出一支好的施工队伍。若上述问题解决得不好,企业就会在经济上遭受损失,信誉上受到损害,严重的会导致企业破产。因此,这种情况下的投标具有很大的风险,投标人投风险标必须审慎决策。

b. 投保险标:投标人对可以预见的技术、设备、资金等重大问题都有了解决对策后再进行投标,称为投保险标。若企业经济实力较弱,经不起失误或风险打击,投标人往往投保险标。尤其是在国际工程承包市场上,承包商大多愿意投保险标。

②按效益分类。投标决策按取得效益的不同,分为投盈利标和投保本标。

a. 投盈利标:投标人如果认为工程是本企业的强项,又是竞争对手的弱项,或招标人(业主)的意向明确,或本企业虽任务饱和但利润丰厚,企业愿意超负荷运转等都可以投盈利标。

b. 投保本标:投标人在无后续工程,或已出现部分停工时,必须争取中标,但其招标工程对本企业既无优势,竞争对手又多,此时,投标人就可投保本标或薄利标。

3)投标决策的主观条件

投标人决定参加投标或放弃投标,首先要取决于投标人的实力,即投标人自身的主观条件。现分述如下:

(1)技术实力方面

①有精通本专业的建筑师、工程师、造价师、会计师和管理专家等组成的投标组织机构。

②有一支技术精良、操作熟练、经验丰富、责任心强的施工队伍。

③有工程项目施工专业特长,特别是有解决工程项目施工技术难题的能力。

④有与招标工程项目同类工程的施工经验与管理经验。

⑤有一定技术实力的合作伙伴、分包商和代理人。

(2)经济实力方面

①具有垫付建设资金的能力,即具有"带资承包工程"的能力。但由于这种承包方式风险很大,投标决策时应慎重考虑。

②具有一定的固定资产、机具设备,如大型施工机械、模板与脚手架。

③具有一定资金周转能力足以支付施工费用。

④具有承包国际工程所需的外汇。

⑤具有支付国内工程和国际工程各种担保金的能力。

⑥具有支付各项税金和保险金的能力。

⑦具有承担不可抗力带来的风险的能力。

⑧承担国际工程时,具有支付聘请有丰富经验或较高地位代理人的酬金以及其他佣金的能力。

(3)管理实力方面

投标人为取得好的经济效益,必须在成本控制上下功夫,向管理要效益。因此,要加强企业管理,建立健全企业管理制度,制订切实可行的措施。如实行工人一专多能,管理人员精干,采用先进技术,进行定额管理,缩短施工工期,减少各种消耗,降低工程成本,提高经济效益,努力实现企业管理的科学化和现代化。具有较强的管理实力,投标人就能在激烈的投标竞争中战胜对手而获得胜利。

(4)信誉实力方面

投标人(承包商)具有良好的信誉,这是中标的一个重要条件。因此,投标人必须具有重质量、重合同、守信用的意识。要建立良好的信誉,就必须遵守法律和行政法规,按国际惯例办事,保证工程施工的安全、工期和质量。

4)投标决策的客观因素

(1)招标人(业主)和监理工程师的情况

招标人(业主)的社会地位、支付能力、履约能力,监理工程师处理问题的公正性、合理性等,是投标人投标决策的重要影响因素。

(2)投标竞争形势和竞争对手的情况

投标竞争形势的好坏,竞争对手的实力优势及在建工程的情况等,都是投标人是否参加投标竞争的重要影响因素。一般来说,大型承包公司技术水平高,管理经验丰富,适应性强,具有承包大型工程的能力,因此在大型工程项目的投标中中标的可能性就大,而中小型工程项目的投标中,一般中小型承包公司或当地的工程公司中标的可能性更大。另外,如果竞争对手的在建工程即将完工,急于获得新的工程项目,其报价不会很高;而如果竞争对手在建工程规模大、时间长,若仍参加投标,则标价可能很高。以上这些情况对本公司的投标决策都有很大影响。

(3)法律和法规情况

我国的法律和法规具有统一或基本统一的特点,而且法制环境基本相同。因此,对于国内工程承包,适用本国的法律和法规。如果是国际工程承包,则有一个法律适用问题。法律适用的原则有:

①强制适用工程所在地法的原则;

②意思自治原则;

③最密切联系原则;

④适用国际惯例原则;

⑤国际法效力优于国内法效力的原则。

如很多国家规定,外国承包商在本国承包工程,必须与当地承包公司成立联营体才能承包该国的工程。因此,如果是适用工程所在地法,就必须对合作者的信誉、资历、技术水平、资金、债权与债务等方面进行全面的了解、分析,然后才能决定投标还是弃标。又如外汇管制情况,各国法规也有不同,有的规定,可以自由兑换、汇出,基本上无任何管制;有的规定,必须履行一定的审批手续;有的规定,外国公司在缴纳所得税后的 50% 可以兑换、汇出,其余 50% 只能在当地再投资或用作扩大再生产。总之,如果是适用工程所在地法,我们在这类国家承包工程必须注意以上问题。

（4）投标风险的情况

在国内参加投标竞争和承包工程,其风险相对要小一些,而参加国际工程投标和承包工程则风险要大得多。

决定投标与否,要考虑的因素很多。因此,投标人需要广泛、深入地调查研究,系统地积累资料,并做出全面的分析,才能对投标做出正确决策。其中很重要的是承包工程的效益性,投标人应对承包工程的成本、利润进行预测和分析,以便作为投标决策的重要依据。

5）投标前的报价调整因素

报价低是确定中标人的条件之一,但不是唯一的条件。一般来说在工期、质量、社会信誉相同的条件下,招标人才选择最低标。因此,投标人不应追求报价最低,而应当在评价标准的诸因素上多下功夫,例如:企业若自身掌握有三大材料、流动资金拥有量大、施工组织水平高、工期短等,就可以自身的优势去战胜竞争对手。报价过高或过低,不但不能得标,而且会严重损害本企业的信誉和效益。

现将投标前对报价的减价和加价因素分别介绍如下:

（1）减价因素

①对于大批量工程或有后续分期建设的工程,可适当减计临时设施费用。

②对施工图设计详细无误,不可预见因素小的工程可减计不可预见包干费。

③对无冬雨季施工的工程,可以免计冬雨季施工增加费。

④对工期要求不紧或无须赶工的工程,可减计或免计夜间施工增加费。

⑤技术装备水平较高的建筑企业,可减计技术装备费。

⑥大量使用当地民工的,可适当减计远征工程费和机构调迁费。

⑦采用先进技术、先进施工工艺或廉价材料等,可削减其有关费用。

（2）加价因素

①合同签订后的设计变更,可另行结算。

②签订合同后的材料差价变更,可另行结算或估算列入报价。

③材料代用增加的费用,可另行结算或列入报价。

④大量压缩工期增加的赶工措施费用,可增加报价。

⑤为了防止天灾人祸等意外发生费用,可在允许范围内增加报价。

⑥无预付款的工程,因贷款所增加的流动资金贷款利息应列入报价。

⑦要求垫付资金或材料的,可增加有关费用。

一般来说,承包合同签订后所增加的费用,应另行结算,不列入报价。

上述减价、加价因素,应视其招标办法和合同条款而定,不能随便套用。

· 4.1.2　投标报价的评估分析 ·

报价是投标的核心,报价正确与否直接关系到投标的成败。为了增强报价的准确性,提高中标率和经济效益,除重视投标策略,加强报价管理以外,还应善于认真总结经验教训,采取相应对策从宏观角度对承包工程总报价进行控制。可采用下列评估指标和方法对报价进行审核与评估。

1)投标报价的评估指标

(1)单位工程造价指标

不同类型工程的单位工程造价指标形式也不同,房屋建筑工程按平方米造价表示,铁路桥梁、隧道按每延长米造价表示,公路桥梁按桥面平方米造价表示。施工企业可按照各个国家和地区的情况,分别统计、搜集各种类型工程的单位工程造价指标,在新项目投标报价时作为参考,以控制报价。这样做,既方便又适用,有利于提高中标率和经济效益。

(2)全员劳动生产率指标

此指标即指企业全体人员每工日的生产价值,这是一项很重要的经济指标,它对工程报价进行宏观控制是很有效的,尤其当一些综合性大项目难以用单位工程造价分析时,显得更为有用。但非同类工程,机械化水平悬殊的工程,不能绝对相比,要持分析态度。

(3)单位工程用工用料正常指标

这是指正常情况下单位工程工料的合理用量。例如:我国铁路隧道施工部门根据所积累的大量施工经验,统计分析出各类围岩隧道的每延长米隧道用工、用料正常指标;房建部门对房建工程每平方米建筑面积所需劳动力和各种材料的数量也都有一个合理的指数。单位工程用工用料正常指标可对工程造价进行宏观控制。国外工程也如此,常见的为房屋工程每平方米建筑面积主要用工用料量,见表4.1。

表4.1　房屋建筑工程每平方米建筑面积用工用料数量表

序号	建筑类型	人工/(工日·m^{-2})	水泥/kg	钢材/kg	木材/m^3	砂子/m^3	碎石/m^3	砖砌体/m^3	水/t
1	砖混结构楼房	4.0~4.5	150~200	20~30	0.04~0.05	0.3~0.4	0.2~0.3	0.35~0.45	0.7~0.9
2	多层框架结构	4.5~5.5	220~240	50~65	0.05~0.06	0.4~0.5	0.4~0.6	—	1.0~1.3
3	高层框架结构	5.5~6.5	230~260	60~80	0.06~0.07	0.45~0.55	0.45~0.65		1.2~1.5
4	某高层宿舍楼(内浇外挂结构)	4.51	250	61	0.031	0.45	0.50	—	1.10
5	某高层饭店(筒体结构)	5.80	250	61	0.032	0.51	0.59		1.30

注:木材主要是木模板需要量,如果采用钢模板,木材可大大减少。表中第5项工程采用钢、木2种模板。

2)投标报价的评估比例

(1)各分项工程价值的正常比例

各分项工程价值的正常比例是控制报价准确度的重要指标之一。例如,一栋楼房是由基础、墙体、楼板、屋面、装饰、水电、各种专用设备等分项工程构成的,它们在工程价值中都有一个合理的大体比例。国外房建工程中主体结构工程(包括基础、框架和砖墙 3 个分项工程)的价值约占总价的 55%，水电工程约占 10%，其余分项工程的合计价值约占 35%。例如：某国的房建工程，各分项工程价值占总价的比例如下：基础 9.07%，钢筋混凝土框架 37.09%，砖墙(非承重)9.54%，楼地面 10.32%，装饰 10.40%，屋面 5.46%，门窗 8.48%，上下水管道 4.96%，室内照明 4.68%。

（2）各类费用的正常比例

任何一个工程的费用都是由人工费、材料设备费、机械施工费、间接费等各类费用组成的，它们之间都有一个合理的比例。国外工程一般是人工费占总价的 15%～20%，材料设备费(包括运费)占 45%～65%，机械使用费占 10%～30%，间接费约占 25%。

3）投标报价的评估方法

（1）预测成本比较控制法

将一个国家或地区的同类型工程项目报价和中标项目的预测成本资料整理汇总储存，作为下一轮投标报价的参考，可以此衡量新项目报价是否科学合理。

（2）个体分析整体综合控制法

综合工程项目往往包括若干个相对独立的个体工程，评估其总造价时，应首先对各个体工程进行分析，而后再对整个工程项目进行综合研究和控制。例如，某国一项铁路工程，每千米造价为 208 万美元，似乎大大超出常规造价，但经分析此造价是线、桥、房屋、通信信号等个体工程的合计价格，其中，线、桥工程造价 112 万美元/km，是正常价格；房建工程造价 77 万美元/km，占铁路总价的 37%，其比例似乎过高，但该房建工程不仅包括沿线车站等的房屋，还包括一个大货场的房建工程，每平方米的造价并不高。经上述一系列分析综合，可认定该工程的造价是合理的。

（3）综合定额估算法

综合定额估算法即采用综合定额和扩大系数估算工程所需工料数量及工程造价，是在掌握工程实施经验和资料的基础上的一种估价方法。一般来说，这种估算结果比较接近实际，尤其是在采用其他宏观指标对工程报价难以核准的情况下，该法更显出它的优点。其程序如下：

①选控项目。任何工程报价的工程项目都有几十或几百项，为便于采用综合定额进行工程估算，首先将这些项目有选择地归类，合并成几种或几十种综合性项目，称"可控项目"，其价值占工程造价的 75%～80%。有些工程项目，工程量小，价值不大，又难以合并归类的，可不合并，此类项目称"未控项目"，其价值占工程总价的 20%～25%。

②编制综合定额。对上述选控项目编制相应的定额，要求能体现出选控项目工、料的比较实际的消耗量，这类定额称综合定额。综合定额应在平时编制好，以备估价时使用。

③根据可控项目的综合定额和工程量，计算出可控项目的用工总数及主要材料数量。

④估测"未控项目"的用工总数及主要材料数量。"未控项目"用工数量一般占"可控项目"用工数量的 20%～30%，用料数量一般占用料数量的 5%～20%。为选好这个比例，平时做工程报价详细计算时，应认真统计"未控项目"与"可控项目"价值的比率。

⑤根据上述③、④将"可控项目"和"未控项目"的用工总数及主要材料数量相加，求出工程总用工量和主要材料总数量。

⑥根据⑤计算的主要材料数量及实际单价,求出主要材料总价。

⑦根据⑤计算的总用工数及劳务工资单价,求出工程人工费。

⑧工程材料费＝主要材料总价×扩大系数(1.5～2.5)。选取扩大系数时,钢筋混凝土及钢结构等含钢量多,装饰贴面少的工程,应取低值;反之,应取高值。

⑨工程总价＝(人工费＋材料费)×系数。该系数的取值,承包公司为1.4～1.5,"经援"项目为1.3～1.35。

上述计算程序中所选用的各种比例和系数,仅供参考,不可盲目套用。

综合定额估算法属宏观审核工程报价的一种手段,不能以此代表详细的报价,报价仍应按招标文件的要求详细计算。

综合应用上述指标和办法,做到既有横向比较,又有系统的综合比较,再做些与报价有关的考察、调研,就会改善新项目的投标报价工作,减少和避免报价失误,取得中标承包工程的好成绩。

下面举一个综合定额估算法实例。

【例4.1】　D国某3层住宅楼,建筑面积788.10 m^2,钢筋混凝土框架结构,水泥砂浆空心砖填充墙,室内天棚及室内外墙面均抹水泥砂浆刷乳胶漆,釉面砖地面,木门,铝合金窗。已知单价:18美元/工日,水泥102美元/t,砂12美元/m^3,碎石23美元/m^3,水0.46美元/t,钢筋568美元/t,木材330美元/m^3。

根据已知条件,估算工程总价。

①按照"综合定额估算法"①—⑤程序,求出工程总工日和主要材料数量,见表4.2。

②总人工费＝3 667工日×18美元/工日＝66 006美元

③主要材料费:

水泥227 t×102美元/t＝23 154美元

砂子447 m^3×12美元/m^3＝5 364美元

碎石460 m^3×23美元/m^3＝10 580美元

水1 032 t×0.46美元/t＝475美元

钢筋39 t×568美元/t＝22 152美元

木材49 m^3×330美元/m^3＝16 170美元

主要材料费合计:77 895美元

④工程材料总价＝77 895美元×2.2(扩大系数)＝171 369美元

⑤工程总价＝(66 005＋171 369)美元×1.45(系数)＝344 194美元

该工程实际对外报价(详细计算)为343 340美元,与本估价相近。

表4.2　D国某住宅楼按综合定额估算用工及主要用料表

顺序	项目名称	单位	数量	直接生产用工/工日		水泥/t		砂子/m^3		碎石/m^3		水/t		钢筋/t		木材/m^3	
				定额	数量	定额	数量	定额	数量	定额	数量	定额	数量	定额	数量	定额	数量
1	夯填基础土方	m^3	340	0.20	68	—		—		—		0.10	34	—		—	
2	基础垫层混凝土(C15)	m^3	11	0.90	10	0.25	3	0.55	6	0.85	9	1.00	11	—		—	

续表

顺序	项目名称	单位	数量	直接生产用工/工日		水泥/t		砂子/m³		碎石/m³		水/t		钢筋/t		木材/m³	
				定额	数量	定额	数量	定额	数量	定额	数量	定额	数量	定额	数量	定额	数量
3	基础钢筋混凝土(C20)	m³	148	1.80	266	0.32	48	0.55	82	0.85	126	1.00	148	0.04	6	0.03	4
4	C20钢筋混凝土(梁、柱、板、墙、其他)	m³	302	5.00	1 510	0.32	97	0.55	166	0.85	257	2.00	604	0.11	33	0.15	45
5	砌水泥空心砖墙	m³	250	2.00	500	0.05	13	0.18	45	—	—	0.30	75	—	—	—	—
6	一层地坪混凝土(C15)	m³	80	1.20	96	0.25	20	0.55	44	0.85	68	1.00	80	—	—	—	—
7	地面抹灰(包括饰面基层砂浆)	m²	795	0.10	80	0.012	10	0.024	19	—	—	0.05	40	—	—	—	—
8	室内顶棚及墙面抹灰	m²	2 665	0.13	346	0.01	27	0.024	64	—	—	0.01	27	—	—	—	—
9	室外墙面抹灰	m²	609	0.17	104	0.01	6	0.024	15	—	—	0.015	9				
10	屋面水泥砂浆防水层	m²	258	0.10	26	0.01	3	0.024	6	—	—	0.015	4				
	合 计(建筑面积)	m²	788.1		3 006		227		447		460		1 032		39		49
11	装饰、门窗、水电及其他用工(取22%)	m²			661	—		—		—		—		—		—	
	总 计	m²	788.1	4.65	3 667	0.29	227	0.57	447	0.58	460	1.31	1 032	0.05	39	0.06	49

注:①装饰、门窗安装、水电及其他用工为合计用工的20%~25%;

②表中不包括水泥砖及门窗制作的用工用料;

③表中的水包含混凝土养护用水;

④表中定额即为综合定额。

· 4.1.3 承包工程的风险与对策 ·

1)承包工程风险分类

承包工程的风险集中表现为承包工程的亏损,即承包商遭受严重的经济损失。承包商所遭受的风险,都是由不确定的因素造成的。风险和利润是矛盾的对立统一体,它们相互对立又相互联系,相互否定而又相互依存,没有脱离风险的纯利润,也没有无利润的纯风险。承包商在投标、签订和履行合同中,要想尽一切办法避开大大小小的风险,才能在最后取得利润;

反之,则会丧失利润而坠入风险,最终归于失败。

按风险的性质来划分,大体上可以分为以下几种:

(1)政治风险

政治风险一般在投标时可以察觉,但也不能全部预料。政治风险包括:

①战争、内乱和罢工。其表现为:公营业主借此终止合同或毁约;建设现场遭受战争破坏,无法继续施工;工程延期导致工程成本增高;承包商为保护生命财产增加额外开支等。

②国有化及没收外资。政府宣布国有化,没收外国在该国的资产和资金,包括对外国承包公司强收差别税、禁止外国公司将其利润汇出国外、拒绝办理出国物资清关和出关、对外国供应商和服务不许支付汇款等。

③拒付债务。政府单方面废止其工程项目合同,宣布拒付债务;私营业主毁约或拒付,承包商要承担能否胜诉的风险。

(2)经济风险

经济风险大多是付款方面的,包括:

①延迟付款。延迟付款在国外承包工程中多见,业主推迟已完工程付款。其手法是业主利用监理工程师寻找借口推迟给工程单据签字,或搞官僚主义的公文旅行,或拖延支付最后一笔工程款和保留维修金。

②汇率浮动。由于世界市场的激烈竞争,对于所收当地货币的工程款,承包商将承担国际汇率激烈波动的风险。

③换汇控制。由于所在国的政治经济需要,政府往往颁布法令,不准将利润或货款换成硬通货币汇出。

④通货膨胀。这是指当地的材料大幅度涨价,超过预测的上涨系数,因而引起材料费用增加,使工程造价大幅度提高。

⑤波及效应。由于分包商违约,造成工期拖延,影响工程衔接,致使其他分包商向总包商提出索赔要求。

⑥平衡所有权。这是为保护本国利益,政府往往采取各种规定与限制。例如,对合资公司中的无资股份进行限制;规定外国公司必须有当地代理人,雇用当地工人和工程师;规定对外籍工人和工程师实行种种限制;对本国和外国公司实行差别收税;有的国家还规定外国公司标价低于当地标价才能授标等。以上规定对外国公司都意味着经济风险。

(3)建设环境风险

建设环境风险一般是由于承包商投标时疏忽大意而发生的风险。它包括:缺乏基本外部条件,如缺乏交通设施、运输条件、后勤支援设施、通信设施等;气候及其他条件恶劣,或工程地质情况不好,引起施工服务设施大量增加、工效降低、工期延长;某些国家社会犯罪活动严重,承包商不得不额外花钱用于防卫设施上;业主缺乏精明的工程技术人员使图纸和施工方案的审批拖延,或提出不合理的意见,造成无休止的争论,使工期延长、成本加大。

(4)管理风险

管理风险包括:由于承包商缺乏管理经验或资金不足,造成时间损失和管理混乱;不按期支付款项,造成罚款;银行透支的利息率加大,等等。

（5）其他风险

其他风险系指由于客观因素造成的人力不可抗拒的灾害等。

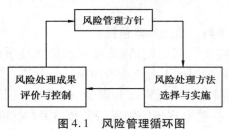

图 4.1　风险管理循环图

2）风险管理的方法和对策

风险管理是一种事前分析,发现风险因素,分析原因,然后制订对策的过程。一个聪明的承包商必须认真研究风险所造成的挫折和教训,利用信息反馈,使自己避开风险,立于不败之地。这就是风险管理循环,如图 4.1 所示。

（1）风险分析及其评价

国际承包工程的风险有其必然性和偶然性。风险的必然性是指它的发生发展和消除是有其规律的,是可以认识的。应当努力探索和认识其规律,把风险造成的损害降低到最低程度。由于在国际承包工程中,承包商处于复杂而变化的多种因素中,很难全面认识这些因素,这就是风险产生的偶然性。但是必然性与偶然性只是相对而言,任何偶然性又是同必然性相关联的。表面看来,某一风险是偶然的,但其后面隐藏着必然性的规律。风险问题说到底是一个经营管理问题,承包商必须做好调查研究工作,在选择项目和投标阶段,以系统工程和经济控制论的方法对风险进行分析、探测、评议和管理,估量风险所带来的经济损失。

（2）风险控制及处理

承包商在风险管理中,除了分析和评价风险,更重要的则是采取适当的策略预防和应对风险。因此,从投标、签订合同到执行的整个过程中,承包商都要研究和采取减轻或转移风险的方法,对风险进行控制。

①风险减轻。

a.增加投标报价:增加报价只是对付由于材料通货膨胀、当地货币贬值等情况,方法是可适当增加"预涨价系数"和"不可预见系数"。应当指出:一般的国外工程报价中,"不可预见系数"是抵付风险的,但政治风险却不可能弥补,而且,报价增大,中标率也就会下降。因此,这种方法只能是针对某些风险项目。

b.争取合理的合同条款:对于招标文件中的合同条款,承包商应当逐条加以研究,对那些含有风险的条款,应当在洽谈阶段根据对等权利和义务的原则,力求与业主分清责任。例如:对业主的延迟付款,可以要求支付利息,而且可以争取明确延付的期限,超过期限,应增高利率。

c.加强经营管理:承包商要加强经营管理,尽力减少自己的失误,如避免发生工程质量、安全事故等。而且,承包商要在商务、银行、市场等方面广收各种信息,学会与当地人交往,使自己能应付各种风险,防患于未然。

d.提高职工素质:减轻风险的根本措施是提高职工素质。许多风险的出现,如业主的监理工程师的刁难造成施工中断,若施工人员熟悉技术规范和合同条款,则可以说服对方,让对方改变态度,使施工得以继续进行。我国在国外承包工程中,由于质量过硬,驻地监理工程师信任,施工过程的质量检查由我方工程师代为进行的事也是有的。这种情况的出现,将大大加快施工进度。

②风险分散。风险分散的办法有多种,例如:承包商可以根据自己的能力同时承包几项

工程,这样有助于在比较广泛的基础上分散亏损的风险,加速资金周转,相应地增加收入,从而使承包商在不同工程中获得不同的经营效果。但是,要注意各项工程之间的协调并加强调度工作。

承包商还可以利用分包和转包,将一部分风险分散给分包商,这也是当前通用的方法。但是,在分包或转包的合同条款中,必须要求分包商接受招标文件中的合同条款,还必须要求分包商同样提供履约保函、维修保函及保险单等。

③风险转移。一般的风险转移方法是向保险公司投保和租赁设备等。向保险公司投保虽然要花费一定数额的保险费,但是这种方式可以将大部分风险转移给保险公司,不致使承包商遭到毁灭性打击。施工机械设备的租赁,可以使承包商获得新型设备的使用权,避免因施工机械陈旧、效率低以及更新设备等带来的风险。

④风险承受。由于承包商及其雇员失职或疏忽而造成的风险所带来的经济损失将由承包商自己承担,因此,承包商在编制企业经费预算时,要单列风险损失费用,有计划地储备资金,以备不时之需。并且要密切注意风险发生和发展的征兆,做出风险损失的预测,提请经理人员和各管理部门采取必要的措施,防止风险的发生与扩展。当非自身原因造成风险并带来损失时,应及时向责任方提出索赔,即包括向业主、保险公司和分包商的索赔。

· 4.1.4　投标机会的评价与选择 ·

1)一次投标机会的评价

（1）评价内容

承包商对一次投标机会的选择,取决于一次（即某一项工程）投标机会的评价。承包商可以通过确定投标机会的评价内容并根据评价结果来判断是否值得参加投标。评价内容包括:

①工程项目需要劳动者的技术水平和技术能力;

②承包商现有的机械设备能力;

③完成此项目后,对带来新的投标机会和信誉提高的影响;

④该项目需要的设计工作量;

⑤竞争激烈程度;

⑥对这个项目的熟悉程度;

⑦交工条件;

⑧以往此类工程的经验。

（2）评价步骤

一次投标机会评价,即评价一次投标机会的价值,其步骤如下:

①按照8项因素对承包商的重要性,分别确定相应的权数,权数累计为100。

②确定各因素的相对价值（分为高、中、低3个等级）,并分别按10,5,0打分。

③把每项因素权数与等级分相乘,求出每项因素的得分。8项因素得分之和,就是这个投标机会价值的总分数。

④将总分数与过去其他投标情况进行比较,或者与承包商事先确定的最低可接受的分数比较,大于最低分的可参加投标,小于最低分数的则不参加投标。

一次投标机会的评价实例如表4.3所示。

表4.3　某项工程投标机会评价表

序号	评价因素	权数	评分等次			得分
			高（10）	中（5）	低（0）	
1	劳动者技术水平与技能	20	10			200
2	机械设备能力	20	10			200
3	对以后投标机会的影响	10			0	0
4	设计工作量能否承担	5	10			50
5	竞争激烈程度	10		5		50
6	对项目的熟悉程度	15		5		75
7	交工条件	10		5		50
8	以往对此类工程的经验	10	10			100
9	总　计	100				725
10	承包商事先决定最低可接受的分数					650

　　上例表明,承包商事先决定最低可接受的分数为650。而评价结果是:劳动者技能和现有机械设备可以满足承包这个任务的要求,设计工作量小,有此类工程的施工经验,可以使成本有所下降。尽管承包商完成这项工程任务后不会带来其他投标机会,但是,承包商对竞争对手有一些了解,对工程项目也比较熟悉,工期也有一定的把握,且总分也超过最低限分数值。因此,结论是承包商应该参加这项工程投标。

　　2)用决策树法进行投标选择

　　当投标项目较多,承包商施工能力有限时,只能从中选择一些项目投标,而对另一些项目则放弃投标。当然,选择投标项目时考虑的因素很多,这里只从获利大小这一因素来分析,从中选择期望利润最大的项目,作为投标项目。承包商如果投标有2种可能性:一是中标,二是失标。中标才有可能获利,失标不但谈不上利润,反而有所损失,因为投标前的准备工作是要耗费一定资金的。中标或不中标的可能性,可以用概率表示,中标概率大则表示中标可能性大。这种决策称为风险型决策,决策树法就是风险型决策的一种有效方法。

　　(1)决策树及其寻优过程

　　决策树是模拟树枝成长过程,从出发点开始不断分枝来表示所分析问题的各种发展可能性,并以各分枝期望值中的最大值作为选择的依据。决策树的画法如图4.2所示,且说明如下:

　　①先画一个方框作为出发点,又称决策节点;

　　②从决策节点向右引出若干条直线(或折线),每条线代表一个方案,称为方案枝;

　　③每个方案枝末端,画一个圆圈,称为概率分叉点,又称自然状态点;

④从自然状态点引出代表各自然状态发生的概率分枝，并注明其发生的概率；

⑤如果只需一级决策，则概率分枝末端画 △ 表示终点，终点右侧写上各自然状态点的损益值。如需要第二阶段决策，则用决策节点代替终点 △，再重复上述步骤画出决策树图。

决策树的寻优过程是从左向右计算各机会点的期望值，期望利润值大者为优方案，或者期望亏损值小者亦为优方案；反之，期望利润值小者或期望亏损值大者均为劣方案。

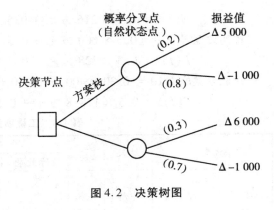

图 4.2　决策树图

（2）利润分析

利润在报价的分析中，分为直接利润和期望利润 2 种。直接利润为投标报价与实际成本之差，而期望利润等于直接利润乘以中标概率。

$$I = B - C$$
$$E(I) = PI = P(B - C)$$

式中　　I——直接利润；

　　　　$E(I)$——期望利润；

　　　　B——投标报价值；

　　　　C——实际成本（估计成本）；

　　　　P——中标概率。

中标概率与投标报价大小有关，报价高则中标概率就小，报价低则中标概率会增大。但是，报价低获利小，相应产生亏损的可能性也会加大。一般中标概率是由报价及竞争对手的数量所决定的，它可以从历史统计资料中得出。

现就决策树寻优过程举例说明如下：

【例 4.2】　某承包商由于施工能力及资源限制，只能在 A，B 2 个工程项目中任选一项进行投标，或者二项均不投标。在选择 A，B 工程投标时，又可以分高报价与低报价 2 种策略。因此，在进行整个决策时就有 5 种方案可供选择，即 A 高、A 低、B 高、B 低、不投标 5 种方案。假定报价超过估计成本的 20% 列为高标，20% 以下的报价列为低标。根据历史资料统计分析得知，当投高标时，中标概率为 0.3，失标概率为 0.7；而当投低标时，中标概率及失标概率各为 0.5。若每种报价不论高低，实施结果都产生好、中、差 3 种不同结果，这 3 种不同结果的概率及损益值如表 4.4 所示。当投标不中时，A，B 2 个工程要分别损失 0.8 万元及 0.6 万元，主要包括购买标书、计算报价、差旅、现场踏勘等费用的损失。

解　根据工程项目投标选择分析表（表 4.4），可以绘制投标项目选择决策树图，然后计算各机会点的期望损益值，计算方法从右向左逐一进行，$E(I)$ 表示机会点的期望利润值。其计算如下：

A 高方案 $E(I)7 = 0.3 × 800$ 万元 $+ 0.6 × 400$ 万元 $+ 0.1 × (-15)$ 万元 $= 478.5$ 万元

$E(I)2 = 0.3 × 478.5$ 万元 $+ 0.7 × (-0.8)$ 万元 $= 143$ 万元

A 低方案 $E(I)8 = 0.2 × 500$ 万元 $+ 0.6 × 200$ 万元 $+ 0.2 × (-20)$ 万元 $= 216$ 万元

$E(I)3 = 0.5 \times 216$ 万元 $+ 0.5 \times (0.8)$ 万元 $= 107.6$ 万元

B 高方案 $E(I)9 = 0.3 \times 600$ 万元 $+ 0.5 \times 300$ 万元 $+ 0.2 \times (-10)$ 万元 $= 328$ 万元

$E(I)4 = 0.3 \times 328$ 万元 $+ 0.7 \times (-0.6)$ 万元 $= 98$ 万元

B 低方案 $E(I)10 = 0.30 \times 400$ 万元 $+ 0.6 \times 100$ 万元 $+ 0.1 \times (-12)$ 万元 $= 178.8$ 万元

$E(I)5 = 0.5 \times 178.8$ 万元 $+ 0.5 \times (-0.6)$ 万元 $= 89.1$ 万元

表 4.4　工程项目投标选择分析表

方案	结果	概率	A 项工程			B 项工程		
			实际效果	概率	损益值/万元	实际效果	概率	损益值/万元
报价高于估计成本的 120% 以上	中标	0.3	好	0.3	800	好	0.3	600
			中	0.6	400	中	0.5	300
			差	0.1	−15	差	0.2	−10
	失标	0.7			−0.8			−0.6
报价低于估计成本的 80% 以下	中标	0.5	好	0.2	500	好	0.3	400
			中	0.6	200	中	0.6	100
			差	0.2	−20	差	0.1	−12
	失标	0.5			−0.8			−0.6
不报价		1.0			0			0

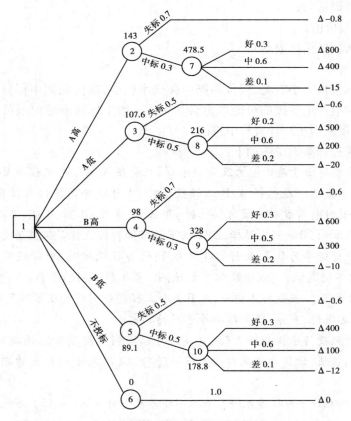

图 4.3　投标项目选择决策树图

根据上述计算,各机会点的期望值中,$E(I)2 = 143$ 万元,为最大值,而 $E(I)3,E(I)4,$ $E(I)5,E(I)6$ 均小于 $E(I)2$,故选择 A 项目,且以高报价进行投标竞争为最优方案,如图 4.3 所示。

4.2　建设工程项目施工投标报价策略

确定投标项目后面积要对工程成本进行估算,然后拟定投标报价书进行竞争性投标。估算的工程成本与工程实施后的实际成本,二者之间是有一定出入的,出入大小除与估算准确程度有关外,还与承包商施工管理水平有密切关系。而估算工程成本的准确性,又取决于各类经济信息的时效性和可靠性,以及投标人的素质。

投标人为获得利润,报价应高于估算成本。报价过高,中标后虽能获得较高利润,但中标概率会降低,甚至不能得标。因此,通常以期望利润作为决策的依据,因为期望利润包括了中标概率的大小和直接利润的高低这两个因素。期望利润是指多数类型工程,以相同报价所获得的平衡利润值,它代表了投标人长期的投标经验。

因此,以期望利润作为制定投标报价的策略时,要搜集大量的经济信息,要对各个竞争对手的实际资料进行分析比较,找出规律制定对策,以指导行动。信息越多、越准确,制订的投标报价策略也就越切合实际,战胜对手的可能性也就越大。现就投标报价策略的几种拟订方法介绍如下:

· 4.2.1　获胜报价法 ·

获胜报价法主要是通过承包商历次中标资料分析,并考虑竞争对手不变,而且是在所有竞争者报价策略和过去一样的情况下进行的。承包商以前的所有报价(B)均按估计成本(C)的百分比计算,报价等于估计成本时,B 为 100%,这时中标后不盈不亏;当报价 B 为 110%,即超过估计成本 10% 时,则盈利为 10%。其统计资料分析如表 4.5 所示。

表 4.5　获胜报价法统计资料分析表

项目估计成本 / 万元	100	100	200	220	300
获胜的报价 B/ 万元	95	110	240	275	390
报价 B 占估计成本的概率 /%	95	110	120	125	130
以前报价为 B 时获胜的次数	1	3	3	2	1
报价为 B 时获胜的概率 /%	10	30	30	20	10
报价超过 B 的概率	1	0.9	0.6	0.3	0.1

根据表 4.5 统计资料分析,可以绘制成图 4.4,横坐标表示报价 B,纵坐标表示获胜概率 P,曲线内的矩形面积表示纵横两坐标的乘积,即等于期望利润,在虚线以右的面积为盈利部分,以左为亏损部分。最大面积相对应的报价和概率,以及所获得最大的期望利润值,就是应采取的最佳报价策略。根据此图,可以求出任意报价 B 的获胜概率,如报价 115% 的获胜概率

为 0.8。反之,如确定了获胜概率,也可以求出相应的报价 B 值。如承包商当获胜概率为 0.5 以上时才报价,则报价应低于 122.5%,中标后即可获得小于 22.5% 的利润。图中报价 115% 左右为最佳报价策略。

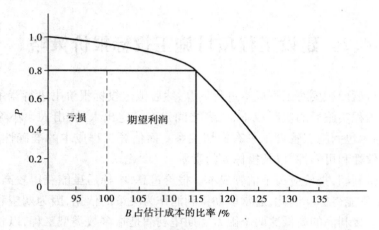

图 4.4 获胜报价法的概率曲线图

· *4.2.2 一般对手法* ·

获胜报价法没有考虑竞争对手情况及对手数目这两个重要因素。把竞争对手数目考虑在内的投标报价方法,称为一般对手法。该方法不要求了解具体竞争对手的情况。也就是说,一般对手法只考虑了竞争对手数目的多少。当没有竞争对手的历史资料,或者虽然知道竞争对手是谁及竞争者数目,但不知道他们目前的投标策略,可认为竞争对手的水平和自己一样,承包商就可用自己的投标资料进行判断。

当然,这种判断有较大的盲目性和冒险性,如果能收集到一些有关竞争对手们的报价平均值,投标时采取低于这些平均值的报价,这样可靠性就会高一些。

假如在不能获得竞争对手情报的条件下,仍以自己的水平同等看待对方,则报价低于 N 个一般对手的中标概率为 $[P_A(B)]^N$,其中 $P_A(B)$ 表示承包商报价为 B 时的中标概率。

表 4.6 列出了 1~4 个对手报价时获胜的概率,表中所列前 4 项均为历史资料统计所得,从表中可以看出,报价对竞争对手数目的多少是比较敏感的。在相同报价时,竞争对手越多,获胜的概率就会显著减少。若中标概率为 0.5 的情况下,只有一个竞争对手,报价应为 115%;2 个竞争对手时,报价要降低为 110%;4 个竞争对手时,报价要降低为 105%,才有获胜的希望。

表 4.6 一般对手法

报价 B 占估计成本的比率/%	报价为 B 时的获胜概率/%	以前报价超过 B 的比率/%	报价低于 N 个对手的获胜概率 $P[(B)]$			
			$[P_A(B)]^1$	$[P_A(B)]^2$	$[P_A(B)]^3$	$[P_A(B)]^4$
95	5	100	1.00	1.00	1.00	2.00
100	5	95	0.95	0.90	0.86	0.81
105	15	95	0.90	0.81	0.73	0.66

续表

报价 B 占估计成本的比率/%	报价为 B 时的获胜概率/%	以前报价超过 B 的比率/%	报价低于 N 个对手的获胜概率 $P[(B)]$			
			$[P_A(B)]^1$	$[P_A(B)]^2$	$[P_A(B)]^3$	$[P_A(B)]^4$
110	25	75	0.75	0.56	0.42	0.32
115	20	50	0.50	0.25	0.13	0.06
120	15	30	0.30	0.09	0.03	0.01
125	10	15	0.15	0.02	0	0
130	5	5	0.05	0	0	0

根据竞争对手增加,获胜概率减少这一情况,可绘制其概率曲线图,如图 4.5 所示。

图中表示了竞争对手从 1 个到 4 个时,报价低于一般对手的中标概率。当报价为 105% 时,1 个对手,中标概率高达 0.90;2 个对手时,中标概率降低为 0.81;4 个对手时中标概率只有 0.66 可见对手越多,中标机会越少。

如果投标时不能确切知道竞争对手数目,但又要考虑这一因素的影响,就可

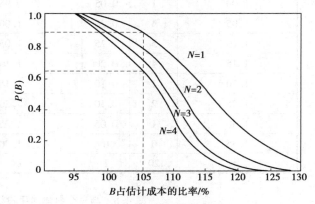

图 4.5　一般对手法的概率曲线图

以估计不同数目对手的可能性,即估计出竞争者出现不同数目的比例,并可用概率表示如下:

f_0——无竞争对手出现的概率;

f_1——1 个竞争对手出现的概率;

f_2——2 个竞争对手出现的概率;

f_n——n 个竞争对手出现的概率。

所有概率之和应等于 1,即

$$\sum_{i=1}^{n} f_i = 1$$

此时获胜概率则可用下列公式求出:

$$P(B) = f_0 + f_1 P_A(B) + f_2 [P_A(B)]^2 + \cdots + f_n [P_A(B)]^n \tag{4.1}$$

假定 $f_0 = 0.1$,$f_1 = 0.2$,$f_2 = 0.3$,$f_3 = 0.4$,根据表 4.6,当报价 B 为估计成本的 110% 时,$P_A(110) = 0.75$(一个对手时),则

$$P(110) = 0.1 + 0.2 \times 0.75 + 0.3 \times 0.75^2 + 0.4 \times 0.75^3$$
$$= 0.1 + 0.15 + 0.17 + 0.17 = 0.59$$

故当报价为估计成本的 110% 时的中标概率应是 0.59。

· 4.2.3　具体对手法 ·

如果在投标前,对竞争对手过去历次投标报价情况都有过记录,而且和自己当时对同一项目的估价有比较时,则可算出对手报价低于、等于和高于自己估价的概率,就可以采取稍低

于对手的报价去投标。

现已知与某竞争对手 20 次报价中的记录资料,见表 4.7 所示。根据这些资料,承包商用报价低于竞争对手的获胜概率去乘以直接利润,就可能获得投标时的期望利润值。

根据上表一个具体对手的分析记录,采用低于对手的报价,所求得的期望利润值,见表 4.8 所示。

表 4.7　具体对手报价记录分析及采取对策表

对手报价/自己估计	次数	概率	采用低于对手报价	报价低于竞争者的获胜概率
0.95	1	0.05	0.90	1.00
1.00	1	0.05	0.95	0.95
1.05	4	0.20	1.00	0.90
1.10	5	0.25	1.05	0.70
1.15	4	0.20	1.10	0.45
1.20	2	0.10	1.15	0.25
1.25	2	0.10	1.20	0.15
1.30	1	0.05	1.25	0.05
1.35	0	0	1.30	0
共计	20	1		

表 4.8　与一个具体对手投标时的期望利润

承包商的报价	期望利润值
$0.90C$	$1.00 \times (-0.1C) = -0.100C$
$0.95C$	$0.95 \times (-0.05C) = -0.048C$
$1.00C$	$0.9 \times 0C = 0$
$1.05C$	$0.7 \times (+0.05C) = 0.035C$
$1.10C$	$0.45 \times (+0.10C) = 0.045C$
$1.15C$	$0.25 \times (+0.15C) = 0.038C$
$1.20C$	$0.15 \times (+0.20C) = 0.030C$
$1.25C$	$0.05 \times (+0.25C) = 0.013C$

在投标时,如果不是与一个具体对手竞争,而是与多个具体对手竞争,而且对每一个竞争者都掌握其具体情报,即报价低于每个竞争者的获胜概率都知道,那么报价低于每个竞争者获胜概率的乘积,就是报价低于所有竞争者的获胜总概率,可由以下公式求得:

$$P(B) = P_1(B) \times P_2(B) \times \cdots \times P_n(B) \tag{4.2}$$

式中　$P(B)$——报价低于所有对手的获胜总概率;

$P_1(B), \cdots, P_n(B)$——报价低于每个对手的获胜概率。

下面对 3 个具体对手竞争报价时的情况进行分析,并求出报价同时低于 3 个竞争对手的获胜总概率,见表 4.9 所示。

例如,当报价(B)为估计成本的 105% 时,战胜 3 个竞争对手的总概率由式(4.2)求得:

$$P(105) = P_1(105) \times P_2(105) \times P_3(105)$$

$$= 0.9 \times 0.94 \times 0.86 = 0.73$$

在实际工作中,由于工程性质、企业施工能力以及利润大小等原因,使得一些通过资格预审的承包商放弃了投标。因此,还要判断这些具体竞争对手参加投标的可能性,以便对公式(4.2)进行修正。修正方法要根据具体对手过去参加投标报价情况,得出投标系数 P_i,P_i 表示竞争者在若干次投标竞争中,参加投标报价次数的百分比。若有些潜在竞争对手放弃了投标,这就使其他承包商投标时的中标概率增大,计算公式如下:

$$P(B) = P_{s1}(B) \times P_{s2}(B) \times P_{s3}(B) \times \cdots \times P_{sn}(B) \tag{4.3}$$

式中　$P_{si}(B) = P_i P(B) + (1 - P_i), i = 1, 2, \cdots, n;$ $\qquad$ (4.4)

$\qquad P(B)$——报价 B 低于 i 个竞争者的获胜概率;

$\qquad P_i$——潜在竞争者以前的投标系数。

假定 $P_1 = 0.8$,$P_2 = 0.5$,$P_3 = 0.7$,仍以报价为估计成本的 110% 为例,由式(4.4)得:

$$P_{s1}(110) = 0.8 \times 0.72 + (1 - 0.8) = 0.78$$
$$P_{s2}(110) = 0.5 \times 0.82 + (1 - 0.5) = 0.91$$
$$P_{s3}(110) = 0.7 \times 0.70 + (1 - 0.7) = 0.79$$

再由式(4.3)得:

$$P(110) = 0.78 \times 0.91 \times 0.79 = 0.56$$

此时,报价未变仍为 110%,但获胜概率却增大,即 0.56>0.43(见表 4.9)。这主要是竞争对手数量减少,使获胜的机会增大了。

表 4.9　与 3 个具体对手竞争获胜概率表

B 占估计成本的比率 /%	报价低于竞争对手 $i(i = 1,2,3)$ 的获胜概率			报价低于所有竞争对手的获胜总概率
	1	2	3	
95	1.00	1.00	1.00	1.00
100	0.95	0.97	0.92	0.85
105	0.90	0.94	0.86	0.73
110	0.72	0.82	0.70	0.43
115	0.50	0.60	0.45	0.14
120	0.30	0.35	0.25	0.03
125	0.15	0.15	0.15	0
130	0.05	0.05	0.02	0

在投标报价时,常会对一些竞争对手有所了解,对另一些竞争对手不甚了解。这种情况下,承包商要想取得胜利,就必须对他们分别进行分析,对了解的竞争对手按具体对手法计算,对不甚了解的竞争对手按一般对手法计算,最后将二者的概率相乘,就能得到自己的报价低于所有竞争对手时的获胜概率。计算公式如下:

$$P(B) = P_{nc}(B) \times P_{uc}(B)$$

式中　$P_{nc}(B)$——报价低于所有具体对手的获胜概率;

$\qquad P_{uc}(B)$——报价低于所有一般对手的获胜概率。

· 4.2.4　最佳报价分析 ·

由于投标报价是一种风险型决策,它是根据期望利润值来决定的,而期望利润等于中标概率和直接利润的乘积。当期望利润为一固定值时(常数),则直接利润高(报价与估价之差),必然中标概率就低;反之,直接利润低,则中标概率就高。因此,在报价时如何选择获胜概率与直接利润是首先要解决的问题。

根据表4.9可以计算出边际利润$(B-C)$和期望利润$E(B)$,如表4.10所示。

表4.10   最佳报价分析表

B占估计成本的比率/%	$P(B)$	$(B-C)$/%	报价的期望利润$E(B)$/%
95	1.00	−5	−5
100	0.85	0	0
105	0.73	+5	3.65
110	0.43	+10	4.30
115	0.14	+15	2.10
120	0.03	+20	0.60
125	0	+25	0
130	0	+30	0

上表中,报价低于所有竞争对手的中标概率$P(B)$是对3个具体竞争对手而言的,边际利润是在不同报价(B)时的直接利润占工程估价的百分数,期望利润$E(B)$是中标总概率与边际利润的乘积。由此可知,期望利润4.3%为最大(当报价为110%时)。但在实际报价中往往是以105%作为最佳报价方案。这是因为期望利润3.65%虽小于4.3%,但中标概率却从0.43增大到0.73,得标的可能性明显增加,因此,105%为最佳报价策略。最佳报价分析图如图4.6所示。

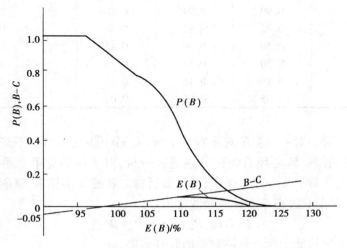

图4.6   最佳报价分析图

· 4.2.5   转折概率法 ·

如果投标报价方案及中标的自然状态很多,那么计算起来就十分复杂,转折概率法则是一个直接求得最佳报价方案的简便方法。

假定投标面临两种可能性,即中标获得利润,失标则丧失利润。对一个投标者来说,在对某一项工程投标时,中标与失标是不可能同时发生的,故为互斥事件,其概率之和应等于1。若以 P 表示某报价的中标概率,则 $(1-P)$ 表示失标的概率。

投标时,如果中标就会在结果中增加一个单位的利润(即 $0.1C$),称之为边际利润,以 MP 表示;如果没有中标就会减少一个单位的利润,即相当于增加一个单位的损失,称之为边际损失,以 ML 表示。从表 4.11、表 4.12 中可知,中标及不中标将各增加或损失 $0.1C$ 的利润。提高或降低一个单位报价($0.1C$)就会影响到中标或失标。是否要提高一个单位报价,取决于期望边际利润是否大于期望边际损失,一般大于,至少要等于才能获得利润。取边际利润等于边际损失可求得转折概率:

$$P(MP) = (1-P)(ML)$$
$$P(MP + ML) = ML$$
$$P = \frac{ML}{MP + ML}$$

式中,P 是鉴别单位报价是否要增加到报价中去的最小概率,也称为转折概率。

根据表 4.12 中所示,$MP = 0.1C$,$ML = 0.1C$,按上式计算得:

$$P = \frac{ML}{MP + ML} = \frac{0.1C}{0.1C + 0.1C} = \frac{1}{2} = 0.5$$

0.5 即为盈亏转折概率,它是概率的累计值。累计概率表示在每项报价下可能中标的概率。

表 4.11 中前两项是根据历史资料,按不同报价的中标次数统计分析得来的。报价 $1.30C$ 有 0.1 的中标概率,报价 $1.20C$ 有 0.2 的中标概率,累计概率是表示某报价中标的总概率。例如:报价 $1.10C$ 时的累计概率为 0.7,它等于报价 $1.10C$,$1.20C$ 及 $1.30C$ 中标概率的总和。若报价 $1.10C$ 时能中标,凡是高于 $1.10C$ 的报价,其累计概率都小于0.7,故这时 $1.10C$ 报价定能取胜。

表 4.11 中标累计概率

报价 B	历史资料中标概率 P	累计概率 $\sum P$
$0.90C$	0.1	1.0
$1.00C$	0.2	0.9
$1.10C$	0.4	0.7
$1.20C$	0.2	0.3
$1.30C$	0.1	0.1

表 4.12 给出了不同累计概率下的期望边际利润 $P(MP)$ 和期望边际损失 $(1-P)(ML)$ 的结果,从中得知:

- 当累计概率 $P = 0.7$ 时,期望边际利润 $0.07C$ 大于期望边际损失 $0.03C$;
- 当累计概率 $P = 0.5$ 时,二者相等;
- 当累计概率 $P = 0.3$ 时,期望边际利润 $0.03C$ 小于期望边际损失 $0.07C$。

由此可见,$P = 0.5$ 时为转折概率。累计概率大于此值时,会增加期望边际利润;累计概率小于0.5时,会增加期望边际损失。但是,累计概率增大,伴随而来的是报价要降低,直接利润要减少,故最佳报价是取转折概率时的报价。表4.11中由于没有0.5的累计概率只好取大于0.5的累计概率0.7作为转折概率,其报价1.10C就是最佳报价,这与前面方法所求的结果是一致的。

表4.12　转折概率表

累计概率 $\sum P$	期望边际利润 $P(MP)$	期望边际损失 $(1 - P)(ML)$	结果
0.7	$0.7 \times 0.1C = 0.07C$	$(1 - 0.7) \times 0.1C = 0.03C$	$P(MP) > (1 - P)(ML)$
0.5	$0.5 \times 0.1C = 0.05C$	$(1 - 0.5) \times 0.1C = 0.05C$	$P(MP) = (1 - P)(ML)$
0.3	$0.3 \times 0.1C = 0.03C$	$(1 - 0.3) \times 0.1C = 0.07C$	$P(MP) < (1 - P)(ML)$

4.3　建设工程项目施工投标报价技巧

· 4.3.1　报价方法 ·

（1）扩大标价法

这是一种常用的投标报价方法,即除了按正常的已知条件编制标价外,对工程中风险分析得出的估计损失,采用扩大标价,以增加"不可预见费"的方法来减少风险。这种做法,往往会因为总标价过高而被淘汰。

（2）逐步升级法

这种投标报价的方法是将投标看成协商的开始,首先对技术规范和图纸说明书进行分析,把工程中的一些难题,如特殊基础等费用最多的部分抛弃(在报价单中加以注明),将标价降至无法与之竞争的数额。利用这种最低标价来吸引业主,从而取得与业主商谈的机会,再逐步进行费用最多部分的报价。

（3）不平衡报价法

承包商通过这种方法,主要是达到修改合同和说明书的目的。有些合同和说明书的条件很不公正或不够明确,使承包商承担很大的风险,为了减少风险就必须扩大工程单价,但这样做又会因报价过高而被淘汰,因此可用不平衡报价的方法进行报价。即在标书上报2个单价:一是按标书的条款,拟订单价;二是加以"如果标书中做了某些改变,则报价可以减少15% ~ 20%的费用"的说明。业主看到后,考虑到可以减少不少费用,就可能会同意对原标书做某些修改。

还有一种不平衡报价法是对工程中的一部分没有把握的工程不进行报价,而是注明"此部分工程按成本加15%的费用估算"等。

（4）突然袭击法

这是一种迷惑对手的方法，在整个报价过程中，仍按一般情况进行报价，甚至故意表现自己对该工程的兴趣不大（或甚大），等快到投标截止时，再来一个突然降价（或加价），使竞争对手措手不及。采用这种方法是因为竞争对手们总是随时随地互相侦察着对方的报价情况，绝对保密是很难做到的，如果不搞突然袭击，你的报价若被对手知道后，他们就会立即修改报价，从而使你的报价偏高而失标。

（5）赔价争标法（也称先亏后盈法）

这是承包商为了占领某一市场，或为了在某一地区打开局面，而采取的一种不惜代价只求中标的策略。先亏是为了占领市场，等打开局面后，就会带来工程盈利。伊拉克的中央银行主楼招标，德国霍夫斯曼公司就以较低报价击败所有对手，在巴格达市中心搞了一个样板工程，成了该公司在伊拉克的橱窗和广告，而整个工程的报价几乎没有分文盈利。

· 4.3.2 做标技巧 ·

投标策略一经确定，就要具体反映到做标上。在做标时，什么工程定价应高，什么工程定价可低，在一个工程总价无较大出入的情况下，哪些单价宜高，哪些单价宜低，都有一定的技巧。技巧运用得好与坏，在一定程度上可能会决定工程能否中标和盈利。因此，它是不可忽视的一个环节。下面是一些可供参考的做法。

①对施工条件差的工程（如场地窄小或地处交通要道等）、造价低的小型工程、自己施工上有专长的工程以及由于某些原因自己不想干的工程，标价可高一些；结构比较简单而工程量又较大的工程（如成批住宅区和大量土方工程等）、短期能突击完成的工程、企业急需拿到任务以及投标竞争对手较多时，标价可低一些。

②海港、码头、特殊构筑物等工程，标价可高；一般房屋土建工程，则标价宜低。

③在同一个工程中可采用不平衡报价法，但以不提高总标价为前提，并避免畸高畸低，以免导致投标作废。具体做法是：

a. 对能先拿到钱的项目（如开办费、土方、基础等），单价可以定得高一些，有利于资金周转，存款也有利息；对后期的项目（如粉刷、油漆、电气等），单价可以适当降低。

b. 估计以后会增加工程量的项目，单价可提高；工程量会减少的项目，单价可降低。

c. 图纸不明确或有错误的，估计今后会修改的项目，单价可提高；工程内容说明不清楚的，单价可降低，这样做有利于以后的索赔。

d. 没有工程量，只填单价的项目（如土方中的挖淤泥、岩石等备用单价），其单价宜高。因为它不在投标总价之内，这样做既不影响投标总价，以后发生时又可获利。

e. 计时工作一般可稍高于工程单价中的工资单价，因为它不属于承包总价的范围，发生时实报实销，可多获利。

f. 暂定金额的估计，分析它发生的可能性大，价格可定高一些；估计不一定发生的，价格可定低一些。

做标技巧的方法很多，如具体做标中，把前期工程报价加大，把后期工程报价适当压低。又如掌握分寸，善于加价与削价等，都是做标技巧投标竞争获胜的重要因素。

一般地讲，决定标价有 3 个因素：不变因素、削价因素和加价或预留因素。不变因素一般指直接费中各种必需的消耗性费用,如人工、材料设备和施工机械费用;削价因素则是根据工程的具体情况可以减少的费用,如管理费中的某些费用和利润;加价因素则是指风险损失等。国内外工程投标报价中,凡是在投标规定限期以前,都可做出加价或削价的决定,这是投标决策的最后环节。

小 结 4

本章主要讲述投标概念、投标资格条件和投标的组织、工程项目施工投标程序和投标工作、投标文件的组成和编制、投标决策和技巧等。现就其要点分述如下:

①参加工程项目施工投标的投标人是指响应招标,参加投标竞争的法人或者其他组织。按照前述《招标投标办法》的规定,投标人(承包商)必须具备规定的资格条件。组建一个强有力的投标班子和配备高素质的各类专业人才,是投标人(承包商)获得投标成功、取得最佳经济效益的重要保证。

②投标人(承包商)从取得投标资格开始,到投标文件的编制及报送为止,应按照一定的程序开展投标活动,其具体工作是接受投标资格预审、参加招标会议和购买招标文件、调查与现场勘察、编制施工规划、计算工程报价、编制投标文件、办理投标保函和投标文件的报送等。投标文件的组成内容,包括投标证明文件、投标书及附件、投标保函、工程量清单及报价表、施工规划、辅助资料表、资格审查表等。投标文件编制的重点是做好施工规划的制订、投标报价的计算与确定。

③投标决策是指投标人在进行充分研究论证后所做出是否参加投标、投什么样的标和采用何种投标策略等的投标决定,包括投标的前期决策和投标的后期决策。投标人为了能中标并获得最佳效益,其整个投标过程都应讲究技巧,包括开标前和开标后的技巧,以及投标前的报价调整等。

复习思考题 4

4.1 什么是投标人? 投标人应具备什么资格条件?

4.2 投标的组织工作有何重要作用? 怎样才能做好投标的组织工作?

4.3 工程项目施工投标工作的主要步骤是什么?

4.4 工程项目施工投标文件的组成内容有哪些? 它的编制重点是什么?

4.5 什么是投标决策? 投标决策是怎样划分的? 它们各自对什么问题进行研究、论证和决策?

4.6 工程项目施工投标按性质、效益的不同是如何分类的? 它们各自有何特点?

4.7 确定投标决策的主观条件是什么? 决定投标或弃标的客观因素有哪些?

4.8 开标前和开标后的投标技巧有哪些? 投标前的报价调整因素有哪些?

5 建设工程项目施工招标投标案例

5.1 建设工程项目施工招标案例

根据我们收集整理的重庆××机械制造有限责任公司格力制冷产业园(配套园区)一期工程项目的施工招标文件,作为本章建设工程项目施工招标案例,介绍如下:

· 5.1.1 投标邀请书 ·

致＿＿＿＿＿＿＿＿＿＿＿公司:

我司诚挚邀请贵司参加格力制冷产业园(配套园区)一期工程施工总承包工程投标,现将有关事宜通知如下:

1. 招标条件

本招标项目格力制冷产业园(配套园区)一期工程已批准建设,项目业主为重庆××机械制造有限责任公司,建设资金来自自筹,项目出资比例为100%,招标人为重庆××机械制造有限责任公司。项目已具备招标条件,现邀请你单位参加该项目施工投标。

2. 项目概况与招标范围

建设地点:重庆市渝北区大竹林组团 G1 地块。

规模:建筑面积约 12 万 m^2,项目总投资约＿＿＿＿＿＿万元。

计划工期:日历天数600 天。

招标范围:一期基础、主体、给排水、电气、道路工程等。

标段划分: 1 个 标段。

3. 投标人资格要求

3.1 本次招标对投标人要求与资格预审文件一致。合同中项目组成员名单必须与投标文件一致,且必须提供一年以内的本单位社保明细表。

3.2 必须具备房屋建筑工程施工总承包壹级及以上资质,且注册资本为 7 000 万元(含 7 000 万元)以上。近三年类似建安工程合同额 1 亿元以上项目 2 个。

3.3 项目经理为一级建造师并具有高级工程师职称,且近三年来在 1 个建安合同额 1 亿元以上的工程担任过项目经理。

3.4 企业近三年业绩及资信良好,无不良记录,在重庆市建筑施工企业诚信综合评价排名前 20 名。

3.5 本次招标禁止以单位靠挂的形式参与投标,若已中标,一旦发现,将无条件退场且所完成的工程量不予结算,并追究相应的法律责任。

3.6 本次招标不接受联合体投标。

4. 招标文件的获取

4.1 请于 2015 年 12 月 9 日 10:00 至 11:00,14:00 至 16:00(北京时间,下同),在重庆北部新区黄山大道中段水星 A1 区 5 楼重庆泓东实业有限责任公司管理部办公室购买招标文件。

4.2 招标文件每套售价 1500 元,售后不退。含图纸,图纸为现阶段的初步设计图。

5. 投标文件的递交

5.1 投标文件递交的截止时间(投标截止时间,下同)为 2015 年 12 月 21 日 10 时 30 分,地点为重庆泓东实业有限责任公司管理部办公室。

5.2 逾期送达的或者未送达指定地点的投标文件,招标人不予受理。

6. 联系方式

招标人:重庆××机械制造有限责任公司

地　　址:重庆北部新区黄山大道中段水星 A1 区 5 楼

联系人:刘××

电　　话:023-8875××××

传　　真:

2015 年 12 月

· 5.1.2 招标文件前附表和投标须知 ·

1)招标文件前附表

序号	内容	说明与要求
1	工程名称	格力制冷产业园(配套园区)一期工程施工总承包工程
2	工程地点	重庆市渝北区大竹林组团 G1 地块
3	工程规模	建筑工程:面积约 12 万 m^2(以施工图纸为准)
4	招标范围及内容	一期范围基础、主体、给排水、电气、道路工程等
5	工期要求	1.总工期为 600 日历天(含周六、周日及国家法定节假日); 2.计划开工日期____年__月__日,计划竣工日期__年__月__日; 3.以发包人书面通知为准
6	安全文明	要求符合相关规范和当地政府的相关规定
7	质量标准	要求满足设计要求且符合国家和重庆市现行相关的质量标准及验收规范,要求工程质量一次性验收达到合格标准
8	投标人资质等级要求	1.具有房屋建筑工程施工总承包壹级及以上资质(详见资格预审文件); 2.本次招标不接受联合体投标

续表

序号	内容	说明与要求
9	工程报价方式	按本招标文件约定的内容,结合本采购项目的实际情况,执行: 1.《重庆市建筑工程计价定额》(CQJZDE—2008)、《重庆市建筑费用定额》(CQFYDE—2008)、《重庆市安装工程计价定额》(CQAZDE—2008)、《2008年重庆市建筑工程计价定额综合解释》及2015年9月30日以前相关的配套文件。 2.人工费、材料费价差调整: ①建筑工程、土石方工程、安装工程等人工费按60元/工日计算; ②钢筋、商品混凝土按开工日至结构封顶日期间《重庆工程造价信息》算数平均值价格下浮5%计取; ③地材(水泥、碎石、砂)及其他土建材料按开工日至交付日期间《重庆工程造价信息》算数平均值下浮5%计取; ④安装材料按开工日至交付日期间《重庆工程造价信息》算数平均值下浮20%计取; ⑤按《重庆工程造价信息》计取的价格包括采购费、仓管费、运费、上下车费等全部费用。 3.风险费由投标人自行考虑在投标下浮比例中;措施费按定额规定及其配套文件执行。 4.本工程采用总价下浮的原则进行招标,从____%开始下浮(控制价在开标前3天公布),由下浮比例最高的单位中标,但甲方认质核价的材料价格、甲方根据市场情况确定的单项工程包干单价、按实计算费用、安全文明施工费、规费、税金不下浮
10	招标文件发售	1.时间:2015年__12__月__9__日; 2.地点:重庆泓东实业有限责任公司管理部办公室,重庆北部新区黄山大道中段水星A1区5楼; 3.招标文件售价:(人民币)__1 500__元整,售后不退
11	投标有效期	__90__日历天(从投标截止之日算起)
12	踏勘现场	本招标工程无须由招标人组织,其现场踏勘由各投标人自行前往
13	招标书面提疑	时间:2015年__12__月14日12:00前以书面形式及电子文档送达重庆泓东实业有限责任公司 地点:重庆北部新区黄山大道中段水星A1区5楼
14	招标书面答疑	□1.由招标人安排答疑会。 　　时间:__年__月__日__时; 地点:世纪精信四楼会议室。 ■2.不需由招标人安排答疑会。 根据投标人的提疑,招标人在2015年12月16日17:00前以书面答复的形式进行答疑

续表

序号	内容	说明与要求
15	投标保证金 提交时间	投标保证金:(人民币)100 万元(提供银行进账单)。 提交时间:2015 年 12 月 21 日 9:30—10:30(与投标文件同时递交)。账户名:重庆××机械制造有限责任公司;开户行:建设银行重庆两江分行营业部;账号:×××××××××××××××。 提交地点:重庆市北部新区黄山大道中段水星 A1 区 5 楼
16	投标文件 递交份数	商务标 2 份(正本 1 份、副本 1 份); 经济标 2 份(正本 1 份、副本 1 份)(电子文档壹份)
17	投标文件提交时间 及地点、联系方式	提交时间:2015 年 12 月 21 日 9:30—10:30 止; 提交地点:重庆北部新区黄山大道中段水星 A1 区 5 楼 　　　　　重庆泓东实业有限责任公司 ; 联系人: 刘×× ; 联系电话: 023-8875×××× ; 传真: _____
18	开标	开标时间:2015 年____月____日 11:00; 开标地点:重庆北部新区黄山大道中段水星 A1 区 5 楼 　　　　　重庆泓东实业有限责任公司会议室
19	评标办法及评分标准	采用合理低价中标,由招标领导小组确定的合理下浮比例最高的单位为中标单位
20	履约保证金	担保方式:履约保证金为伍佰万元(中标人在接到中标通知书的 5 工作日内,合同签订前提供叁佰万元的银行保函,接到发包人开工通知书的 5 个工作日内将贰佰万元保证金转入招标人指定的账户中,未按规定时间内提交履约担保的取消其中标资格)
21	其他	中标人在工程所在地银行设立专用账户,工程进度款按规定进入专用账户,并接受发包人的监管

2)投标须知

(一)总　则

1.项目概况

1.1　工程名称:格力制冷产业园(配套园区)一期工程施工总承包工程。

1.2　工程地点:重庆市渝北区大竹林组团 G1 地块。

1.3　工程规模:详见"招标文件前附表",均以发包人认可的实际建筑面积为准(此工作量仅作为投标人的参考,投标人不得以此向招标人索赔)。

招标范围及内容:一期范围内 1—5#楼及 1#地下车库基础、主体、给排水、电气、道路、室外管网、防火门等(最终以招标人提供审核后的施工图为准,但发包人另行发包的专业工程除外)。

1.4　现场条件:

①施工现场拆迁及平整情况:具备施工条件。

②施工用水、电:发包人提供施工用水源和电源至红线边,现场内施工用临时水、电管线由承包人自行接入,费用自理。

③场内外道路:已经具备。

1.5 按照《中华人民共和国招标投标法》《工程建设项目施工招标投标办法》及相关规定,上述工程已符合招标条件,现采用邀请招标方式,择优选定施工单位。

1.6 工程工期:绝对工期____600____日历天,以发包人所发开工指令为准。

1.7 工程质量:执行国家及重庆市现行的施工质量验收规范和评定标准、环保要求,工程完工验收质量一次性达到合格标准。

1.8 现场踏勘

1.8.1 招标人不组织现场踏勘,投标人如需现场踏勘,请与招标人现场人员联系(联系人及联系电话详见"招标文件前附表")。

1.8.2 投标人对工程现场及周围环境进行踏勘,以便获取有关编制投标文件和签署合同所涉及现场的资料,投标人承担踏勘现场所发生的自身费用。

1.8.3 招标人向投标人提供的有关的数据和资料,是招标人现有的能被投标人利用的资料,招标人对投标人做出的任何推论、理解和结论均不负责任。

1.8.4 经招标人允许,投标人可为踏勘目的进入招标人的项目现场,但投标人不得因此使招标人承担有关的责任和蒙受损失。投标人应承担踏勘现场的责任和风险。

2. 投标人资格要求

2.1 投标人资质要求:须通过招标人的资格预审,并持有招标人颁发的资格预审合格书。

2.2 投标单位拟派往本工程项目的组成人员,必须是本企业参加社保缴费的人员,并提供相应的社保编号。并保证施工全过程在本项目工地工作,项目组的任何成员变动均需得到招标人书面认可,否则招标人可视为违约,违约处理在合同中以条款形式明确。

2.2.1 项目经理资格要求:与资格预审一致。

2.2.2 技术负责人要求:与资格预审一致。

2.2.3 其他要求:与资格预审一致。

2.3 本工程不接受联合体形式的投标方式。

2.4 企业近几年内未发生骗取中标或严重违约行为,未发生过重大的工程质量问题;具有履行合同的能力;没有处于被责令停业、投标资格被取消、财产被接管、冻结、破产状态。

2.5 企业及拟选派的建造师近三年有承担过类似规模的施工业绩。

2.6 施工单位必须自行处理施工现场群众工作及其他特殊情况等所有突发事件。

3. 投标费用

投标人应承担其编制投标文件以及投标文件所涉及的一切费用。无论投标结果如何,招标人对上述费用不负任何责任。

(二)招标文件

4. 招标文件组成

4.1 招标文件包括下列内容:

①投标须知;

②评标办法；

③合同主要条款及其附件；

④招标图纸(初步设计图)；

⑤投标文件格式。

4.2 除以上内容外，招标人书面形式发出的对招标文件的澄清、补充、答疑、补遗，均为招标文件的组成部分，对招标人和投标人起约束作用。

4.3 投标人获取招标文件、图纸等后，应仔细核查招标文件的所有内容，如有疑问应在 2015 年 12 月 14 日 12:00 前向招标人提出澄清要求，以书面形式及电子文档交至重庆泓东实业有限责任公司，招标人在收到疑问材料后于 2015 年 12 月 16 日予以解答，并以书面形式发放给各投标单位，投标单位规定的时间 1 个工作日内领取，否则，由此引起的损失由投标人自行承担。投标人同时应认真审核招标文件中所有的事项、格式、条款等，若投标人的投标文件没有按招标文件要求提交全部资料，或投标文件没有对招标文件做出实质性响应，其风险由投标人自行承担，并根据有关条款规定，该标书有可能被拒绝。

5. 招标文件的澄清

5.1 本工程采用重庆市 2008 计价定额及 2015 年 9 月 30 日前相关配套文件招标，招标人对投标人提出的疑问，招标人将予以解答，投标人应在 2015 年 12 月 14 日以书面形式及电子文档送达招标人要求的地址，若投标人逾期提出澄清要求的，招标人将不予答复。

5.2 投标人对招标人提供的招标文件所做出的推论、解释和结论，招标人概不负责。投标人对招标文件的任何推论和误解均由投标人自负。

5.3 澄清文件将作为招标文件的组成部分，对所有投标人具有约束作用。

6. 招标文件的修改

6.1 招标人可能以补充通知的方式修改招标文件，补充通知将作为招标文件的组成部分，与招标文件具有同等效力。

6.2 为使投标人在编制投标文件时将补充通知修改的内容考虑进去，招标人可以延长投标截止时间(延长时间在补充通知中写明)。

7. 招标文件发售与疑问

7.1 按"招标文件前附表"中规定的时间，在招标人办公室(重庆泓东实业有限公司管理部办公室，重庆北部新区黄山大道中段水星 A1 区 5 楼)发放，请贵司派专员持资格预审合格证书、单位介绍信和身份证购买招标文件。

7.2 对招标文件如有疑问，请按"招标文件前附表"中规定的时间，将书面疑问提交至招标人行政部，招标人将书面统一答复。

8. 投标保证金

8.1 投标人将"招标文件前附表"中约定金额在规定时间转入给招标人账户作为投标保证金。招标人开户行及账号详"招标文件前附表"。若投标人的投标文件不被接纳，本投标保证金将于定标后，由招标人电话通知之日起两周内无息退还落选投标人。中标人的投标保证金将于发包人发出中标通知书 5 日内，合同签订前转为履约保证金，履约保证金不足部分由中标人按合同约定的时间转入招标人规定的账户，若投标保证金超过履约保证金，超过部分由招标人在合同签订后两周内无息退还中标人。若中标人未按中标通知书约定的时间与招标人签订协议,则招标人有权不予退还其投标保证金,并另行选择中标人。

8.2 投标保证金不予退还条款:

8.2.1 投标人在交纳投标保证金后提出退标的,作中途退标处理;投标人在收到中标通知书,签署合同及协议书前提出退标,作中途退标处理。凡中途退标者,投标保证金不予退还。

8.2.2 在评标过程中,发现有明显串标现象的相关投标人的投标保证金不予退还,并取消其投标资格,投标人有权不予解释。

8.2.3 拒不接受招标人按招标文件的规定对投标报价错误进行修正的,投标保证金不予退还,并取消其投标资格。

8.2.4 中标人须按照招标文件的要求及时签订合同,否则招标人有权取消其中标资格,投标保证金不予退还。

8.2.5 不遵守招标人对中标人中标标段的选择者,取消其中标资格,投标保证金不予退还。

9. 履约保证金

9.1 履约保证金为伍佰万元。其中,贰佰万元为现金,叁佰万元为银行保函。

9.2 中标人在接到中标通知书的 5 个工作日内,合同签订前提供叁佰万元的银行保函,接到发包人开工通知书的 5 个工作日内将贰佰万元保证金转入招标人指定账户,未按规定时间提交履约担保的取消其中标资格。

(三)投标文件

10. 投标文件组成

投标文件由商务标、经济标两部分组成,各部分均一式两份(一正一副),技术标书编制必须用 A4、以宋体小四号打印;投标报价须按附件格式填报并加盖投标人公章。

10.1 商务标内容:

10.1.1 投标人承诺函(格式详见附件 1);

10.1.2 法定代表人授权委托书(格式详见附件 2);

10.1.3 法定代表人身份证明书(格式详见附件 3);

10.1.4 拟派往本招标工程项目的关键人员表(格式详见附件 4);

10.1.5 推荐的关键人员履历表(格式详见附件 5);

10.1.6 投标人营业执照及各种资质的复印件(加盖公章);

10.1.7 投标人主要施工经历和近期施工业绩(合同复印件,加盖公章,至少两份)。

10.2 经济标内容:(以下内容均要求提供电子文件刻录于光盘或优盘,且密封于经济标袋内)

10.2.1 投标报价书(格式详见附件 6)。

10.3 技术标待施工图设计交底后,30 日内另行编制,并报监理及业主审核。

10.4 特别说明:未按上述规定编制投标文件者,按废标处理。

11. 材料封样说明

本次招标不适用。

（四）投标报价

12. 工程报价、计价

12.1 投标报价采用的币种为人民币。

12.2 本投标报价范围（招标范围、报价范围、中标范围应当一致）：招标人提供的格力制冷产业园（配套园区）一期工程图纸所包含的1—5#楼及1#地下车库基础、主体、给排水、电气、道路、室外管网、防火门等（最终以招标人提供审核后的施工图为准，但发包人另行发包的专业工程除外）。

为防止投标人恶意低价抢标，报价要求：投标人必须根据工程的实际情况，结合自身施工管理水平、市场行情自主报价，对所报价格承担责任，并必须在"投标承诺书"中承诺所报价格不得低于成本，不得影响工程质量、安全及进度。否则，其投标文件将被作为无效投标文件。

12.3 投标人应先到工地踏勘以充分了解工地位置、情况、道路、储存空间、装卸限制以及任何其他足以影响承包价格的情况，任何忽视或误解工地情况而导致的索赔或工期延长申请将不予批准。

12.4 计价原则

12.4.1 本工程采用定额计价、总价下浮比率报价。但甲方认质核价的材料价格、甲方根据市场情况确定的单项工程包干单价、按实计算费用、安全文明施工费、规费、税金不下浮。

12.4.2 投标人投标报价时需仔细阅读招标文件及其附件和招标答疑、补遗资料等相关内容，执行《重庆市建筑工程计价定额》（CQJZDE—2008）、《重庆市安装工程计价定额》（CQAZDE—2008）及2015年9月30日以前的配套文件。

13. 工程结算

工程结算原则：

（1）执行定额：《重庆市建筑工程计价定额》（CQJZDE—2008）、《重庆市安装工程计价定额》（CQAZDE—2008）和《重庆市建设工程费用定额》（CQFYDE—2008）及2015年9月30日前相关配套文件编制。如遇定额项目缺项时，借套《重庆市市政工程计价定额》（CQSZDE—2008）或《重庆市装饰工程计价定额》（CQZSDE—2008）。

人工费、材料费价差调整：

①建筑工程、土石方工程、安装工程等人工费按60元/工日计算；

②钢筋、商品混凝土按开工日至结构封顶日期间《重庆工程造价信息》算数平均值价格下浮5%计取；

③地材（水泥、碎石、砂）及其他土建材料按开工日至交付日期间《重庆工程造价信息》算数平均值下浮5%计取；

④安装材料按开工日至交付日期间《重庆工程造价信息》算数平均值下浮20%计取；

⑤按《重庆工程造价信息》计取的价格包括采购费、仓管费、运费、上下车费等全部费用。

（2）取费标准：按《重庆市建设工程费用定额》（CQFYDE—2008）相关规定取费。其中，二次搬运费费率按0.4%计取。

（3）风险费由投标人自行考虑在投标下浮比例中。措施费按定额规定及其配套文件执行。

（4）本工程总价下浮_____%，但甲方认质核价的材料价格、甲方根据市场情况确定的单项工程包干单价、按实计算费用、安全文明施工费、规费、税金不下浮。

（5）施工过程中的设计变更、材料代用、现场签证等由中标方编制预算，由招标人、监理方根据中标人的投标报价审定后进入结算。

（6）本招标文件未提及的工作内容在施工发生后按13.1条工程结算原则为依据进行结算。

（7）招标范围以外的：在合同中约定。

（五）投标文件的密封和递交

14. 投标文件的密封

每部分均单独密封于一个牛皮档案袋中后，三袋装入一个大投标袋中密封。封口处用封条密封并加盖投标人公章，封面注明"格力制冷产业园（配套园区）一期工程施工总承包工程投标文件2015年12月 21 日11:00前不得开封"。

15. 标书递交

（1）标书递交地址：详"招标文件前附表"；

（2）标书递交时间：详"招标文件前附表"。

（六）开标、议标

16. 开标时间和地点

16.1 招标人在规定的投标截止时间（开标时间）和投标人须知前附表规定的地点开标（投标人不参加）。

16.2 无效标书的确认。投标人有下列情况之一者，视为其投标文件无效，招标人无须对该投标人进行任何解释。

16.2.1 投标文件未能按规定包装、密封、盖章的；

16.2.2 未能提供有效的企业法定代表人身份证明书或授权委托书的；

16.2.3 投标文件内容不全或未按规定填写或字迹模糊、辨认不清或涂改未加盖公章确认的；

16.2.4 投标文件未经企业法定代表人或其委托代理人签字或加盖公章的；

16.2.5 投标文件逾期送达的；

16.2.6 其他未按本招标文件规定或严重违例的。

16.2.7 投标人有下列行为者，招标人有权取消其投标资格：

16.2.7.1 投标人弄虚作假、串通报价、哄抬报价或虚报企业资质等；

16.2.7.2 投标人在投标期间向有关人员行贿或以其他手段谋取不正当利益。

16.2.8 在投标文件的组成部分中任一部分被确认为废标，则该投标文件为废标。

17. 议标

招标人根据开标情况，对各投标人择优进行议标。

招标人认为需要时，可要求投标人对其投标文件中存在的问题进行解释或澄清或补充资料（包括总造价和分析资料）书面回复并加盖公章。

（七）合同授予

18. 合同授予

18.1 合同授予标准:本招标工程的施工合同将授予经批准确定的中标人。

18.2 招标人在发出中标通知书前,有权依据评标小组的评标拒绝所有不合格的投标。

18.3 中标通知书:中标人确定后,招标人将于 3 日内向中标人发出中标通知书,并将中标结果以适当形式通知所有未中标的投标人但不负责任何解释。

18.4 合同签订:

18.4.1 招标人与中标人将于中标通知书发出之日起 5 个工作日内,按照招标文件和中标人的投标文件订立工程施工合同。

18.4.2 若中标人不按本招标文件的规定与招标人订立合同,则招标人将有权废除授标,投标保证金不予退还,给招标人造成的损失超过投标保证金数额的,中标人还应当对超过部分予以招标人赔偿,同时承担相应法律责任。

19. 投标注意事项

19.1 投标人应认真阅读招标文件,并按招标文件要求编制投标文件,招标人将拒绝实质上不响应招标文件要求的投标文件。

19.2 参与本项目投标活动的一切费用均由投标人自行承担。

19.3 投标人对所有招标文件负有保密责任,未经招标人许可不得擅自向第三方泄露。

19.4 在投标截止日之前,如发现修改招标文件非常必要,招标人则以补充通知或招标答疑的形式将修改颁发给每个投标人。

19.5 投标文件要求投标人全面完整填写在招标人提供的投标文件格式上,要求投标人法定代表人或其授权代表在投标文件的相应位置签字并加盖公章,由授权代表签章的必须附上法定代表人签署的内容明确的授权书。

19.6 本次招标不举行统一的答疑会,投标人如有疑问,以书面形式向招标人提出,招标人将统一以书面答疑的形式发给各投标人。

19.7 投标有效期:投标截止日后 90 天内。

19.8 招标文件补充通知及书面答疑、招投标双方往来函件将成为合同文件的组成部分。

19.9 投标人应对招标文件中的全部条款仔细阅读并完全了解,如有异议应在回标前或回标时向招标人书面提出,中标后不得以任何理由对任何条款提出修改。

19.10 投标人中标后,未经招标人书面同意,投标人不得更换拟用于本项目的管理人员,否则招标人有权对中标人收取 5 000~10 000 元/(人·次)的违约金,并有权要求中标人无条件纠正,该违约金可从履约保证金或支付给中标人的任何款项中直接扣除。

19.11 招标人与中标人签署工程施工承包合同之前,招标人与投标人于招投标阶段不存在合同关系。尽管本工程为合理低价中标,但招标人不会承诺一定要接受最低报价,并且不会向未中标人解释选择或否决的原因。

19.12 招标人保留回标后与任何回标人作进一步议标的权利。

20. 本邀请投标通知书所有的附件与本招标文件具有同等效力。

附件1 投标人承诺函

附件2 法定代表人授权委托书

附件3 法定代表人身份证明书

附件4 拟派往本招标工程项目的关键人员表
附件5 推荐的关键人员履历表
附件6 投标报价书
附件7 格力制冷产业园(配套园区)一期工程施工总承包工程施工合同条款

附件1

投标人承诺函

致:重庆××机械制造有限责任公司(招标人)

我_____(投标人)愿意参加格力制冷产业园(配套园区)一期工程施工总承包工程投标。在此声明并承诺:投标文件中所有关于投标人资格的文件材料、证明、陈述均是真实、准确的。如果发现此类文件材料、证明、陈述与事实不符,我方愿承担由此而产生的一切后果。

1. 完全理解和接受招标文件(含其附件的合同条款)的一切规定和要求。

2. 经济投标为定额计价、总价下浮比率报价。

3. 对我方所投标的价格承担责任,且所投标的价格不低于成本,不会因此而影响工程质量、安全和进度。

4. 若我方中标,我方将按照招标文件(含其附件的合同条款)和我方在投标、议标中作出的各项承诺与发包人签订施工合同,并且严格按期向发包人贵方提交履约保证金,履行合同义务,保证施工服务质量,按招标文件要求的节点工期完成施工任务。如果在施工合同执行过程中,发现施工不到位或发生失职行为,我方一定立即处理,采取补救措施,并承担相应的经济责任。

5. 若我方中标,在接到贵方发出的中标通知书起五日内,提交金额为人民币__伍佰万元__(200万元现金+300万元银行保函)的履约保证金,在接到贵方发出的中标通知书起七个工作日内按招标文件规定的期限与发包人签订施工合同在接到贵方发出的中标通知书后按招标文件规定的期限与发包人签订施工承包合同,并履行合同约定的一切责任和义务。

6. 本招标工程的开工时间以发包人书面通知为准,完工时间:合同范围内工程全部完工、并经发包人、监理及相关质量安全部门验收合格可交付使用的验收合格时间,为开工之日起_____个日历天。并承诺不能以资金问题为由影响甲方要求的工期进度(甲方未按合同约定付款除外)。

7. 我方提交的投标文件在投标截止日期之后的__90__天内有效。我方保证在此期间内不撤回投标文件或擅自修改。

8. 我方将严格按照有关招标投标法及招标文件的规定参加投标,并理解贵方不承诺投标价最低的投标人中标。

9. 在整个招投标过程中,我方若有违规行为,贵方可按招标文件之规定对我方予以惩罚,我方完全接受。

投　　标　　人:_____(全称、盖章)

法 定 代 表 人:_____(签字)

或委托代理人:_____(签字)

日　　　　期:_____年_____月_____日

附件2

法定代表人授权委托书

本授权委托书声明：我_____（姓名）系_____（投标人名称）的法定代表人，现授权委托_____（单位名称）的_____（姓名）为我公司唯一代理人（身份证号码_____，联系电话_____），以本单位的名义参加格力制冷产业园（配套园区）一期工程施工总承包工程的投标活动。代理人在开标、评标、合同谈判过程中所签署的一切文件和处理与之有关的一切事务，我单位均予以承认。

代理人无转委权。特此委托。

<table>
<tr>
<td>粘贴代理人身份证正面复印件
（加盖投标人骑缝公章）</td>
<td>粘贴代理人身份证背面复印件
（加盖投标人骑缝公章）</td>
</tr>
</table>

投　标　人：_____（全称、盖章）

法定代表人：_____（签字）

或委托代理人：_____（签字）

日　　　期：_____年_____月_____日

附件3

法定代表人身份证明书

（法定代表人姓名）_____在（投标人名称）_____任（职务名称）_____职务，是我公司的法定代表人。

特此证明。

<table>
<tr>
<td>粘贴法定代表人身份证正面复印件
（加盖投标人骑缝公章）</td>
<td>粘贴法定代表人身份证背面复印件
（加盖投标人骑缝公章）</td>
</tr>
</table>

投　标　人：＿＿＿＿＿＿＿＿＿＿＿＿＿＿＿＿＿＿＿＿＿＿（全称、盖章）

法定代表人：＿＿＿＿＿＿＿＿＿＿＿＿＿＿＿＿＿＿＿＿＿＿（签字、盖章）

日　　　期：＿＿＿＿＿年＿＿＿＿月＿＿＿＿日

附件4

拟派往本招标工程项目的关键人员表

岗位名称	人员姓名	技术职称	执业资格	社保号

投　标　人：＿＿＿＿＿＿＿＿＿＿＿＿＿＿＿＿＿＿＿＿＿＿（全称、盖章）

法定代表人：＿＿＿＿＿＿＿＿＿＿＿＿＿＿＿＿＿＿＿＿＿＿（签字）

或委托代理人：＿＿＿＿＿＿＿＿＿＿＿＿＿＿＿＿＿＿＿＿＿（签字）

日　　　期：＿＿＿＿＿年＿＿＿＿月＿＿＿＿日

附件5

推荐的关键人员履历表

（关键人员指公司分管领导、技术总工、项目经理、项目技术负责人、各分部或专业施工员等）

推荐职位：

姓　　名：

专　　业：

出生年月：

在本公司工作年限：

职位资格：

承担的具体工作：

联系电话：

主要资格：(请概述该人员与施工密切相关的经验与培训，该人员在过去相关项目中承担的职责及日期、地点)

教　　育：(请概述该人员接受的大学教育和其他专门教育，包括学校名称，上学时间和获得的学历)

投　标　人：_____(全称、盖章)

法 定 代 表 人：_____(签字)

或委托代理人：_____(签字)

日　　　　期：_____年_____月_____日

附件6

投标报价书

致：重庆××机械制造有限责任公司(招标人)

我方已全面阅读和研究了格力制冷产业园(配套园区)一期工程施工总承包工程施工承包招标文件(含"合同条款")，并经过现场踏勘、问题澄清，充分理解并掌握了本招标工程的全部相关情况。现经我方认真分析研究，同意接受招标文件全部条件，并按此确定本工程投标的各项承诺内容，以本投标报价书对招标工程的全部内容进行投标报价。

投标价为工程总价下浮_____％。

另外优惠承诺：

投　标　人：_____(全称、盖章)

法 定 代 表 人：_____(签字)

或委托代理人：_____(签字)

日　　　　期：_____年_____月_____日

附件7

《格力制冷产业园(配套园区)一期工程施工总承包工程施工合同条款》，详见二维码。

合同条款

· 5.1.3　评标办法 ·

1)投标文件的评审

评标委员会将按照本须知规定仅对确认为实质上响应招标文件要求的投标文件进行评审。

2)评标办法

本工程评标采用"合理低价中标"。由招标领导小组确定的合理投标下浮比例最高的单位中标。

5.2 建设工程项目施工投标案例

本案例中重庆中瑞产业园1—6#楼智能化工程投标文件由冠林电子有限公司编制,分为商务标和技术标两个部分。

第1部分 商务标部分

投标单位:冠林电子有限公司于 2017 年 11 月 24 日

授权委托书

本授权委托书声明:我张××(姓名)系 冠林电子有限公司 (投标单位名称)的法定代表人,现委托冠林电子有限公司(单位名称)的 郭×× (姓名)为我公司代理人,以本公司的名义参加重庆至上机械制造有限责任公司 (招标单位)重庆中瑞产业园1—6#楼智能化系统工程 (工程名称)的投标活动。代理人在开标、评标、合同谈判过程中所签署的一切文件和处理与之有关的一切事务,我均予以承认。

代理人姓名:郭×× 性别:男 年龄:29 岁

单位:冠林电子有限公司 部门:运营部 职务:职员

代理人无转委权。特此委托。

投标单位:冠林电子有限公司(盖章)

法定代表人:(签字或盖章)

日期: 2017 年 11 月 24 日

工程报价表

建设单位: 重庆至上机械制造有限责任公司

工程名称: 重庆中瑞产业园1—6#楼智能化工程

投标暂定总价(小写): 8 331 366.87 元

(大写):捌佰叁拾叁万壹仟叁佰陆拾陆元捌角柒分

投标人: 冠林电子有限公司

法人或授权代理人:

编制日期: 2017 年 11 月 24 日

工程项目报价汇总表

工程名称:重庆中瑞产业园1—6#楼智能化工程   第 1 页   共 1 页

序号	系统名称	金额/元	备注
1	信息接入系统	633 154.18	
2	综合布线与计算机网络系统(设施信息网)	1 282 660.57	
3	无线对讲系统	583 182.85	
4	巡更系统	115 552.28	
5	智能广播系统	80 435.66	
6	电梯对讲系统	62 660.06	
7	视频报警系统	2 275 868.69	
8	入侵报警系统	111 017.59	
9	智能停车场服务系统	2 161 756.67	
10	建筑能效监管系统	496 743.97	
11	智能照明系统	52 098.01	
12	机房系统	476 236.34	
	工程总价	8 331 366.87	
	大写	捌佰叁拾叁万壹仟叁佰陆拾陆元捌角柒分	

资格证明材料

各类资格证明材料如下:(具体内容略)

①法人营业执照。

②电子与智能化专业承包一级资质证书。

③建筑智能化系统设计专项甲级证书。

④外地企业"入渝"截图。

⑤企业安全生产许可证书。

⑥其他人员考核合格证书。

⑦项目经理资格证书。

⑧企业业绩。企业业绩包括企业业绩1和企业业绩2:企业业绩1包括中标通知书、××大厦弱电智能化系统工程施工合同(合同协议书)、竣工验收报告(建设工程竣工验收意见书);企业业绩2包括××训练基地智能化工程施工合同、建设工程竣工报告。

⑨保证金回单(招商银行略)。

第2部分　技术标部分

重庆中瑞产业园1—6#楼智能化工程投标文件(技术标部分),经精简压缩后由7个部分组成,包括编制依据及工程概况,项目组织机构与职责,施工技术方案与技术措施,工程进度计划与措施,工程质量管理体系及保证措施,安全生产管理体系及保证措施,关于工期、质量、成本、深化设计的合理化建议。

1　投标文件的组成

1.1　工程概况及编制依据

1.1.1　工程概述

1.1.1.1　项目名称:重庆中瑞产业园1—6#楼智能化系统工程。

1.1.1.2　施工总工期:暂定200天,具体与土建工程进度配合执行,计划开工日期具体时间以经批准的开工报告为准。

1.1.1.3　质量要求:达到国家现行施工质量验收规范和标准的要求,并一次性验收合格。

1.1.1.4　本工程项目位于重庆市渝北区大竹林组团G1地块,建设方为重庆至上机械制造有限责任公司。本工程建筑面积约194 335 m²。

1.1.2　编制依据

业主提供的本工程招标文件、施工图纸,作为以后各专项施工方案的编制基础;本工程业主的要求;我公司对现场进行的实际勘查及数据;国家对工程建设的方针、政策、法律、法规、规范、规程等。

1.2　质量、工期、环保及文明施工管理目标

1.2.1　质量目标:达到国家现行有关施工质量验收规范和标准的要求,并达到ISO9001质量管理体系认证的要求,且一次性验收合格。

1.2.2　工期目标:本工程我公司计划施工工期为200天。

1.2.3　环保目标:符合国家、建设部、重庆市建委各项法律、法规的规定,并达到环保要求。

1.2.4　文明施工目标:贯彻公司战略要求,强化现场文明施工及场容管理,保证与其他相关施工单位协作,不影响周边环境。

1.2.5　安全、消防目标:确保无重大工伤事故,杜绝死亡事故,杜绝消防事故。

2　项目组织机构与职责

2.1　施工组织机构

2.2.1　项目经理部的建立

针对本工程的质量要求高现况,结合我公司多年积累的类似工程的施工经验,特组建高素质、高水平的项目经理部。项目经理是由具有专业理论水平,又有丰富的施工和管理经验

及组织协调能力的复合型管理人才担任;技术负责人由高级工程师担任;施工员和质检员均有丰富的实践施工和质量管理,已承担了同类工程施工与质量管理人员;选用技术过硬,能打硬仗的施工作业人员投入本工程施工,使本工程优质、快速、高效、安全、如期或提前完成任务。

2.2.1.1 项目组织机构图

下面是项目组织机构图及相关的人员组成。

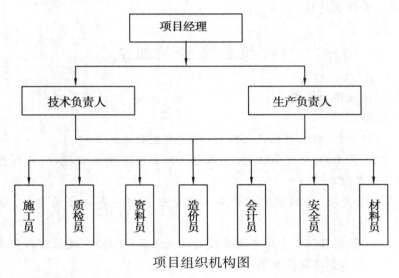

项目组织机构图

2.2.1.2 人员组成

人员组成详见下表所示:

序号	姓名	职务	职称	年龄	学历
1	刘×	项目经理	机电一级	36	本科
2	洪××	技术负责人	高级工程师	47	本科
3	许×	生产经理	工程师	31	本科
4	缪××	施工员	工程师	48	专科
5	朱×	质检员	—	31	本科
6	王×	会计员	会计师	35	本科
7	林×	资料员	—	31	本科
8	姜××	造价员	—	36	专科
9	曾××	安全员	—	33	专科
10	蔡××	材料员	—	48	专科

2.2.2 项目部主要人员职责

2.2.2.1 项目经理

(1)负责领导和管理项目经理部开展工作,主持编制项目管理方案,确定项目管理的组织与方针,对工程的质量、安全、进度、成本、文明施工及环境保护等全权负责,满足合同的各项要求。

(2)确定项目经理部组织管理机构人员构成,制订项目经理部规章制度,明确有关人员的职责,全面组织道路管线施工及环境监测、科研等项目的开展和协调工作。

(3)接受业主、监理、上级、社会各方面的指导与检查,并全面负责;与业主及监理单位保持密切的联系,随时解决施工过程中出现的各种问题,加快施工进度。

(4)确保工程按期或提前完工,确保业主的利益;积极主动与项目部所在地政府部门处理好关系,确保当地政府部门的利益,促进本项目成为当地的"文明工地"项目。

(5)领导项目经理部的副经理、总工程师、总经济师和各业务部开展施工的业务工作,对项目经理部的建立、完善、实施和保持具有决策权并承担责任。

2.2.2.2 项目副经理

(1)在项目经理领导下,协助项目经理工作,对分管的工作负责;对现场施工的人员、机械调配、施工进度、质量和现场存在问题及时采取预防纠正措施;组织定期质量、安全、工期大检查,进行施工现场标准化管理;定期组织召开工程例会,对工程施工中出现的问题提出处理、改进意见。

(2)参与制订贯彻项目经理部的质量方针和目标,并组织实施质量管理体系。

(3)负责工程的合同管理、物资管理、设备管理和分供方的评审工作。

(4)负责施工现场的标准化管理,确保工程如期完工。

(5)负责最终工程交付后的服务管理工作。

2.2.2.3 项目技术负责人

(1)主持项目经理部质量管理保证体系的建立与运作;指导技术人员做好技术工作;负责技术文件、施工规范、质量标准及施工作业指导书的贯彻执行;提出改进工程质量的技术措施和目标。

(2)合理策划施工工地的环境保护计划,贯彻落实环境管理方案各项内容,监督检查环境管理方案的落实情况,协助副经理加强对环境因素的测量和监控。

(3)负责施工组织设计、项目质量计划、特殊作业指导书的编制工作。

(4)依据合同要求编写季度、月、旬作业计划,并进行检查,根据工程计划编制设备、材料需要及进场计划。

(5)工程完工后,主持工程竣工资料的编制工作,协助建设单位做好工程的备案验收工作,并组织竣工资料的交付、归档。

2.2.2.4 施工员

(1)对现场存在的质量问题及安全隐患及时采取有效措施。

(2)对重大质量事故和不合格品及时上报,根据要求及时组织整改。

(3)参与制订工程项目施工方案及质量、安全保证措施;坚持深入施工第一线付诸实施;善于发现和处理现场出现的各种问题,强化成本意识,降低消耗。

(4)协助项目技术负责人做好图纸会审、设计交底工作,按照施工组织设计的规定,编写技术交底单并下发给施工队组织实施。

(5)按照建委文件要求,收集、整理技术交底单和安全交底单;编写施工日志,对工程每日进度及实际发生事项进行详细记载。

2.2.2.5 预算财务员

(1)做好成本预测,编制成本计划,加强成本核算,搞好成本控制、分析工作;协助合约部做好工程结算工作。

(2)负责本工程的合同管理工作、工程的计量和支付工作,以及工程的追加索赔工作。

(3)负责签订合同,具体实施项目合同的管理工作,并做好竣工结算工作;负责工程中的洽商记录、设计变更的核算报价工作,监督合同的履行情况。

(4)根据合同条款和有关法律依据,做好工程索赔工作;负责财务管理和全面核算,做好成本分析,为项目经理提供决策依据。

(5)做好成本管理工作,加强经济核算,严格资金管理和有效使用;根据项目工程的预、结算、负责工程款的支取工作。

2.2.2.6 质检员

(1)负责工程施工过程中的质量,施工过程中对工序进行预检、隐检,监督班组进行交接检等专业检查工作。

(2)按建委文件的规定,委托资质等级合格的实验室做好现场试验,并做好记录。

(3)填写各种检验、试验资料,运用统计、图表及其他相关方法分析质量状况及产生的原因,并向项目技术负责人反馈结果。

(4)在项目技术负责人指导下,负责编写随工程进度而必须跟进的工程施工各种资料及资料的整理工作。

(5)参与工程竣工验收工作,协助做好竣工资料的整理、装订及送交工作。

2.2.2.7 材料员

(1)负责进场材料的验收、贮存、包装、防护、标识和发放,并保存相关记录。

(2)严格按发料凭证办理领料手续,按交旧领新规定办理领料,凡规定消耗定额的主要材料,要限额用量,不超出所承包的物资数量。

(3)负责搞好施工现场材料管理,按质量标准和上料计划对到场材料进行验收,办理领料手续,监督施工人员搞好合理使用,避免材料的丢失和浪费。

(4)负责库存物资的定期盘点,做到日清月结,账、卡、物、资金四项相符;负责根据材料到货验收单和相应的手续对进场材料登记入账,并保证其及时准确。

3 施工技术方案与技术措施

3.1 信息接入系统施工

3.1.1 施工前的准备工作

3.1.1.1 器材检验一般要求

(1)工程所用光缆、器材型式、规格、数量、质量在施工前应进行检查,无出厂检验证明、材料与设计不符者不得在工程中使用。

(2)经检验的器材应做好记录,对不合格的器件应单独存放,以备核查与处理。

(3)备品、备件及各类资料应齐全。

3.1.1.2 光缆的检验要求

(1)工程使用的光缆型式、规格应符合设计规定和合同要求。

（2）光缆所附标志、标签内容应齐全、清晰。

（3）光缆外护线套需完整无损。光缆应附有出厂质量检验合格证，如用户要求，应附有本批量光缆的技术指标。

（4）光缆开盘后应检查光缆外表有无损伤，光缆封头是否良好，还应检查光缆合格证及检验测试数据，并进行衰减及长度测试，看光纤衰减是否符合要求及有无断纤现象存在。

（5）光纤尾纤，两端的活动连接头端面应装有合适的保护盖帽。

（6）光缆交接设备的编排及标志名称应与设计相符，各类标志名称应统一，标志位置准确、清晰。

3.1.1.3 弱电间环境

（1）根据设计规范和工程要求，对建筑物的垂直通道的楼层及弱电间做好安排，并应检查其建筑和环境条件是否具备。

（2）应留好弱电间垂直通道孔洞，并应检查水平通道管道和环境条件是否具备。

3.1.2 管网施工

3.1.2.1 本工程采用双臂波纹管、多孔管。检查进场的管道，应符合设计文件规定，表面不应有穿孔、裂缝和明显的凹凸不平，内壁应光滑。在易受机械损伤的地方和在受力较大处直埋时，应采用足够强度的管材。

3.1.2.2 沟槽开挖前，应了解原有地下管线的具体位置、埋设深度，沟槽开挖深度应按图纸设计尺寸，无地下管线区域采用机械开挖，与其他管线交错的区域采用人工开挖。沟槽基底土质均匀，如有砖块、石块等，应将其挖出后再作局部换填处理。

3.1.2.3 管道连接采用黏结接口。

3.1.3 线路敷设施工

3.1.3.1 参加施工的人员应遵守以下几点：穿着合适的衣服；使用安全的工具；制订施工安全措施；根据设计图确定安装位置，从始端到终端（先干线后支线）进行敷设。

3.1.3.2 管内配线要求：管线施工前应消除管内的污物和积水；光缆布放前应核对型号规格、程式、路由及位置与设计规定相符。在同一管内导线截面积总和应不超过内部截面积的40%；光缆的布放应平直，不得产生扭绞、打圈等现象，不应受到外力的挤压和损伤。

3.1.3.3 光缆采用专用测试设备 OTDR 进行测试。

3.1.4 设备安装施工

3.1.4.1 施工前应对安装的设备外观、型号规格、数量、标志、标签、产品合格证、产地证明、说明书、技术文件资料进行检验，检验设备是否选用厂家原装产品，设备性能是否达到设计要求和国家标准的规定。

3.1.4.2 安装位置应符合设计要求及施工图纸要求。

3.1.5 施工完成后的全链路测试

采用光源+光功率计测试方式。

下行：光源放置在局端（靠近 OLT），将接 PON 接口的跳纤接至光源，发 1 490 nm 波长的光。光功率计放置在客户端（靠近 ONU），将接 ONU 的跳纤接至光功率计，调节光功率计接收模式为 1 490 nm。如果需要传输 CATV 信号下行需要对 1 550 nm 波长光进行测试。下行理论链路插入损耗为 21.15 dB。

上行:光源放置在客户端(靠近 ONU),将接 ONU 的跳纤接至光源,发 1 310 nm 波长的光。光功率计放置在局端(靠近 OLT),将接 PON 接口的跳纤接至光功率计,调节光功率计接收模式为 1 310 nm。上行理论链路插入损耗为 22.5 dB。

将实际测试数据和理论数据进行比较,一般差额小于 2 dB 都在允许范围内。

3.2 综合布线施工

3.2.1 施工前的准备工作

(1)器材检验一般要求如下:

①工程所用缆线、器材型式、规格、数量、质量在施工前应进行检查,无出厂检验证明材料与设计不符者不得在工程中使用。

②经检验的器材应做好记录,对不合格的器件应单独存放,以备核查与处理。

③备品、备件及各类资料应齐全。

(2)缆线的检验要求如下:

①工程使用的电缆、电线和光缆型式、规格应符合设计的规定和合同要求。

②电缆所附标志、标签内容应齐全、清晰。

③电缆外护线套需完整无损,电缆应附有出厂质量检验合格证。如用户要求,应附有本批量电缆的技术指标。

③光缆开盘后应检查光缆外表有无损伤,光缆封头是否良好,并应检查光缆合格证及检验测试数据。

④光纤接插软线,两端的活动连接头端面应装有合适的保护盖帽。

⑤光、电缆交接设备的编排及标志名称应与设计相符,各类标志名称应统一,标志位置准确、清晰。

(3)在安装工程之前,必须对建筑和环境条件进行检查,具备下列条件方可开工:

①预留暗管、地槽和孔洞的数量、位置、尺寸均应符合工艺设计要求。

②接地电阻和防静电措施应符合要求。

(4)弱电间环境要求:

①根据设计规范和工程的要求,对建筑物的垂直通道的楼层及弱电间应作好安排,并应检查其建筑和环境条件是否具备。

②应留好弱电间垂直通道电缆孔孔洞,并应检查水平通道管道或电缆和环境条件是否具备。

3.2.2 管道安装施工

(1)检查进场的金属管道,金属管应符合设计文件的规定,表面不应有穿孔、裂缝和明显的凹凸不平,内壁应光滑,不允许有锈蚀。

(2)管煨弯可采用冷煨和热煨法,管径 20 mm 及其以下可采用手扳煨管器,管径 25 mm 及其以上采用液压煨管器。

(3)在配管时,根据实际需要长度,对管子进行切割。管子的切割可使用钢锯、管子切割刀或电动切管机,严禁用气割。

(4)在敷设时,应尽量减少弯头,每根管的弯头不应超过 3 个,直角弯头不应超过 2 个,并不应有 S 弯出现。

(5)金属管的暗设应符合下列要求：

预埋在墙体中间的金属管内径不宜超过50 mm；敷设在混凝土、水泥里的金属管，其基层应坚实、平整，不应有沉陷；金属管连接时，管孔应对准，接缝应严密；金属管内应安置牵引线或拉线，管路应进行整体接地连接。

3.2.3 线路敷设施工

3.2.3.1 参加施工的人员应遵守以下几点：穿着合适的衣服；使用安全的工具；保证工作区的安全；制订施工安全措施；根据设计图确定出安装位置，从始端到终端（先干线后支线）进行敷设。

3.2.3.2 管内配线要求：管线施工前应消除管内的污物和积水；线缆布放前应核对型号规格、程式、路由及位置与设计规定相符；在同一管内包括绝缘在内的导线截面积总和应不超过内部截面积的40%；线缆的布放应平直，不得产生扭绞、打圈等现象，不应受到外力的挤压和损伤。

3.2.3.3 完成布线后要采用专用测试设备测试，保证所有信息点达到标准。

3.2.3.4 光缆采用专用测试设备OTDR进行测试。

3.2.4 设备安装施工

3.2.4.1 施工前应对所安装的设备外观、型号规格、数量、标志、标签、产品合格证、产地证明、说明书、技术文件资料进行检验，检验设备是否选用厂家原装产品，设备性能是否达到设计要求和国家标准的规定。

3.2.4.2 六类模块化配线架的端接：首先把配线板按顺序依次固定在标准机柜的垂直滑轨上，用螺钉上紧。在端接线对之前，首先要整理线缆。用带子将线缆缠绕在配线板的导入边缘上，最好是将线缆缠绕固定在垂直通道的挂架上，这可保证在线缆移动期间避免线对的变形。

3.2.4.3 110配线架的端接：第1个110配线架上要端接的24条线牵拉到位，每个配线槽中放6条双绞线。左边的线缆端接在配线架的左半部分，右边的线缆端接在配线架的右半部分。在配线板的内边缘处将松弛的线缆捆起来，保证单条的线缆不会滑出配线板槽，避免线缆束的松弛和不整齐。在配线板边缘处的每条线缆上标记一个新线的位置。

3.2.4.4 信息插座端接：信息插座应牢靠地安装在平坦的地方，外面有盖板。安装在活动地板或地面上的信息插座，应固定在接线盒内。插座面板有直立和水平等形式；接线盒有开启口，应可防尘。

3.2.5 系统的安装调试

3.2.5.1 认证测试标准：《商业建筑电信布线标准》《现场测试非屏蔽双绞电缆布线测试传输性能技术规范》国际布线标准。

3.2.5.2 认证测试模型：为了测试UTP布线系统，水平连接应包含信息插座/连接器、转换点、90 m UTP、一个包括两个接线块或插口的交接器件和总长10 m的接插线；信道连接包括基本连接和安装的设备、用户和交接跨接电缆。

3.2.5.3 光纤传输通道测试：光纤的连续性；光纤的衰减；光纤的带宽（光纤传输系统中重要参数之一，带宽越宽，信息传输速率就越高）。

3.3 计算机网络施工

3.3.1 施工前环境检查

检查计算机房工程已全部竣工;机房内预留地槽、暗管、孔洞及地插等的位置、数量、尺寸均应符合设计要求;静电地板铺设严密整固,每平方米水平允许偏差不应大于 2 mm,防静电措施的接地应符合设计要求及产品说明要求;交接间、设备间应提供可靠施工电源及接地装置;交接间、设备间的面积、环境温湿度应符合设计要求及相关规定。

3.3.2 施工前器材检验

检查工程所用各类接插件的规格、数量与质量;对工程所用各类硬件设备的型号、数量、质量进行检查,无出厂检验证明材料或与设计不符的不得在工程中使用;检查工程所用软件的种类、数量与质量,无出厂检验证明材料或与设计不符的不得在工程中使用。对工程所用的工具型号、数量进行检查,不得缺少。经检验的器材应做好记录,以备核查及处理。

3.3.3 网络系统设备安装

交换机宜安装在机柜内,水平放置,螺钉安装应牢靠、稳固。交换机宜与综合布线配线架在机柜内配合安装,交换机的 IOS 软件版本应符合设计要求和网络功能要求。

按生产厂家提供的安装手册和要求,规范编制、填写相关配置表格,填写的表格应符合网络系统的设计要求。按照配置表格,通过控制台或仿真终端对交换机进行配置。网络交换机的配置命令应正确输入,并输出到电子文档有效保存。交换机应确保可以实现远程登录配置和管理,能被网管软件监控和管理。

3.3.4 安装完成后检测

网络设备安装、线路连接及操作系统安装完毕应进行网络检测,包括:物理接口与线路测试;网络联通性测试;联通路径的确认;采用 tracert(windows 操作系统)或 traceroute(IOS 命令系统)检测联通路径;应用协议的可用性,使用 telnet 命令进行登录测试,检测高层协议的联通。

3.4 无线对讲系统施工

3.4.1 系统概述

无线对讲覆盖系统的建设是为便利公司管理各部门、保安及操作等人员的日常工作,在紧急或意外事件出现时可以及时对所有相关部门工作人员进行统一的调度和指挥,实现高效、即时的处理,最大限度减少可能造成的损失。改善通话质量是非常必要的,这也是公司管理使用的一个基础系统。

3.4.2 布线及设备安装

(1)射频连接器安装。射频连接器安装上分布系统工程中最为关键的一步,是系统指标测试的重要内容,安装时严格遵照射频连接器的安装操作规范,连接良好,保证连接器的插损小于 0.1 dB。

(2)耦合器、功分器的安装。用捆扎带、固定件固定,不允许悬空,列固定放置。与该类器件相连的馈线列交叉,在距接口 300 mm 处的馈线应固定。

(3)室内天线安装。安装天线时,天线位置与吊顶内的射频馈线连接良好,并使用扎带固定,位置符合设计方案的要求,保持天线外表的洁净,天线暗装。

(4)信号源设备安装在机房内。馈线从弱电管路引出,天线安装在相应的位置。分布端主馈线由中继台引出到功分器,由功分器铺设电缆至各天线。中继台的安装要求清洁、美观,实际施工时可根据具体的室内装修情况作小范围调整,所有器件均要牢固固定。

3.5　智能广播系统施工

本工程智能广播系统只安装机房设备。机房设备安装要求如下:

(1)机柜设置在活动地板上,基础槽钢必须在地面内,不允许浮摆在活动地板上。安装柜在同一立面上的水平度允许偏差为 3 mm;柜间连接缝不得大于 2 mm。基础槽钢应平直,允许有偏差,但全长不得超出 3 mm,槽钢应可靠接地,稳装后其顶部应高出地面 10 mm。

(2)根据机柜内固定孔距,在基础槽钢上或地面钻孔,多台排列时,应从一端开始安装,逐台对准孔位,用镀锌螺栓固定,然后拉线找平直,再将各种地脚螺栓与柜体用螺栓拧紧。

(3)应根据提供设备的厂方技术要求,逐台将各设备装入机柜,上好螺栓,固定平整。

(4)采用专用导线将各设备连接好。

(5)设备安装完后,调试前将电源开关置于断开位置,各设备单独试运转后,再对整个系统进行统调,必须满足设计和使用要求。

3.6　电梯对讲系统施工

3.6.1　施工前检查

1)线缆的检查

工程使用的线缆规格应符合设计规定和合同要求。所附标志、标签内容应齐全、清晰,外护套须完整无损,应附有出厂质量检验合格证和本批次电缆的电气性能检验报告。性能应从本批次电缆的任意三盘中截出 100 m 长度进行抽样测试。

2)线管的检查

管材采用钢管,其管身应光滑无伤痕,管孔无变形,孔径、壁厚应符合设计要求。

3.6.2　补线技术要求

1)线缆在线槽内敷设

电源线、信号电缆、对绞电缆、光缆及建筑物内其他智能化系统的线缆应分离布放。线缆桥架内垂直敷设时,在线缆的上端和每间隔 1.5 m 处,应固定在桥架的支架上,水平敷设时,直接部分间距 3～5 m 处设固定点。在线缆的距离首端、尾端、转弯中心点处 300～500 mm 处设置固定点。

2)线缆在管道内敷设

从线槽、支架引至设备、墙外表面或屋内行人容易接近处和其他可能受到机械损伤的地方,线缆应有一定机械强度的保护管保护,采用电缆穿管敷设方式。余线应按分组表分组,从线槽出口将直绑扎好,绑扎点间距不大于 50 cm,不可用铁丝或硬电源线绑扎。线缆敷设结束后每一回路导线间和对地的绝缘电阻值必须大于 0.5 MΩ,并填写测试记录。

3.7　视频监控系统施工

3.7.1　工艺流程

(1)布置原则:先敷设管线,然后安装控制中心系统设备,再安装前端摄像机、防盗探测器、紧急按钮等设备。

(2)施工顺序:布管穿线→控制设备安装调试→前端设备的安装、调试→统调→系统验收。

3.7.2 导线、电缆规定及穿线方法

线缆布放前应核对规格、程式、路由及位置与设计规定相符。电缆敷设时应根据设计图上各段线路的长度来选配电缆;避免电缆接续,当必须中途接续时应采用接插件;电源线宜与信号线、控制线分开敷设;线缆的布放应平直,不得产生扭绞、打圈等现象,不应受到外力的挤压和损伤。

3.7.3 设备安装技术方法说明

监控系统一般由摄像、传输、控制、图像处理和显示5个部分组成。

(1)摄像机安装。在安装过程中应注意下列事项:在搬动、架设摄像机过程中,不得打开镜头盖;先对摄像机进行初步安装,经通电试看、细调,检查各项功能;观察监视区域的覆盖范围和图像质量,符合要求后方可固定。

(2)控制室设备安装。机架安装应符合下列规定:机架的底座应与地面固定,机架安装应竖直平稳,垂直偏差不得超过1%;几个机架并排在一起,面板应在同一平面上并与基准线平行,前后偏差不得大于3 mm;机架内的设备、部件的安装,应在机架定位完毕并加固后进行,安装在机架内的设备应牢固、端正;机架上的固定螺丝、垫片和弹簧垫片圈均应按要求紧固,不得遗漏。

(3)控制室内电缆敷设:监控室内的电缆敷设采用地槽或墙槽时,电缆应从机架、控制台底部引入,将电缆按所盘方向理直,按电缆的排列次序放入槽内,拐弯处应符合电缆曲率半径的要求;电缆离开机架和控制台时,应在距起弯点处10 mm处成捆空绑,根据电缆数量,应每隔100~200 mm空绑一次;引入、引出房屋的电缆,在出口处应加装防水罩。向上引入、引出的电缆,在出口处应做滴水弯,其弯度不得小于电缆的最小弯曲半径。

(4)拼接屏安装。拼接屏安装在固定的机柜上,应采取通风散热措施;拼接屏安装位置应使屏幕不受外来光的直射,当有不可避免的光时,应加遮窗帘;拼接屏外部可调节部分应暴露在便于操作的位置,并可加保护罩。

3.8 入侵报警系统施工

3.8.1 工艺流程

(1)布设原则:先敷设管线,然后安装控制中心系统设备,再安装报警探测器。安装与工程的内装修同步。

(2)报警系统施工顺序:布管穿线→控制设备安装调试→前端设备的安装、调试→统调→系统验收。

3.8.2 导线、电缆规定及穿线方法

报警采用吸顶双鉴探测器、紧急按钮,敷设时按综合布线规定和方法进行敷设。线缆布放前应确认规格、程式、路由及位置与设计规定相符。电缆敷设时应根据设计图上各段线路的长度来选配电缆;避免电缆接续,当必须中途接续时应采用接插件;线缆的布放应平直,不得产生扭绞、打圈等现象,不应受到外力的挤压和损伤。

3.8.3 设备安装方法

在施工前,应对图纸、现场情况、材料设备的到货情况进行全面了解,具备条件时才可施工。施工中应做好隐蔽工程的施工验收,并做好记录。

(1)系统组成。防盗报警系统一般由探测器、紧急按钮、现场报警键盘、声光报警器、报警主机、报警显示系统组成。

（2）探测器的安装。各类探测器的安装,应根据所选产品的特性、警戒范围要求和环境影响等,确定设备的安装点(位置和高度);探测器底座和支架应固定牢固;导线连接应牢固可靠,外接部分不得外露,并留有适当余量。

3.9 停车场服务系统施工

3.9.1 系统概述

针对地下停车场,在每个车位安装一个视频车位检测终端,用于抓拍车辆照片、识别车位空满状态、提取车牌、控制车位状态指示灯。系统通过车位状态指示灯的红绿状态、场内引导屏上的空余车位数,引导车辆迅速入位,解决驾车者停车难的问题;车牌号码和车辆照片可用于反向寻车系统。

3.9.2 停车场收费系统安装

停车场管理系统因收费岗亭的空间有限,应尽量将硬件设备、网络设备用设备箱固定安装在岗亭外,避免人为因素导致系统不能正常使用,为后期维护提供方便。对无人值守的进出口应将硬件设备、网络设备放在专用设备箱内,尽量避免放在某个出入口控制机或道闸内,影响整体美观。

3.9.3 视频车位诱导系统安装

诱导管理器是车位引导系统三层网络总线的中间层,对保证本系统的安全、可靠与高效有重要作用。诱导管理器循环检测所接探测器的状态,并将有关信息传到中央控制器。每一个诱导管理器最大连接控制 32 个车位探测器。诱导管理器用于连接中央控制器和车位探测器、LED 显示屏等,还解决长距离"485 通信不可靠"的问题、网络节点数扩展问题、分组管理问题等。诱导管理器一般安装在立柱或者墙壁上,底部离地面高度2.1 m 以上。

3.10 能效监管系统施工

3.10.1 系统线路敷设

根据设计图纸要求,结合土建结构、装修特点,在注意通风、暖卫、消防等专业影响的前提下,确定管路走向、箱盒准确安装位置,进行弹线定位。预制管路支架、吊架,根据排管数量和管径钻好管卡固定孔位。箱盒进管孔,预先按连接器外径开好,做到一管一孔,排列整齐。接线盒上无用敲落孔不允许敲掉,配电箱(盘)不允许开长孔和电气焊开孔。施工中的线槽配线时,线槽要留有40%的富余量。

3.10.2 设备安装

计量系统工作站选择在弱电控制室(监控中心)或者物业管理中心安装。区域管理器安装要求:系统的强电线路和弱电线路必须独立分管走线,严禁走同一管道(严禁穿在同一根线管里)。区域管理器是专门对水表、电表等进行分组管理的装置。

3.11 照明系统施工

3.11.1 系统线路敷设

根据设计图纸要求,结合土建结构、装修特点,在注意通风、暖卫、消防等专业影响的前提下,确定管路走向、箱盒准确安装位置,进行弹线定位。预制管路支架、吊架,根据排管数量和管径钻好管卡固定孔位。箱盒进管孔,预先按连接器外径开好,做到一管一孔,排列整齐。接线盒上无用敲落孔不允许敲掉,配电箱(盘)不允许开长孔和电气焊开孔。

3.11.2　设备安装

根据图纸确定继电器、耦合器、时钟控制器的安装位置,在照明配电箱内部预留出继电器、耦合器、时钟控制器的安装位置并安装相应的导轨,模块的安装应该在照明配电箱挂墙安装结束后,再将继电器、耦合器、时钟控制器卡在照明配电箱内部导轨上。

系统调试的步骤:单回路点亮→检查运行后的线路、灯具运行情况及有无发热现象等→灯具的位置及光照角度的调整→多回路点亮→检查整体线路、控制箱的运行情况→智能灯光控制的调试(根据运行部门的要求和工作模式进行编程调试)→试运行。

3.12　机房工程施工

3.12.1　防静电地板施工

地面处理包括地面预处理、场地准备、地面处理、地面打磨,对于伸缩缝、裂缝、小坑、凹洞需用自流平水泥预先补平。

3.12.2　自流平施工

做自流平水泥时应先对地面施作底涂,使它与自流平水泥有良好的黏结。对自流平地面全面打磨,清理干净,铺设铜泊。

涂地板胶应以基准线中心点为起点,从基准线开始用齿状钢刮板刀(齿口要密而浅)涂水性胶,半油性胶亦可,但贴时只需在防静电地板上加压即可。

铺设完工后,用专用机械对防静电地板开槽,然后用专用机械对地面进行焊接,工程完工后,除去所有污垢,所有人员都须穿好鞋套方可进入,以免对地板造成损害。

3.12.3　配管配线施工

1)配管配线

配管配线施工程序:测绘、弹线、打眼、埋螺栓、锯管、清扫管口、油漆、套丝、煨弯、配管、连接、接地、管内穿线。

2)管子加工

除锈后,将管子内外表面涂以油漆或沥青漆,并将管内清理干净,管子采用割刀和砂轮切割机进行切割。

弯管:钢管和电线管的弯曲采用冷弯的方式。当管径≤50 mm 时,采用手动弯管器;管径>50 mm 时,采用电动弯管器。其弯曲半径为:管径≤20 mm 时为6D(管径),管径>20 mm 时为6D(管径)。

套丝:管子锯断后,应将管口的毛刺清除。焊接钢管套丝,可用管子绞板,常用的有1/2″-2″和1/2″-4″两种。电线管和硬塑料管套丝可用圆丝板。焊接钢管套丝可用钢管绞板。套好的丝扣,其断丝及乱丝不应大于螺丝全长的10%,连头连接处不许松动。

3)配管

管路敷设应依据各配电系统图中线路的根数,末级线路(线径均为1.5 mm²)中配管管径按规定执行。管道敷设在地坪内时,须在浇制混凝土前埋设,固定方法可用木桩或圆钉等打入地面,用铁线将管子绑牢。

4)穿线

导线在垂直管路中的固定方法:在垂直管路中,为减少管内导线的下垂力,应在下列情况下装设过线盒:管路长度大于20 m、导线截面在50 mm²及以上时,或管路长度大于30 m、导线截面为 35 mm^2 及以下时,固定在盒内并用线夹进行固定。

5)导线连接与封端

导线连接的基本要求:接触紧密,稳定性好;与同长度同截面导线的电阻比应大于1;接头的机械强度应不小于导线机械强度的80%;接头的绝缘强度应与其他部位的绝缘强度一样。

3.12.4 电缆桥架施工

(1)电缆桥架水平敷设时,支撑跨距一般为 1.5~3 m;电缆桥架垂直敷设时,固定点间距不宜大于 2 m。

(2)电缆桥架在电缆沟内安装时,应使用托臂固定在异形钢单立柱上支持电缆桥架。

(3)电缆桥架在每个支撑点上应固定牢靠,连接板用螺栓紧固,螺帽端位于桥架外侧,桥架上严禁使用电、气焊开孔。

(4)由桥架引出的配管应使用钢管,当桥架需要开孔时,应用开孔机开孔,开孔处应切口整齐,管孔径吻合,严禁用气、电焊割孔。钢管与桥架连接时应使用管接头固定。

(5)桥架的支、吊架沿桥架走向左右偏差不应大于10 mm。当直线段钢制桥架超过30 m、铝合金或玻璃钢电缆桥架超过15 m时,应有伸缩缝,其连接宜采用伸缩连接板(伸缩板)。

3.12.5 开关、插座安装

1)施工准备

施工准备包括材料准备、主要机具准备、作业条件准备等。

2)操作工艺

工艺流程:清理→接线→安装。

开关安装规定:开关面板距地面的高度为 1.4 m,距门口为 150~200 mm。插座安装规定:暗装和工业用插座距地面不应低于30 cm。暗装开关、插座接线要求:将盒内甩出的导线与开关、插座的面板连接好,将开关或插座推入盒内,并对正盒眼,用螺钉固定牢固。固定时要使面板端正,并与墙面平齐。

3)成品保护

安装开关、插座时不得碰坏墙面,要保持墙面的清洁;开关、插座安装完毕后,不得再次进行喷浆,以保持面板的清洁;其他工种在施工时,不要碰坏和碰歪开关、插座。

4)应注意的质量问题

开关、插座的面板不平整,与建筑物表面之间有缝隙,应调整面板后再拧紧固定螺钉,使其紧贴建筑物表面。

开关、插销箱内拱头接线,应改为"鸡爪"接导线总头,再分支导线接各开关或插座端头,或者采用 LC 安全型压线帽压接总头后,再分支进行导线连接。

5)开关插座面板安装质量标准

插座接线应符合下列规定:单相两孔插座,面对插座的右孔或上孔与相线连接,左孔或下孔与零线连接;单相三孔插座,面对插座的右孔与相线连接,左孔与零线连接。

单相三孔、三相四孔及三相五孔插座的接地(PE)或接零(PEN)线接在上孔。插座的接地端子不与零线端子连接。同一场所的三相插座,接线的相序一致。

4 工程进度计划与措施

4.1 编制依据及原则

4.1.1 编制依据

根据招标文件的要求,本工程计划工期为200天。本公司若中标,将确保所有建设项目在200天内全部完工。编制依据如下:

(1)工程设计图纸、各项目工程量、施工技术要求、设计说明、施工规范;

(2)现场施工条件;

(3)主要施工机械的生产效率和工作范围;

(4)我公司现有可供机械设备的数量和施工人员情况。

4.1.2 编制原则

(1)严格执行基本建设程序,遵照国家有关政策、法规和有关规程、规范;

(2)与施工总体布置相适应,做到各项目之间施工程序前后兼顾、衔接合理,减少相互干扰,均衡施工;

(3)对于地基比较复杂的地段受外界因素影响较大的项目,应适当留有余地,力求均衡生产,合理投入资源,在确保工程施工质量和进度的前提下,降低施工成本。

4.2 施工进度总控制计划

确保在200天内,完成本次招标合同范围内规定的施工任务。

4.2.1 施工进度控制方法

我公司采用进度计划软件编制施工进度计划。

(1)按施工阶段分解,突出控制节点,以关键线路和次关键线路为线索进行控制。在施工中,针对不同阶段的重点和与施工时间相关的条件制订出细则,作出更加具体的分析研究和平衡协调,达到保证控制点实现的目的。

(2)按专业工种分解,确定交接日期,在相同专业之间的同工种任务之间,进度综合平衡。

(3)按总进度计划的时间要求,将施工总进度计划分解成年计划、月计划、周计划及日计划,这样将更有利于计划控制目标。

4.2.2 施工进度计划安排

根据我公司的施工实力及对同类工程的施工经验,我们计划工期200天。

工程总控计划如下:

(1)由总控计划编制相应施工计划。根据总控计划制订阶段计划和月计划,由阶段计划和月计划制订周计划,再由周计划,层层落实总控计划。

(2)由各类计划保证总控计划实现。形成以周计划保证月计划、月计划保证阶段计划、阶段计划保证总控计划的计划保证体系。

(3)计划实施过程中进行动态销项管理,检查和发现计划中的偏差,并及时进行调整和纠正,避免影响月计划、阶段计划,进而影响总控计划。切实落实与机电配套计划的实施,保证施工计划的进展和实现。

(4)在中标后,将在7天内向业主、顾问公司呈送一份更为详细的工程进度计划,主要内容包括:设备及材料送审、订货、进场计划,细化专业工序控制的施工网络进度计划,劳动力配备计划,施工机具设备计划,并保证上述各类施工计划的进展和实现。

4.3 工期保障措施

根据招标文件要求,计划施工时间为 200 天,从我们安排的工期上看,为了优质、高效地完成施工任务,特提出以下措施:

4.3.1 工期保障的组织措施

1)管理组织措施

(1)立足于施工方为主导,以合约控制为手段,以工期控制为目标,调动各个施工单位的积极性,发挥综合协调管理优势,确保各项指标的完成。

(2)制订施工总进度控制性网络计划,确定关键工序及控制点,根据工期控制点制订各个施工阶段的阶段性计划及专业计划,并对计划进行动态管理,通过不断地调整确定新的关键线路。

(3)加强总平面管理,根据不同阶段的特点和机械配置需要进行总平面布置,各个阶段的总平面布置在保证材料供应充分的前提下合理配置资源。

(4)施工中建立一系列现场管理制度,诸如工期奖罚制度、工序交接检制度、施工试验制度、大型施工机械设备使用申请和调度制度、材料堆放申请制度、总平面管理制度、例会制度,每周召开一次设计例会,通过设计例会解决施工和设计中存在的问题。

2)人力资源组织措施

项目组织机构投标期间确定人力资源组织,并提前做好相应人员的就位工作。

(1)主要骨干成员参与投标过程,熟悉工程特点,在最短时间内进入角色;普通人员于投标期间通知,立即着手工作移交,一旦中标立即就位。

(2)充分发挥工人积极性,开展队与队、班与班、组与组之间的劳动竞赛,争取流动红旗,对完成计划好的予以表扬和奖励,对完成差的给予批评和经济制裁,充分利用经济杠杆的作用。

3)施工机械组织措施

为缩短工期,降低劳动强度,将最大限度地提高机械化施工水平。

(1)精心策划好机械使用方案并严格执行,专人监督机械设备的进场和使用、协调等工作。配备必需的备用设备,如发电机等,以保证连续施工。

(2)严格按照 ISO9001 文件要求,对进场机械设备进行性能鉴定,凡设备在使用过程可能故障率超过10%的,不得进场。

(3)加强机械设备的维修保养,使其经常保持良好的状态,提高使用率和生产效率。合理调配操作人员,做到专业班组操作,专人管理设备。

4)施工材料保障措施

(1)及时做好各类材料的供应工作,根据实际情况编制切实可行的材料供应计划,保证材料供应能满足施工需要,且按计划进度分批进场,做到先用先到现场。

(2)根据工程特点,由熟悉市场信息的材料员采用多渠道、少环节的原则,供需方直接按工程进度签订材料供应合同,明确材料进场日期,并将材料供求计划及时反馈给业主、监理单位。

(3)加强周转材料的管理,按计划及时组织周转材料的进退场,并堆放整齐,现场无散落。加强材料质量把关,不合格品材料不得进入现场。

5）外部环境保障措施

（1）密切关注相关资源的市场动态，尤其是材料市场，预见市场的供应能力，对消耗强度高的材料，除现场有一定的储备外，还必须要求供应商第一供应保证。

（2）与业主、监理单位、设计单位以及政府相关部门建立有效的信息沟通渠道，确保各种信息在第一时间进行传输。

（3）设立综合管理办公室，专职负责外联工作，积极主动与厂区有关部门，当地派出所、交通、环卫等政府主管部门协调联系，取得他们的理解支持，并为施工提供方便条件。

6）夜间施工组织措施

（1）现场必须有足够的照明能力，包括临时生活区、办公区到生产区的沿途，生产区到工作面沿途以及工作面都有足够的照明设施，满足夜间施工质量、安全等对照明的需求。

（2）在临边、洞口等事故易发位置，严格按照有关规定设置警戒灯，并由专职安全员负责维护，确保设施的完整性、有效性。

（3）配备足够的电工，及时配合施工对照明的需要，尤其是移动光源。

4.3.2　工期保障的技术措施

（1）接到中标通知书后，立即与业主、监理单位进行联系，尽快取得场地坐标控制点的布置图和位置，为进场测量定位作好准备。充分熟悉施工图纸，尽快组织图纸会审工作，优化施工组织设计，为开工作好准备。

（2）制订详细的施工准备工作计划，作好生产区平面规划，布设水电管线，搭设临时生产、生活设施，使之尽早具备开工条件。

（3）不断优化施工组织设计。以本工程的设计图纸、施工规范及现场调查资料为依据，及时编制实施性施工组织设计，充分发挥"科技是第一生产力"的优势，

（4）在施工中不断优化施工方案。采取目标管理、网络技术等现代化管理方法，使施工组织更加全面和严谨，对实施性施工组织中的有关工序衔接、劳动组织、工期安排不断进行优化，使其更加完善。

（5）组织全体工程技术人员认真学习招投标文件、技术规范及监理程序，准确掌握本工程的质量标准和技术要求。加强对劳务队的质量教育和技术培训，避免因工作失误造成返工而影响施工进度。

4.3.3　工期奖罚措施

（1）我公司在熟悉和研究本工程图纸的基础上，结合施工场地实际情形和类似工程的施工经验，确定拟投入的施工组织、管理能力。

（2）按照经济规律办事，公司与项目经理部签订协议，根据工程合同条款实行奖罚。

（3）项目经理部为调动项目内部全体员工的积极性，对各工期控制点制订奖罚措施，将对工程施工进度的奖罚与工程质量、安全、文明施工及各方协调配合的施工情况挂钩，建立奖罚严明的经济责任制度，使整个工程健康发展，按期、按质、安全完成。

5　工程质量管理体系及保证措施

5.1　工程质量目标

工程质量达到国家现行有关施工质量验收规范和标准的要求，并一次性验收合格。为明确质量目标的实现，将制订各节点、各分部工程的质量目标计划，以保证工程总的施工质量目

标计划的实现。

5.2 施工质量保证体系

施工质量保证体系是确保工程施工质量的要素,而整个质量保证体系又可分为施工质量管理体系、施工质量控制体系两大部分。

5.2.1 施工质量管理体系

施工质量管理体系是整个施工质量能加以控制的关键,而本工程质量的优劣是对项目班子质量管理能力的最直接评价,同样质量管理体系设置的科学性对质量管理工作的开展起到决定性作用。

工程质量检测体系:工程施工过程中,加强对使用材料、完成产品及所用机具仪器进行试验、检测、鉴定。通过对材料试验和检测,有利于合理利用材料;通过对所用仪器、仪表的鉴定,能科学、真实地控制产品质量;及时向监理做好报检工作,能避免等工待检时间。

在本工程施工过程中,将切实根据以往的施工管理经验,做好以下几方面工作:

1)严格遵循技术规范

严格遵守技术规范的规定,并切实尊重监理单位对材料试验和技术的指导。在每一种工程材料进场、每道工序施工及重大施工方案实施前,都应请监理工程师审批认可,并同时诚恳地征求监理单位的意见,商讨更好的方案,以提高工程质量,降低工程造价,加快施工进度等。

2)材料试验

本工程中所使用的工程材料,除甲供材料外,做到"多方征集,认真评估,严格试验,精心挑选",并把有关试验报告提供给监理单位审批认可。各种材料的试验按有关标准执行,从严控制。原材料检验程序详见以下图示:

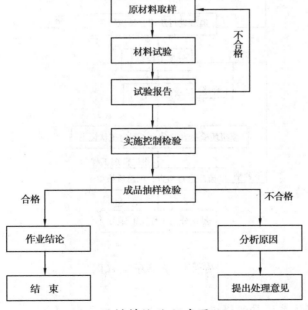

原材料检验程序图

3）工序检验

工序检验是控制工程质量的一个重要方面，也是一个重点。在施工过程中，每完成一道工序都将根据技术规范或有关要求提交监理复检，认可。

4）仪器、仪表的检定

工程使用的各种仪器（如经纬仪、全站仪、卷尺）和各种表具及其他检测工具，在投入本工程使用前都应经检定，并且在实物上贴标识，同时将检定报告提供给监理单位。仪器、表具在周检期内使用，超出使用期的予以停用或复检。

5）竣工验收备案制

在施工前、施工中、施工结束等过程中，认真执行竣工验收备案制度的有关规定，及时做好各项基础工作，各工序施工过程中及时邀请设计、指挥部、监理等单位人员参加验收，提出宝贵意见，以更好地保证工程质量。

5.2.2 施工质量控制体系

1）施工质量控制体系的设置

质量控制流程如下图所示：

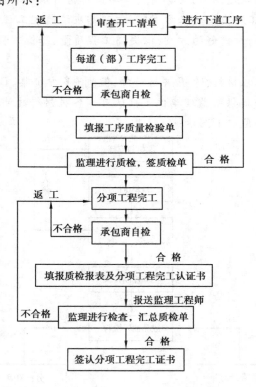

质量检查程序流程图

2）施工质量控制体系运转的保证

施工质量控制体系主要围绕"人、机、物、环、法"五大要素进行，任何一个环节出现差错，则势必使施工质量达不到相应要求，故在质量保证计划中，对以下施工过程中的五大要素的质量保证措施必须予以明确地落实。

（1）"人"的因素。施工中人的因素是关键，无论是从管理层到劳务层，其素质、责任心等将直接影响本工程的施工质量。故对于"人"的因素的质量保证措施，主要从人员培训、人员管理、人员评定等方面来保证。

（2）"机"的因素。现代施工管理，机械化程度的提高为工程更快、更好地完成创造了有利条件，但机械对施工质量的影响也越来越大，故必须确保机械处于最佳状态。

（3）"物"的因素。材料是组成本工程的最基本单位，也是保证外观质量的最基本单位，故材料的优劣将直接影响本工程的内在及外观质量。"物"的因素是最基本的因素。

（4）"环"与"法"的因素。"环"是指施工工序流程，而"法"则是指施工方法。在本工程的施工建设中，必须利用合理的施工流程、先进的施工方法，才能更好、更快地完成建设任务；只有建立良好的实施体系、监督体系才能按既定设想完成施工任务。

6　安全生产管理体系及保证措施

6.1　安全目标

安全生产目标：实现"四无""两控制"，即无死亡事故、无重大机械伤害事故、无火灾事故、无中毒事故，职工重伤率控制在0.6‰以下、轻伤率控制在1.2‰以下。

6.2　安全生产保证体系

6.2.1　安全生产组织机构及保证体系

建立以项目经理为首的安全检查保证机构，项目部决策层、控制层、作业层均设置安全检查保证机构，配备专职安全检查人员，实行分级安全管理，做到层层把关，专职检查与自检相结合，对工程安全实行全过程控制。

6.2.2　安全生产管理体系

成立以项目经理为首的安全领导小组，形成有效、完善的安全生产管理体系。建立健全以项目为首的各职能管理人员安全岗位责任制，做到分工明确、责任明确——包括项目经理安全生产责任制、项目责任工程师安全生产责任制、施工员安全生产责任制、项目部专（兼）职安全员安全生产责任制、材料员安全生产责任制、外用工负责人安全生产责任制、机械员安全生产责任制、施工作业组长安全职责、工人安全生产责任制等。

6.2.3　安全生产教育

安全生产教育内容分别为安全生产思想教育、安全生产知识教育、安全生产技能教育。我公司的安全生产教育分3个层次进行：

（1）对各级领导和管理人员的安全教育；

（2）对基层单位领导、工地施工负责人、安全员开展的安全业务培训；

（3）抓好岗位培训，特别是安全管理人员和特种工种操作人员的岗位培训，坚持持证上岗。

通过安全生产教育，有效地提高职工和各级管理人员的安全意识和业务素质，加强防范各种隐患的能力，提高安全生产的管理水平。

6.2.4　安全应急措施和预案

1）适用范围

本预案适用于所在公司内部实行生产经营活动的部门及个人。

2）生产安全事故应急救援程序

生产安全事故具体上报程序如下：现场第一发现人→现场值班人员→现场应急救援小组组长→公司值班人员→公司生产安全事故应急救援小组→向上级部门报告。

3）应急救援小组职责

组织检查各施工现场及其他生产部门的安全隐患，落实各项安全生产责任制，贯彻执行各项安全防范措施及各种安全管理制度；制订生产安全应急救援预案，制订安全技术措施并组织实施，有针对性地进行检查、验收、监控和危险预测。

6.3 安全管理机构及责任制

我公司对本工程安全管理实行层层负责制，项目经理、项目总工程师、安检工程师、安检人员按相应职责、管理权限签订安保负责责任状，确保安全保证措施得到层层落实。建立、健全各级安全岗位责任制，建立各项安全生产规章制度和安全操作规程，建立相应的内部考核制度，责任落实到人。充分发挥各级专职安检人员的监督作用，及时发现和排除安全隐患。

6.3.1 项目经理

项目经理全面负责施工现场的安全措施、安全生产等，保证施工现场的安全。项目经理对项目工程生产经营过程中的安全生产负全面领导责任。

（1）贯彻落实安全生产方针、政策、法规和各项规章制度，结合项目工程特点及施工全过程的情况，制定本项目工程各项目安全生产管理办法，或提出要求，并监督其实施。

（2）健全和完善用工管理手续，录用外包队必须及时向有关部门申报，严格用工制度与管理，适时组织上岗安全教育，要对外包工队的健康与安全负责，加强劳动保护工作。

（3）组织落实施工组织设计中的安全技术措施，组织并监督项目工程施工中安全技术交底制度和设备、设施验收制度的实施。

（4）领导、组织施工现场定期的安全生产检查，发现施工生产中的不安全问题，组织制定措施，及时解决。对上级提出的安全生产与管理方面的问题，要定时、定人、定措施予以解决。

（5）发生事故，要做好现场保护与抢救工作，及时上报，组织配合事故的调查，认真落实制定的防范措施，吸取事故教训。

6.3.2 项目工程技术负责人

项目工程技术负责人对项目工程生产经营中的安全生产负技术责任。

（1）贯彻、落实安全生产方针、政策，严格执行安全技术规程、规范、标准。结合项目工程特点，主持项目工程的安全技术交底。

（2）参加或组织编制施工组织设计，审查安全技术措施，保证其可行性与针对性，并随时检查、监督、落实。

（3）主持制订技术措施计划和季节性施工方案的同时，制订相应的安全技术措施并监督执行，及时解决执行中出现的问题。

（4）项目工程应用新材料、新技术、新工艺，要及时上报，经批准后方可实施，预防施工中因化学物品引起的火灾、中毒或其新工艺实施中可能造成的事故。

（5）主持安全设施和设备的验收，严格控制不符合标准要求的防护设备、设施投入使用。

（6）参加安全生产检查，对施工中存在的不安全因素，从技术方面提出整改意见和办法，予以消除。参加、配合因公伤亡及重大未遂事故的调查，从技术上分析事故原因，提出防范措施、意见。

6.3.3　施工员

（1）负责上级安排的安全工作的实施，进行施工前安全交底工作，监督并参与班组的安全学习。对所管辖班组（特别是外包工队）的安全生产负直接领导责任。

（2）认真执行安全技术措施及安全操作规程，针对生产任务特点，向班组进行书面安全技术交底，履行签认手续，并对规程、措施、交底要求的执行情况进行经常性检查，随时纠正作业违章。

（3）经常检查所有班组作业环境及各种设备、设施的安全状况，发现问题及时纠正解决。

（4）定期或不定期组织所辖班组学习安全操作规程，开展安全教育活动，接受安全部门或人员的安全监督检查，及时解决提出的不安全问题。

6.3.4　安全员

（1）在项目经理及项目生产经理的领导下开展工作，参与制定项目部的安全生产制度、规定及措施并付诸实施。

（2）负责队组安全员的管理，深入一线，随时了解及掌握施工现场安全形势，认真检查施工各工序、施工设备、施工设施的安全情况。

（3）按照批准后的安全措施，向参加施工的作业人员进行安全交底，并检查落实措施执行情况。定期对施工队组进行安全教育。

7　关于工期、质量、成本、深化设计的合理化建议

7.1　关于工期的合理化建议

7.1.1　建立动态监测机制

动态监测是监测项目实施的重要过程，是对工程施工进展与项目管理运行实时控制的重要方面，建议业主、监理成立动态监测机构。

7.1.2　动态监测的思路与方法

1）动态监测的思路

根据工程总计划与阶段性计划，业主与监理单位根据计划对施工总承包单位实时动态监测，并以此比较实际进度与计划进度出现的偏差。

防止出现总承包单位的失误而造成无法扭转的局面，给业主带来被动。动态监测不仅可以比较形象进度与实际进度的关系，同时对总承包管理的资源配置、技术方法等进行抽查监测，以便对工程实施的具体情况进行控制。

2）动态监测的方法

常言说"计划赶不上变化"，这说明只做好计划管理，也只能是一纸空谈。只有对计划的实施情况进行全面监测，才能最终实现各项目标与指标。建议业主依据施工总承包标书提供的总进度计划和各项主要设备材料的进场计划表，对总承包管理的计划实施情况进行动态监测。

实施时由总承包单位负责收集现场的监测数据与信息，监理单位对总承包单位收集信息的真实性、可靠性进行核实，并形成月、日、周进展报告，包括施工进度计划的落实情况、原因及分析，工、料、机的动态情况，现场人员、使用机械、材料进场情况，项目关键点的检查报告，项目执行情况，项目进展趋势等。

3）合同管理

一般来说,总承包单位自行组织施工部分的任务,只要通过资格预审,基本能胜任自行范围内的工作内容。

7.2 关于工程质量的合理化建议

针对本工程,我们认为质量的内容是指为业主做好本工程的"总承包管理",工程质量达到"精品工程"的要求,做好"对业主的服务",实施"全面质量管理"等方面。

施工现场进行环境整理,清除一切杂物。建筑垃圾按规定堆放和处理,不随意丢弃,以免造成污染。

6 国际工程项目招标与投标

本章导读：本章主要讲述国际工程项目招标、国际工程项目投标和国际工程项目投标报价等。

通过本章的学习，要求了解国际工程项目的招标方式、招标程序和投标报价前的准备工作，熟悉和掌握招标文件的内容、投标报价的基价计算、相关费率的测算以及投标报价文件的编制和确定等。

6.1 国际工程项目招标

· 6.1.1 国际工程项目招标方式 ·

国际工程项目招标方式分有国际竞争性招标方式、国际有限招标方式、两阶段招标方式和议标方式4种类型。

1)国际竞争性招标

国际竞争性招标方式也称国际公开招标方式，它是指在国际范围内采用公平竞争的方式，按照事前规定的原则，对所有具备投标资格的投标人(承包商)，都以其投标报价文件和评标标准等为评标依据，并按招标文件规定的工期要求、可兑换的外汇比例、承包商的综合能力等因素进行评标和定标。这种招标方式可以形成一个建设工程的买方市场，使招标人(业主)可以最大限度地利用投标人(承包商)之间的投标竞争，选择满意的投标人(承包商)，以取得有利的成交条件。

采用国际竞争性招标方式，招标人(业主)可以在国际市场上选择投标人(承包商)，无论在价格和质量方面，还是在工期及施工技术方面都可以满足自己的要求。国际竞争性招标方式的招标条件由业主(或招标人)决定，因此，订立最有利于业主，有时甚至对承包商很苛刻的合同是必然的。国际竞争性招标较之其他方式更能使投标人折服，因为尽管在评标、选标工作中不能排除种种不光明正大行为，但比起其他方式，国际竞争性招标毕竟影响大，涉及面广，当事人不得不有所收敛而显得比较公平合理。

国际竞争性招标的适用范围如下：

(1)按资金来源划分

根据工程项目的全部或部分资金来源，适应国际竞争性招标主要有以下项目：

①由世界银行及其附属组织的国际开发协会和国际金融公司提供优惠贷款的工程项目。

②由联合国多边援助机构和国际开发组织地区性金融机构(如亚洲开发银行)提供援助性贷款的工程项目。

③由某些国家的基金会(如科威特基金会)和一些政府(如日本政府)提供资助的工程项目。

④由国际财团或多家金融机构投资的工程项目。

⑤两国或两国以上合资的工程项目。

⑥需要承包商提供资金即带资承包或延期付款的工程项目。

⑦以实物偿付(如石油、矿产或其他实物)的工程项目。

⑧发包国拥有足够的自有资金而自己无力实施的工程项目。

(2)按工程性质划分

按照工程的性质,国际竞争性招标主要适用于以下项目:

①大型土木工程,如水坝、电站、高速公路等。

②施工难度大,发包国在技术或人力方面均无实施能力的工程,如工业综合设施、海底工程等。

③跨越国境的国际工程,如非洲公路,连接欧亚两大洲的陆上贸易通道等。

2)国际有限招标

国际有限招标是一种有限竞争招标,较之国际竞争性招标,它有其局限性,即投标人选有一定的限制,不是任何对发包项目有兴趣的承包商都有资格参加投标。国际有限招标包括2种方式:

(1)一般限制性招标

这种招标虽然也是在国际范围,但对投标人选有一定的限制。其具体做法与国际竞争性招标颇为相似,只是更强调投标人的资信。采用一般限制性招标方式也应该在国内外主要报刊上刊登广告,但必须注明是有限招标和对投标人选的限制范围。

(2)特邀招标

即特别邀请性招标。采用这种方式时,一般不在报刊上刊登广告,而是根据招标人自己积累的经验和资料或由咨询公司提供的承包商名单,由招标人在征得世界银行或其他项目资助机构的同意后对某些承包商发出邀请,经过对应邀人进行资格预审后,再行通知其提出报价,递交投标书。这种招标方式的优点是:经过选择的承包商在经验、技术和信誉方面比较可靠,基本上能保证工程的质量和进度;其缺点是:由于招标人所了解的承包商的数目有限,在邀请时很可能漏掉一些在技术上和报价上有竞争力的承包商。

国际有限招标是国际竞争性招标的一种修改方式,这种方式通常适用以下情况:

①工程量不大,投标商数目有限或有其他不宜国际竞争性招标的正当理由,如对工程有特殊要求等。

②某些大而复杂的且专业性很强的工程项目,如石油化工项目,可能参加的投标者很少,准备招标的成本很高。为了既节省时间,又节省费用,还能取得较好的报价,招标可以限制在少数几家合格企业的范围内,以使每家企业都有争取中标的较好机会。

③由于工程性质特殊,要求有专门经验的技术队伍、熟练的技工以及专门技术设备,只有少数承包商能够胜任。

④工程规模太大,中小型公司不能胜任,只好邀请若干家大公司投标。

⑤工程项目招标通知发出后无人投标,或承包商数目不足法定人数(至少3家),招标人可再邀请少数公司投标。

3)两阶段招标

两阶段招标方式往往用于以下3种情况:

①招标工程内容属高新技术,需在第一阶段招标中博采众议,进行评价,选出最新最优方案,然后在第二阶段中邀请被选中方案的投标人进行详细的报价。

②在某些新型的大型项目承包之前,招标人对此项目的建造方案尚未最后确定,这时可以在第一阶段招标中向投标人提出要求,要求投标人按各自最擅长的建造方案进行报价,或者按其他建造方案报价。经过评价,选出其中最佳方案的投标人再进行第二阶段的按其具体方案的详细报价。

③一次招标不成功,即所有投标报价超出标底20%以上,只好在现有基础上邀请若干家较低报价者再次报价。

4)议标

议标亦称邀请协商。就其本意而言,议标乃是一种非竞争性招标。严格说来,这不算一种招标方式,只是一种"合同谈判"。最初,议标的习惯做法是由发包人物色一家承包商直接进行合同谈判,这是因为某些工程项目的造价过低,不值得组织招标,或由于其专业为某一家或几家垄断,或因工期紧迫不宜采用竞争性招标,或者招标内容是关于专业咨询、设计和指导性服务或属保密工程,或属于政府协议工程等情况,才采用议标方式。

随着承包活动的广泛开展,议标的含义和做法也不断发展和改变。目前,在国际承包实践中,发包单位已不再仅仅是同一家承包商议标,而是同时与多家承包商进行谈判,最后无任何约束地将合同授予其中的一家,无须优先授予报价最优惠者。

议标会给承包商带来较多好处。首先,承包商不用出具投标保函,承包商也无须在一定的期限内对其报价负责;其次,议标毕竟竞争性少,竞争对手不多,因而缔约的可能性较大。议标对于发包单位也不无好处。发包单位不受任何约束,可以按其要求选择合作对象,尤其是发包单位同时与多家议标时,可以充分利用各参加议标的承包商的弱点,以此压彼,利用其担心其他对手抢标、成交心切的心理迫使其降低报价或降低其他要求,从而达到理想的成交目的。

由于议标毕竟不是招标,竞争对手少,有些工程专业性过强,议标的承包商往往是"只此一家,别无分号",因此发包人往往无法获得有竞争力的报价。然而,我们不能不充分注意到议标常常是获取巨额合同的主要手段。综观近10年来国际承包市场的成交情况,国际上225家大承包商的承包公司每年的成交额约占世界总发包额的40%,而他们的合同有90%是通过议标取得的。由此可见议标在国际承发包工程中所占的重要地位。

采用议标形式,发包单位同样应采取各种可能的措施,运用各种特殊手段,挑起多家可能实施合同项目的承包商之间的竞争。当然,这种竞争并不像其他招标方式那样必不可少或完全依照竞争法规。

议标通常是在以下情况下采用:

①以特殊名义(如执行政府协议)签订承包合同。

②按临时签约且在业主监督下执行的合同。

③由于技术的需要或重大投资原因只能委托给特定的承包商或制造商实施的合同。这

类项目在谈判之前,一般都事先征求技术或经济援助方的意见。近年来,凡是提供经济援助的国家资助的建设项目大多采取议标形式,由受援国有关部门委托给供援国的承包公司实施。这种情况下的议标一般是单向议标,且以政府协议为基础。

④属于研究、试验或有待完善的项目承包合同。

⑤项目已付诸招标,但没有中标者或没有理想的承包商。这种情况下,业主通过议标,另行委托承包商实施工程。

⑥出于紧急情况或急迫需求的项目。

⑦秘密工程。

⑧属于国防需要的工程。

⑨已为业主实施过项目且已取得业主满意的承包商重新承担技术基本相同的工程项目。

适用于议标方式的合同基本如上所列,但这并不意味着上述项目不适用于其他招标方式。

· 6.1.2 国际工程项目招标程序 ·

国际工程项目系指我国建筑施工企业参与投标竞争的国外工程项目,同时也包括在我国建设而需采用国际招标的工程项目。随着我国改革开放的不断深化和现代化建设的迅猛发展,建设工程项目吸收世界银行、亚洲开发银行、外国政府、外国财团和基金会的贷款作为建设资金来源的情况越来越多。因此,这些建设工程项目的招标与投标必须符合世界银行的有关规定或遵从国际惯例采用国际工程项目招投标方式进行。国际工程项目招标投标程序如图6.1所示。

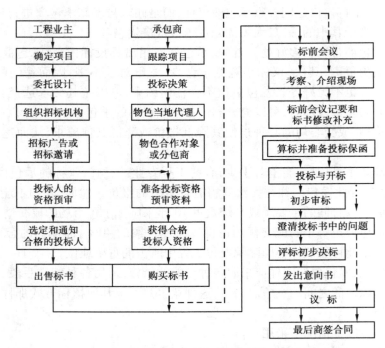

图6.1 国际工程项目招标投标程序图

· 6.1.3　国际工程项目招标文件的内容 ·

国际工程项目的招标文件内容一般包括4大类文件,即投标须知、技术规范、工程量清单及设计图纸资料。现分述如下:

1)投标须知

投标须知包括投标人须知、投标方式、合同条款与投标书等。

(1)投标人须知

①投标保证书:即以银行开出的投标保函作为投标人投标后不中途退标的保证书。

②保密要求:投标文件均属保密文件,参加投标的承包商不得任意泄密,以免参加投标的承包商互相串通,抬高标价。

③不选择最低标的声明:国际招标中,绝大部分招标文件中均有一条"业主不接受最低标"的规定。因为往往有些承包商报价低于成本,显然是不合理的,如果一旦承包施工,势必赔本破产,使工程无法完成。

④支付各种货币百分比的要求:很多国家都规定采用本国货币计价和支付,受援项目往往用援助国家货币或美元计价或支付。此外,还允许招标人以一定比例的其他国家货币支付工程价款的要求(如美元、英镑、法郎、日元等)。货币的兑换率一般规定按投标截止之前30天当地国家银行所使用的兑换率,并适用于合同的整个执行期间。

(2)投标方式

①履约保证书:即以履约保函形式作为保证书,确保工程合同的履行。

②对业主不采用最低标的承认:主要让投标人对这一条规定做书面的确认,以免对业主今后的选择发生争议。

③第三方保险金。

④工期、罚款、维修期及保留金:工期在招标文件中均有明确规定,一般按多少月计算,如到期不能完工,则有具体罚款的规定,通常确定在若干周内(也有以天计算)延期的罚款为报价的百分之几,但最大罚款一般不得大于15%～20%。维修期及保留金也有明确的规定,保留金一般占投标报价的5%～10%。

⑤工程投标及开标:明确规定工程投标时间和地点,在此时间之前投标,为可接受的标书,如过期则视为废标。开标一般与投标截止日期的时间(大多为中午12时)一致。

⑥投标人应增送的文件包括报价信、进度总表、工程主要职员情况一览表等。

(3)合同条款

合同格式与内容在第7章中详述。

(4)投标书

在第3章中详述。

2)技术规范

技术规范部分的主要内容包括:总纲、工程概况以及各分部分项工程中材料,施工技术和质量的详细要求及标准,中东国家常部分地采用英国标准(BS)或美国材料试验学会标准(ASTM标准)。有的设计只做方案设计,图纸往往缺少具体做法的详图,这时规范中要说明各分项工程的简单做法。规范中对驻地工程师的现场办公室和室内设备往往也有说明和详细规定。

关于分部工程的划分,由于具体工程项目及采用的工程量计算规则的不同而有所区别,其划分可参见表6.1。

表6.1 国外建筑工程分部工程划分表

序号	建筑工程量计算原理(国际通用)	英国建筑工程计算工程量标准方法	约旦某工程 工程量计算原则
1	现场工程	建筑物拆除工程	挖方填方与垫层
2	混凝土工程	土石方工程	混凝土与钢筋
3	砌筑工程	打桩及地下室连续墙工程	墙体工程
4	金属工程	混凝土工程	抹灰工程
5	木作工程	砌砖及砌块工程	楼地面工程
6	隔热和防潮工程	托换基础工程	金属工程
7	门窗工程	砌毛石工程	木作工程
8	饰面工程	其他砌体工程	油漆工程
9	附件工程	沥青工程	卫生工程
10	设备	屋面工程	屋面工程
11	家具陈设	木作工程	室外工程
12	特殊工程	钢结构	电气工程
13	传送系统	金属(铁件)工程	机械及安装工程
14	机械设备安装工程	管道及机械安装工程	
15	电气安装工程	电气安装工程	
16		饰面工程	
17		玻璃工程	
18		油漆及装饰工程	
19		排水工程	
20		围栏工程	

3)工程量清单表

工程量清单表是报价的主要依据,其分部分项的划分及次序与表6.1基本一致,国际上大都是按照该表划分的。工程量一般都较正确,即使发现错误,也不允许随便改变。有的招标文件中,对于工程量及项目附有增加或调整的表格,以便在工程量有出入或漏项时,可以在该表格上补充调整。此外,有的工程量表中只列项目名称和内容,有的工程量表中还注明为"暂定数额"。上述情况表示工程量可做调整。工程量的计量单位基本与国内相同,但也有不同的,如约旦某职工家属宿舍工程量表中部分项目就有所不同,详见表6.2。

表6.2 约旦A型职工家属宿舍工程量清单表

序号	表号	工作内容	单位	数量	单价		总价	
					JD	TiLS	JD	TiLS
10/1	10-1-1B	挖基础土方	m³	170				
10/2	0-1-3	15 cm 厚毛石垫层	m²	311				

续表

序号	表号	工作内容	单位	数量	单价 JD	单价 TiLS	总价 JD	总价 TiLS
10/3	0-2-1	E 级毛石混凝土	m³	55				
10/4	0-2-2	有限厚度的 E 级混凝土	m³	3				
10/5	0-2-3	20~30 cm 厚双支模 E 级混凝土	m³	32				
10/6	0-2-4	10 cm 地坪垫层 E 级混凝土	m²	235				
10/7	0-2-5	浇人行道面层混凝土	m²	80				
10/8	0-2-6	人行道侧面混凝土	m	80				
10/9	0-2-7	基础 D 级混凝土(有钢筋)	m³	35				
10/10	0-2-8	各种使用 C 级混凝土(钢筋)	m³	150				
10/11	0-2-8	水池用有钢筋 C 级混凝土	m³	4				
10/12	0-2-12	40/36 cm×20 cm×20 cm 顶栅预制混凝土砖	块	3 580				
10/13	0-2-13	钢筋安装	t	28				
10/14	0-3-17	10 cm 厚墙实心预制混凝土砖	m³	300				
10/15	0-3-19	20 cm 厚墙实心预制混凝土砖	m³	55				
10/16	0-3-20	10 cm+10 cm 厚双墙预制混凝土砖	m³	220				
10/17	0-3-22	10 cm×12 cm 断面安排混凝土腰浇	m	46				
10/18	0-3-24	双墙钢筋混凝土	m	47				
10/19	0-4-1	内墙抹灰 3 遍水泥砂浆	m²	1 600				
10/20	0-4-2	外墙抹灰 3 遍水泥砂浆	m²	950				
10/21	0-4-5	墙喷色浆	m²	70				
10/22	0-4-3	保护抹灰	m²	22				
10/23	0-4-7	铁拉网安装	m	1 000				
10/24	0-5-1	20 cm×20 cm 约旦石子预制水磨石块	m²	470				
10/25	0-5-4	20 cm×10 cm 约旦石子预制水磨踏脚板	m	400				
10/26	0-5-11	15 cm×15 cm 白色瓷砖墙面	m²	80				
10/27	0-5-22	楼踏水磨石踏步板安装	m	60				
10/28	0-5-23	屋面女儿墙预制水磨石压顶板(阳面)	m²	46				
10/29	0-5-15	3 cm 厚门窗水磨石压顶板(约旦石子)	m²	19				
10/30	0-5-20	洗菜池用意大利大理石板贴面	m²	15				
10/31	0-5-25	楼梯现浇水磨石踏脚线	m²	3				
10/32	0-6-1	铝门安装(下部多边形)	m²	65				
10/33	0-6-2	铝门安装	m²	7				

续表

序号	表号	工作内容	单位	数量	单价		总价	
					JD	TiLS	JD	TiLS
10/34	0-6-4	导轨式铝门安装	m²	22				
10/35	0-6-5	铝门开关自动装置安装	个	2				
10/36	0-6-6	导轨式铝窗安装	m²	51				
10/37	0-6-9	Lufer 铝窗安装	m²	1.5				
10/40	0-6-16	11/2 in 钢管钢门安装	m²	2				
10/41	0-6-20	阳台和楼梯栏杆安装（钢管、钢杆）	kg	900				
10/42	0-6-24	水池上 3/4 in 钢管爬梯安装	个	5				
10/43	0-6-26	水池上铁盖板安装	个	1				
10/44	0-7-1	瑞典木制门安装	m²	61				
10/45	0-7-6	完整下部橱柜安装	m²	26				
10/46	0-7-8	完整上部橱柜安装	m²	225				
10/47	0-8-2	无腻子乳胶漆刷墙	m²	1 600				
10/48	0-8-4	刷外墙用乳胶漆（NV-Sensotion）	m²	530				
10/49	0-9-10	完整洗菜盆（陶瓷的）	个	4				
10/50	0-9-17	完整一套白色的卫生间	个	4				
10/51	0-9-19	厨房安装排污水管地漏	个	8				
10/52	0-9-25	完整的 1 in 浮球	个	1				
10/53	0-9-27	水池阀门管子安装	个	1				
10/54	0-9-28	4 in 排气管、排污水铸铁管安装	m	48				
10/55	0-9-29	2 in 排气管排污水镀锌管安装	m	20				
10/56	0-9-30	4 in 排雨水镀锌管	m	16				
10/57	0-9-32	2 in 屋面排雨水镀锌管	m	25				
10/58	0-9-33	4 in 排气管管帽制安	个	4				
10/59	0-9-34	1 in 排水管管帽制安	个	2				
10/60	0-9-35	4 in 排雨水管过滤器制安	个	2				
10/61	0-9-37	1 in 排雨水管过滤器制安	个	1				
10/62	0-10-1	屋面混凝土找坡	m²	255				
10/63	0-10-4	屋面冷沥青保温层	m²	260				

续表

序号	表号	工作内容	单位	数量	单价		总价	
					JD	TiLS	JD	TiLS
10/64	0-10-5	屋面刷银色冷沥青	m²	50				
10/65	0-10-7	水池用 Vandax 刷 2 遍	m²	22				
10/66	0-10-8	用 Vandax 作踏脚线	m	12				
10/67	0-10-10	用橡胶条作密封	m	12				
10/68	0-10-15	A 型完整的检查坑	个	4				
10/69	0-10-16	B 型完整的检查坑	个	1				
10/70	0-10-20	陶土玻璃下水管安装 A:4 in	m	50				
		B:6 in	m	40				
10/71	0-12-1	电灯开关安装	个	52				
10/72	0-12-2	电插座安装	个	48				
10/73	0-12-3	电话插座安装	个	8				
10/74	0-12-4	电铃开关安装	个	4				
10/75	0-12-5	电视机插座安装	个	4				
10/76	0-12-6/1	电铃安装	个	4				
10/77	0-12-7/5	V 形灯具安装	个	16				
10/78	0-12-7/7	D 形灯具安装	个	32				
10/79	0-12-7/9	H 形灯具安装	个	4				
10/80	0-12-9	电话机安装	个	1				
10/81	0-12-10	配电箱安装、箱内安装 9 个分闸刀,用 2×10 mm²+6 mm² 电线与 1 in 专用电管和主要箱按图连接	个	4				
10/82	0-12-10	配电箱"DP"的箱内有 1 个三相 100 A 的闸刀,6 个分闸刀	个	1				
10/83	0-12-11	进户线用 16 mm² 电线	m	20				
10/84	0-12-12	接触器安装	个	1				
10/85	0-13-1	热电偶安装:功率 116 000	个	1				
10/86	0-13-2	暖气泵	个	1				
	0-13-3	暖气管网(用无保温)						
10/87	0-13-5	热承管网(用保温隐蔽镀锌管)						
10/89	0-13-6	上冷水管网(隐蔽无保温钢管)						
10/90	0-13-7	暖气片安装 60 ~ 70 cm 高,15 ~ 20 cm 宽	热量/m²	128				

续表

序号	表号	工作内容	单位	数量	单价		总价	
					JD	TiLS	JD	TiLS
10/91	0-13-9	2 000 kg 的热水圆柱桶	个	4				
10/92	0-13-10	扩张箱安装	个	1				

4) 设计图纸

国外施工图的表示方法与国内基本相同,但粗细程度有所不同。如土建图纸较粗,对于建筑上的一些具体做法用文字说明的较多(技术规范内),用详图表示的较少。结构施工图中的混凝土构件的表示方法尤为简单,如梁、柱断面的配筋,往往仅用表格说明,且只列出断面尺寸、配筋。国外使用直筋较多,因此,也只说明主筋和架立筋的钢筋规格、中距、根数等。门、窗只做外形示意,无断面尺寸及大样。

水电设备图纸都比国内详细,甚至对设备及管件都画出大样详图。

至于方案设计图纸在国外也极其简单,一般仅画单线的总体布置图和个别建筑物的平、立、剖面图等。

6.2　国际工程项目投标

· 6.2.1　国际工程项目投标程序 ·

关于国际工程项目投标程序如图 6.2 所示,而各程序的具体工作内容本书不再详述。

· 6.2.2　国际工程项目投标工作过程 ·

国际工程项目投标主要是指国际工程项目的施工投标,其投标报价工作大体可以分为 4 个主要工作过程,即工程项目的投标决策、投标报价前的准备工作、计算工程报价和投标报价文件的编制及报送。

1) 工程项目的投标决策

国际工程投标人(国际工程承包商)在参加国际工程项目投标竞争时,为了提高中标率,获得较好的经济效益,决定对哪些工程投标,投什么样的标都是非常重要的决策工作。影响投标决策的因素较多,但综合起来主要有以下 3 个方面:

①业主方面的因素　主要是工程项目的背景条件,如业主的资质信誉和工程项目的资金来源,招标条件的公平合理性,还有业主所在国家的政治、经济形势,对外商的限制条件等。

②工程方面的因素　主要有工程性质和规模、施工的复杂性、工程现场条件、工程准备情况和工期要求、材料和设备的供应条件等。

③承包商方面的因素　主要是本身的经历和施工能力、在技术上能否承担该工程、能否满足业主提出的付款条件和其他条件、本身垫付资金的能力、对投标对手情况的了解和分

析等。

2）投标准备

当承包商分析研究做出对某工程进行投标的决策后,应进行大量的准备工作,包括:组建投标班子、参加资格预审、购买招标文件、施工现场及市场调查、办理投标保函、选择咨询公司和雇佣代理人等。

（1）选择咨询公司及雇佣代理人

在激烈竞争的公开招标形势下,一些专门的咨询公司应运而生,他们拥有经济、技术、法律和管理等各方面的专家,经常搜集、积累各种资料与信息,因而能比较全面而又较快地为投标人提供进行决策所需要的资料。特别是投标人到一个新的地区去投标时,如能选择到一个理想的咨询机构为你提供情报,出谋划策乃至协助编制投标书等,将会大大提高中标机会。因此参加国际工程投标时,特别是参加国外工程投标时,可以考虑选择一个咨询机构。这种咨询机构不一定是招标工程所在国的公司。

（2）雇佣代理人

雇佣代理人即是在工程所在地区找一个能代表雇主（投标人）的利益开展某些工作的人。一个好的代理人应该在当地,特别是在工商界有一定的社会活动能力,有较好的声誉,熟悉代理业务。某些国家（如科威特、沙特阿拉伯等国）规定:外国承包企业必须有代理人才能在本国开展业务。特别是承包商到一个新的地区和国家,也需要雇佣代理人作为自己的帮手和耳目。承包商雇佣代理人的最终目的是拿到工程,因此双方必须签订代理合同,规定双方权利和义务。有时还需按当地惯例去法院办理委托手续。代理人协助投标人拿到工程,并获得该项工程的承包权,经与业主签约后,代理人才能得到较高的代理费（为合同总价的 1% ~ 3%）。代理人的一般职责是:

①向雇主（即投标人）传递招标信息,协助投标人通过资格预审。

②传递投标人与业主间的信息。

③提供当地法律咨询服务（包括代请律师）及当地物资、劳力、市场行情及商业活动经验。

④如果中标,协助承包商办理入境签证、居留证、劳工证、物资进出口许可证等多种手续,以及协助承包商租用土地、房屋,建立电话、电传、邮政信箱等。

在某些国家（如科威特、沙特阿拉伯、阿联酋等国）,还要求外国公司找一个本国的担保人（可以是个人、公司或集团）,签订担保合同,商定担保金额和支付方式。外国公司如能请到有威望、有影响的担保人,将有助于承包业务的开展。有的国家要求外国公司必须与本国公司合营,共同承包工程项目,共同享受盈利和承担风险。实际上,有些合伙人并不入股,只帮助外国公司招揽工程、雇佣当地劳务及办理各种行政事务,而接受承包公司付给的佣金。

3）报价计算

工程报价是投标文件的核心内容。承包商在严格按照招标文件的要求编制投标文件时,应根据招标工程项目的具体内容、范围,并根据自身的投标能力和工程承包市场的竞争状况,详细地计算招标工程的各项单价和汇总价,其中包括考虑一定的利润、税金和风险系数,然后正式提出报价。具体报价的计算见本章的有关内容。

4）投标文件的编制和报送

投标文件应完全按照招标文件的要求编制。目前,国际工程投标中多数采用规定的表格形式填写,这些表格形式在招标文件中已给定,投标单位只需将规定的内容、计算结果按要求填入即可。投标文件中的内容主要有:投标书、投标保证书、工程报价表、施工规划及施工进度、施工组织机构及主要管理人员简历、其他必要的附件及资料等。

投标书的内容、表格等全部完成后,即将其装封,按招标文件指定的时间、地点报送。

· 6.2.3 国际工程投标应注意的事项 ·

(1)参加国际工程投标应办理的事项

①委托代理人。

②办理经济担保。投标前要办理投标保函(或担保书),中标后要办理履约保函(或担保书)以及预付款保函(或担保书)。

③办理保险。中标后承包工程必须办理保险。一般有如下几种保险:

a. 工程保险:按全部承包价投保,中国人民保险公司按工程造价2%~4%的保险费率计取保险费。

b. 第三方责任保险:招标文件中规定有投保额,一般与工程险合并投保。

c. 施工机械损坏保险:按重置价值投保,保险年费率一般为1.5%~2.5%。

d. 人身意外保险:中国人民保险公司规定工人投保额为2万元,技术人员较高,年费率皆为1%。

e. 货物运输保险:分平安险、水渍险、一切险、战争险等,中国人民保险公司规定投保额为110%的货价(CIF),一般以一揽子险(即一切险+战争险)投保,取费率为0.5%。

在国际上投标后能否中标,除了靠投标人(承包商)自身的实力(技术、财力、设备、管理、信誉等)和标价的优势(前3名)外,还得物色好得力的代理人去活动争取,一旦中标就得付标价2%~4%的代理费。这在国际建筑市场中已经成为惯例。

(2)工程量清单和投标书的格式

不得任意修改招标文件中原有的工程量清单和投标书的格式。

(3)计算数字要正确无误

无论单价、合价、分部合计、总标价及其外文大写数字,均应仔细核对。尤其在实行单价合同承包制工程中的单价,更应正确无误。否则中标订立合同后,在整个施工期间均须按错误合同单价结算,以致蒙受不应有的损失。

(4)文件的装帧

所有投标文件应装帧美观大方,投标人要在每一页上签字,较小工程可装成一册,大、中型工程(或按业主要求)可分下列几部分封装。

①有关投标人资历等文件 如投标委任书,证明投标人资历、能力、财力的文件,投标保函,投标人在项目所有国注册证明,投标附加说明等。

②与报价有关的技术规范文件 如施工规划、施工机械设备表、施工进度计划表、劳动力计划表等。

③报价表 包括工程量、单价、总价等。

④建议方案的设计图纸及有关说明。

⑤备忘录。

递交投标报价书不宜太早,一般在招标文件规定的投标截止日期前 1~2 天内密封报交到业主所指定的地点。

总之,要避免因为报价工作细节上的疏忽和技术上的缺陷而使投标报价书无效。

6.3 国际工程项目投标报价

国际承包市场的投标竞争是一个比技术、比信誉、比能力、比策略的竞争,实际上是一个高度的智力竞争、人才竞争。因此,单凭做标人个人的智慧是难以做好报价工作的,必须建立一个专门的报价机构,依靠工程、物资、财务等部门提供的各种信息,才能做好工程的投标报价工作。

· 6.3.1 国际工程项目投标报价的准备工作 ·

1)调查熟悉所在国的法规

国际工程项目投标报价受许多因素的影响,如所在国的法规、技术规范和商业条款等。这些规定都会从外部影响投标报价工作和工程进度,而各国的法规又因国家的不同而异。因此,投标人(承包商)进入该国后,首先要熟悉有关规定,做好准备工作。一般法规包括:

①外国公司法 外国公司法又叫外国公司管理法,它规定外国公司注册、参加投标的条件以及应遵守该国哪些法律规定等。

②劳工法 这是对劳动者雇佣的工资、福利、解聘、赔偿、工作时间等的具体规定。如约旦规定外国劳务进入该国必须使用 40%~60% 本国劳务,雇佣期满后若继续雇佣,则工资应有所增加。

③税收法 这是许多国家都有的税收规定,包括所得税、海关税、大学税等。

④保险法 保险法包括保险种类、保险费率等。

⑤环境保护法 这是对"三废"、噪声等的规定。

总之,熟悉法规,才能根据法规采取相应对策,避免投标报价中的失误。

商务条款主要是有关审计制度的规定,因为国外工程的一切财务账目均受该国审计机构查证,因此,必须熟悉该国的审计制度。关于技术规范在本章第 1 节中已经讲述,不再重复。

2)工程项目的调查

(1)当地社会情况调查

主要是了解当地风土人情、民间风俗、社会治安状况、经济政治稳定情况、遵守合同信用等。

(2)工程项目调查

主要调查资金来源的可靠性和落实情况,以及工程的施工现场情况。工程施工现场的调查,包括施工场地内外的交通运输条件,施工用电、用水条件,施工辅助生产、生活用房场地条件,施工现场的水文、地质、气象条件,当地辅助工种劳动力的来源和技术水平等。

(3)工程经济调查

主要是对影响报价有关的经济因素进行调查。调查内容包括:

①工程所需的各种材料、设备等的销售价格、货源地、运输方式、厂商信誉等,特别是大宗材料如水泥、钢材、木材、河沙、石子等的价格及价格浮动状况等。掌握上述可靠的信息与资料是正确报价的重要依据。

②当地可供工程机械的性能、价格和生产厂商的资料,当地有否施工机械租赁公司、租赁机械的台班收费标准、厂商信誉等。

③当地交通运输价格和有关规定、载重汽车价格,以及牌照税、养路费、保险费及油料价格等。

④当地劳动力的技术状况、工资水平、工作时间、节假日规定等情况,当地分包商的承包工程内容、报价及信誉等情况。

⑤当地其他工程的标价、竣工成本、工程项目单价和定额等有关经济情报。

⑥银行保函的手续费,保险、税收的费率和标准,外国公司人员进入该国办理各种证件及保险的费用开支等。

⑦影响工程造价有关的法律条款,如工作时间限制、爆破时间限制、该国劳工规定的罢工、节假日休息等。

⑧业主代表——工程师的经历、能力、品质以及对承包商是否公正等。

3)熟悉招标文件

工程报价的基本依据是招标文件。国外工程的招标文件量大,且不尽相同,但就其内容来看还是可以归纳出共同点。

①首先要搞清楚招标文件规定的具体事项,如投标、开标、定标、保证金、竣工日期、维修期、保留金、延期罚款等。

②其次要搞清楚该工程招标中有无特殊规定,如进口物资免税规定、必须使用本国的材料规定等。

③要详细阅读合同条款。

④最后是必须掌握技术规范、图纸和工程量清单的内容。技术规范是报价人做分部分项工程单价的依据,而图纸并未完全标明详细做法(土建部分),故二者应结合为一体阅读。

一个优秀的做标人是在详细阅读招标文件和大量掌握第一手调查资料的前提下,才开始做标的。

4)投标报价程序

国外投标投价的一般程序如图6.2所示。投标报价程序中的各工作过程,将在后面详细叙述。

· 6.3.2 国际工程项目投标报价的基价计算 ·

计算人工、材料、机械的单价时,应先对工程量清单中的工程数量进行复核或计算并制订施工规划。

1)工程量复核和施工规划制订

(1)工程量复核

工程量复核的依据是技术规范、图纸和工程量清单表。国外工程项目的分部分项的划分

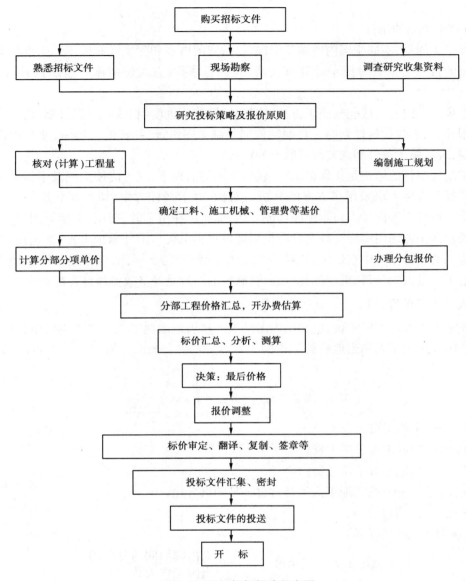

图 6.2　国际投标报价程序图

是由技术规范确定的,故要改变在国内按定额划分分部分项工程的习惯。首先要对照图纸与技术规范复核工程量清单表中有无漏项。如表 6.13 家属宿舍工程的第一项挖基础土方,从工程量来看,好像没有运土、回填土,但在技术规范中,已经说明这一项的工作内容,包括了挖土、运土、回填夯实。其次要从数量上复核,一般来说数量比较准确,但有时也有错误,投标人发现后,若招标文件允许改动则改动,不允许改动时,应在投标文件中向招标人声明某一项工程量有误,将来需要按实际完成量计算。如果招标人不能按实结算(招标文件中已声明),则投标人应将此项记住,在单价中调整。有些招标文件里没有工程量表,需要投标人计算,其计算依据是技术规范和施工图。无论是复核还是计算工程量,都应力求准确,因为工程量直接影响到标价的高低。对于采用固定总价承包方式来说,漏算了工程量,更会带来不可挽回的损失。

（2）施工规划的制订

国外施工规划，不同于国内的施工组织设计，它的内容和深度没有施工组织设计要求高，施工规划的目的是报价时便于计算有关费用，一旦中标，它对编制施工组织设计也有指导作用。

施工规划的内容一般包括施工方法、施工机械、施工进度（粗线）、材料计划、设备计划、劳动力需用计划、临时设施计划等。其编制依据是施工图纸，已复核的工程量，业主提出的开、竣工日期，现场施工条件和调查研究收集的资料。

施工规划制订的原则是在保证工程质量、工期的前提下，尽可能使工程成本最低，经济效益最好。投标人要力求采用多方案的分析与对比，寻求最佳方案，切忌孤立地、片面地看问题。劳动力可分为国内派人与当地雇佣或分包，如何选择由工效、费用、工期等因素决定。施工机械的选择不像国内那样一般是自有机械即可承包工程。国外承包工程，首先要确定应采用机械施工的项目。如中东地区，机械费用比人工费用便宜，因此，应尽量采用机械施工，特别是那些工程量大的项目，更应如此。当然，确定的原则是经济效益最好为前提。

2）人工工资单价计算

国外施工工人的工资单价，应按国内派出工人和当地雇佣工人的平均工资单价计算。在分别计算国内派出工人和当地雇佣工人的工资后，按其百分比、工效因素等即可求出平均工资单价。

$$W_{平} = W_{内} \times \eta_{内} + W_{外} \times \eta_{外} \times \frac{1}{工效比}$$

式中　$W_{平}$——平均工资；

　　　$W_{内}$——国内工人平均工资；

　　　$W_{外}$——当地工人平均工资；

　　　$\eta_{内}, \eta_{外}$——国内、当地工人工日占总工日的百分比；

　　　工效比——取 $0.5 \sim 1$。

（1）国内工人工资单价

$$派出工人工资单价 = \frac{一个工人出国期间的总费用}{出国工作天数}$$

出国期间的总费用包括出国准备到回国休整结束后的全部费用，主要包括：

①国内工资：包括标准工资、附加工资和补贴（副食补贴、粮价补贴）。其标准工资一般按4.5级计算。

②派出工人的企业收取的管理费。

③服装费：按经贸部现行规定办理。

④国内旅费：包括工人出国和回国时，往返于国内工作地点与集中地点之间的旅费。

⑤国际旅费：包括开工前出国，完工后回国及中途回国探亲开支的旅费。

⑥国外津贴费：按经贸部现行规定计算。

⑦国外伙食费：按我国驻当地使馆规定计算，也可参照以下数量标准（每月标准）：大米 10 kg、面粉 10 kg、鱼肉蛋 7.5 kg、食油 1 kg、蔬菜 15 kg，按当地食品价格计算，再加以上费

用总和的 30%,组成伙食费。多数地区均执行我国使馆规定。

⑧奖金及加班工资:按各承包公司规定计算。

⑨卧具及住房费:按各承包公司规定与当地价格计算。

⑩福利费:指卫生费和生活用水用电费用,按各承包公司规定和当地价格计算。

⑪工资预涨费:按我国工资现行规定计算,但工期短的工程可不考虑。

⑫保险费:按当地工人保险费标准计算。

以上 12 项费用组成工人工资。以 1984 年约旦的我国工人工资计算为例,求我国工人平均工资(工期、出国及回国总时间为 20 个月):

国内工资加管理费		150 元/月
服装费	590÷20	29.5 元/月
国内旅费	220÷20	11 元/月
国际旅费	1 780÷20	89 元/月
小计		279.5 元/月

当时约旦货币与人民币的比价为 1 JD 等于 5.57 元人民币,故 279.5 元/月÷5.57 元/JD = 50 JD/月

国外津贴费	13 JD/月
奖金及加班费	15 JD/月
国外伙食	20 JD/月
卧具、住房及福利	17 JD/月
保险费	15 JD/月
小计	80 JD/月
合计	130 JD/月

每月以 25 天计算,则日工资为:
$$130 \text{ JD} \div 25 \text{ 工日} = 5.2 \text{ JD/工日}$$

(2)国外雇佣工人工资单价

①基本工资:按当地政府或市场价格计算。

②带薪法定假日、带薪休假日工资:若月工资未包括,应另行计算;若月工资已包括,则不需计算。

③夜间施工或加班的增加工资:按我国承包公司与当地雇工签订的雇佣合同计算。

④税金和保险费:按当地规定计算。

⑤雇工招募和解雇应支付的费用:按当地的规定计算。但是,雇工提前被解雇,雇主要承担一定时间的工资,这项费用不得计算。

⑥上下班交通费:按当地规定和雇佣合同规定计算。

下面仍以约旦 1984 年的工资标准计算工资:

基本工资(包括假日)	110 JD/月
加班费	10 JD/月
税金和保险费	15 JD/月

招募和解雇费   1.25 JD/月（15÷12）

合计   136.25 JD/月

每月工作天按 20 天计算（节、假日多），则日工资为：136.25 JD÷20 工日＝6.812 JD/工日。

以上计算可以看出：我国工人日工资为 5.2 JD，约旦工人工资为 6.812 JD，显然使用我国工人为好。但是许多国家采取民族保护主义，规定外国承包商必须使用当地工人，以减少失业人员，发展本国经济。1984 年约旦政府规定：凡外国承包公司进入本国劳务人员的同时，必须雇佣占工程总用工量 40% 的当地劳务人员，而当地劳务工效比经考察仅为 70% 左右。

（3）平均工人工资单价（即工资基价）

$$W_{平}=5.2 \text{ JD/工日}×0.6+6.812 \text{ JD/工日}×0.4×\frac{1}{0.7}$$

$$=3.12 \text{ JD/工日}+2.72 \text{ JD/工日}×1.43=3.12 \text{ JD/工日}+3.89 \text{ JD/工日}$$

$$=7.01 \text{ JD/工日}$$

故单价取为 7 JD/工日。

人工费的计算中，国内工人工资，我国的对外承包公司都测算过，报价人员需按工程工期进行换算。一般国际承包工程的人工费占总造价的 20%～30%，有的国家则更高，如美国，大大高于国内工程的比率。确定一个合适的工资单价，对于以后做出有竞争力的报价是十分重要的。

3）材料、设备单价计算

国际承包工程中的材料、设备的来源渠道有 3 种：当地采购、国内采购和第三国采购。承包商在材料、设备采购中，采用哪一种采购方式，要根据材料和设备的价格、质量、供货条件、技术规范中的规定和当地有关规定等情况来确定。承包商最好的办法是采用本国材料，这样可以赚得更多外汇，我国目前材料的货源、价格、运输上都不存在问题，从长远看，应利用国外承包工程带动材料、设备出口。

国外采购材料的特点是：供应商众多，商业性强，价格差别大。投标人应多方询价，货比三家，才能确定其材料、设备价格。

（1）当地采购的材料、设备单价计算

从目前来看，当地采购材料、设备的较多，如何计算当地材料、设备的单价是报价中极为重要的。

①当地材料商供货到现场的材料、设备单价：这种情况在国外较多，即材料商直接将货物供应到施工现场或仓库。一般以材料商的报价为依据，并考虑材料预涨因素，综合计算单价。但是，在众多的材料商中选择哪种单价为好，则要根据市场情报而定。

②自行采购的材料、设备单价：自行采购的材料、设备单价由下列公式计算，即

材料、设备单价 ＝ 市场价 ＋ 运杂费 ＋ 保管费 ＋ 运输保管损耗

运杂费以当地规定的运杂费标准（或市场价）计算，保管费以我国有关规定计算，运输保管损耗可参照我国的计算方法计算。

（2）我国或第三国采购的材料、设备单价

目前，有的工程项目允许从该国以外的地区和国家进口材料及设备，这种情况要先做出决策（除当地不能购买者外），再进行单价计算。一般情况是：直接进口商品价格要便宜一些，

因为,它减少了商品利润,但是,直接从国外进口商品又受其海关税、港口费和进口商品数量等因素影响,因此,要事先做出决策。其价格计算公式如下:

我国或第三国采购材料、设备单价 =
到岸价 + 海关税 + 港口费 + 运杂费 + 保管费 + 运输保管损耗

到岸价是指物资到达海(空)港口岸的价格,包括了原价与运杂费等;港口费指物资在港口期间(指规定时间)所发生的费用,一般都按规定计算;海关税这是一切进口物资都应向该进口国缴纳的,按该国规定执行。海关税是以各种不同的物资分别不同税率计算的,其税率 0～100%。有的国家对国家投资的工程项目可免交海关税,但也要缴纳别的税,一般把海关税和有关税收统称为进口税。

例如,某国规定进口物资其进口税包括:

海关税	0～100%
统一附加税	5.5%
各部门所得税	5%
社会事务税	0.5%
许可证税	4%
凡需交海关税的物资另加	1%

若以该国规定的钢筋海关税 21.2% 计算,其应缴总税率为 37.2%,其到岸价为 243 美元/t,则进口税金为 90.4 美元/t。

其钢筋单价应为:

到岸价	243 美元/t
进口税金	90.4 美元/t
港口费	8 美元/t
装卸费	7 美元/t
运费(240 km×0.2 美元/(t·km))	48 美元/t
小　计	396.4 美元/t
采保费　396.4 美元/t×5%	19.8 美元/t
合　计	416.2 美元/t

上述材料、设备的单价估算只是一种预测,尚未考虑今后实际采购材料、设备时市场材料与设备的价格可能发生变化等因素。因此,确定材料设备报价单价时,应适当考虑预涨费。预涨费率的确定取决于对市场物价动态趋势的分析,随各国整个经济形势的变化而变化。

因此,上述的钢筋价格加上预涨费,才是报价单价,如预涨费确定为 1%,则报价时的钢筋单价可为 420 美元/t。

4)施工机械台班单价的计算

施工机械台班单价与国内的计算方法一样。但是,其中的基本折旧费的计算不可套用国内的折旧率,一般应根据当时的工程情况而确定,或多、或少,甚至可以不考虑"余值"回收。一般考虑 5 年折完,较大工程甚至一次折旧完,因此也就不再计算大修理费用。其机械费的分摊问题,按照国内的做法,是把机械费分别列入分部分项工程单价内,这样,机械费的收回待工程完工才能做到,因此回收时间与投入资金时间相隔太远。而国外承包工程,施工机械多为开工时自行购买(除租赁机械),承包商必须多投入资金才行,对承包商不利。一般采用2种办法(视其招标文件规定)计算:一是单列机械费用,即把施工中各类机械的使用台班(或台班小时)与台班单价相乘,累计得出机械费;二是根据施工机械使用的实际情况,分摊使用台班费。

单列机械费时的台班单价计算公式:

$$台班单价 = \frac{年基本折旧费 + 年运杂费 + 年装拆费 + 年维修费 + 年保险费 + 年机上人工费 + 年动力燃料费 + 年管理费 + 年利润}{年台班数}$$

分别摊入分项工程时的机械台班单价计算,按上式减去管理费和利润即可。

年总台班数,即折旧期限内机械年工作台班数,可根据不同机械按每年 200 ~ 250 台班计算。

【例6.1】 仍以约旦国为例,一台400 L容量的混凝土搅拌机,其机械原价为3 200 JD,使用年限取5年,余值为零,人工费7 JD/台班,动力费每台班耗电39 kW·h折算为0.5 JD,计算该机的台班单价。

年基本折旧费 = (机械原值−余值)×折旧率 = (3 200 JD−0)×1/5 = 640 JD

年运杂费 = 20 JD

年维修费 = 40 JD

年保险费 = 原值×0.2% = 3 200 JD×0.2% = 6.4 JD

年台班数 = 220 台班

$$台班单价 = \frac{640\ JD+20\ JD+40\ JD+6.4\ JD}{220\ 台班}+7\ JD/台班+0.5\ JD/台班 = 10.7\ JD/台班$$

台班小时单价:10.7 JD/台班÷8 h/台班 = 1.34 JD/h

若使用租赁机械时,则以机械租赁厂商(公司)的报价计算。

· 6.3.3 国际工程项目投标报价中主要费用的测算 ·

1)管理费测算

国外管理费的内容有许多是国内没有的,而国内发生的许多费用在国外也没有。因此,对管理费的项目划分,可参照国内现行规定,同时要结合国外当前的费用情况做增减调整。其项目划分如下:

(1)工作人员费

工作人员费用即指该工程除工人以外人员的工资、福利费、差旅费(国外往返车船票、机票等)、服装费、卧具费、国外伙食费、国外津贴费、人身保险费、奖金及加班费、探亲及出国前后所需时间内的调升工资等。计算时,按国家对工作人员的规定标准(或承包公司规定标准)计算。但是,国外承包工程的非生产人员是严格按照工程需要配备,要求人员精干。例如:一个总报价600万美元、20多个单位工程、建筑面积20 400 m² 的工程项目,其工作人员(包括项目经理、翻译、工程师、工长、会计、材料、试验、司机、炊事员等)只有20人。若系雇佣外国雇员,其费用则包括工资、加班费、津贴(包括房租及交通津贴等)、招雇及解雇费等。

(2)生产工人辅助工资

这部分费用包括生产工人非生产工日(如参加当地国的活动、因气候影响停工、工伤或病事假、国外短距离调遣等)的工资、夜间施工夜餐费等。一般参照国内有关规定计算。

（3）工资附加费

指医药卫生费、水电费等。这项费用如已计算在人工费中,则不再计算。工会经费一般在国外不发生,但有时也可以列入。

（4）上级管理费

这部分费用是指该承包公司及驻在国的管理机构所发生的费用的分摊费。这项费用计算,按该承包公司的规定计算。

（5）业务经营费

业务经营费在国外包括的项目很多,费用开支较大,一般包括以下费用:

● 广告宣传费　承包公司为招揽任务,宣传该公司的承包工程范围和提供服务项目等所开支的费用,包括宣传资料、广告、电视、报刊等费用。

● 考察联络费　对工程的考察、调研、投标期间的差旅费及代理人办理公务所发生的费用。

● 交际费　工程从投标到施工期间日常接待工作中发生的饮料、宴请及礼品等费用。这项费用是国外工程中不可避免的,但是,若与业主或工程师相处很好,则可节约许多;反之,开支增大。

● 业务资料费　从投标开始到工程竣工所需文件及资料的购买费及复制费等。这项费用在国外实际开支比国内大,因为国外一切交往中,口头的相互许诺是不成立的,均应以书面文字资料为准,包括一切会议、谈判、设计修改、材料代换、电话记录等。

● 业务手续费　这部分费用包括投标保函、履约保函、预付款保函、维修保函、国内工人进入该国办理居住证等业务手续费。

● 佣金　这部分费用包括代理人、法律顾问及会计师佣金。法律顾问是承包商在承包工程中处理法律纠纷(包括合同纠纷)的代表,一般均应在当地聘请一位可以信赖的、熟悉工程承包业务又熟悉当地法律的律师为法律顾问。这样可以使承包商避免因不熟悉当地法律而遭受损失,法律顾问是一名雇员,一般以月工资计算,不另计别的费用。

● 保险费及税金　这部分费用包括工程保险、第三方保险、利润所得税、印花税、个人所得税等。

● 贷款利息　承包商为了工程建设所应支付流动资金贷款的利息。一般按资金来源的银行利息规定计算。

（6）办公费

这部分费用包括行政管理部门的文具、纸张、印刷、账册、报表、邮电、会议、水电、采暖及空调等费用。

（7）差旅交通费

这部分费用包括因公出差费(包括病员及陪送人回国机票等路费、临时出国人员路费等),交通工具使用费、养路费、牌照税等。

（8）文体宣教费

这部分费用包括学习资料、报纸、期刊、图书、电影、电视、录像设备的购置摊销、影片及录像带的租赁、放映开支(如场地租用、招待费等)、体育设施及活动等费用。

（9）固定资产使用费

这部分费用系指行政部门使用的房屋、设备、仪器、机动交通车辆等的折旧摊销、维修、租赁费及房地产税等。

（10）国外生活设施使用费

这部分费用包括厨房设备（如电冰箱、电冰柜、灶具、炊具等）、由个人保管使用的餐具、食堂家具、洗碗用热水器、洗涤盆、职工日常生活用的洗衣机、缝纫机、电熨斗、理发用具、职工宿舍内的家具、开水、洗澡等设备的购置及摊销、维修等费用。

（11）工具、用具使用费

这部分费用包括除中小型机械及模板以外的零星机具、工具、卡具、人力运输车辆、办公用的家具、器具、计算机、消防器材、办公场所的遮光照明、计时、清洁等低值易耗品的购置、摊销、维修，生产工人自备工具的补助费（包括工具的运杂费）等。

（12）劳动保护费

这部分费用包括安全技术设备、用具的购置、摊销、维修费，发给职工个人保管使用的劳动保护用品的购置费、防暑降温费，对有害健康作业者的保健津贴、营养等费用。

（13）检验试验费

这部分费用包括材料、半成品的检验、鉴定、试压，以及技术革新研究、试验、定额测定费等。

（14）其他

这部分费用包括现场零星图纸、摄影、清扫、照明、竣工后的保护、清理、工程点交费以及工程维修期内的维修费等。

以上费用组成管理费。但是，国外费用的划分不是一个固定的模式，必须以招标文件为依据计算。

管理费的测算，应在广泛收集各项费用开支基本数据的基础上，分别算出各项费用的年开支额，再分别除以年直接费总额，得出该项管理费率，最后按需要汇总，即为综合的管理费率。

管理费因地区不同、条件不同，故差异较大。各项管理费率（不计上级管理费）所占的比率详见表6.3。

表6.3　各项管理费率表

序号	名称	比率/%
	管理费	100
1	工作人员费率	10~25
2	生产工人辅助工资费率	10~12
3	工资附加费率	6~8
4	业务经营费率	30~38
5	办公费率	2~3
6	差旅交通费率	3~5

续表

序号	名称	比率/%
7	文体宣传费率	1~2
8	固定资产使用费率	3~4
9	国外生活设施使用费率	1~2
10	工具用具使用费率	3~5
11	劳动保护费率	2~3
12	检验试验费率	1~2
13	其他	3~5

【例6.2】 仍以600万美元的报价,工期20个月为例,原预计管理费率为15%,上级管理费率为7%,不可预见费率为3%,利润率为5%,测算工作人员费和业务费如下:

$$直接费 = 600\ 万美元 \div \frac{20}{12} = 359.28\ 万美元$$

$$管理费 = 359.28\ 万美元 \times 0.15 = 53.89\ 万美元$$

(1)工作人员共20人,日工资为7 JD,1 JD=2.7美元

工作人员费用 = 20人×25日×7 JD/日×2.7美元/JD×20 = 189 000美元

占管理费的比例为

$$\frac{18.9}{53.89} = 35.1\%$$

占直接费的比例为

$$\frac{18.9}{359.28} = 5.3\%$$

(2)业务费

①广告宣传费		1 000美元
②考查联络费		2 000美元
③交际费		30 000美元
④业务资料费		1 200美元
⑤佣金	代理费1%	60 000美元
	律师450×20	9 000美元
⑥各项保险3%		18 000美元
⑦业务手续费		10 000美元
⑧税金		54 000美元
⑨贷款利息		50 000美元
合　计		235 200美元

占管理费的比例为

$$\frac{23.52}{53.89}=43.6\%$$

占直接费的比例为

$$\frac{23.52}{359.28}=6.5\%$$

由以上计算可知:管理费中,工作人员费用及业务费所占比例很大。

2)开办费计算

开办费即准备费,这项费用一般采取单独报价,其内容视招标文件而定,一般包括施工用水用电费、临时设施费、脚手架费、驻地工程师现场办公室及设备费、现场材料试验及设备费、职工交通费、日常气候报表费等。有的工程把施工机械费单列,也可以列入开办费。现分述如下:

(1)施工用水、用电费

施工用水包括自行取水和供水公司供水两种方式。若自行取水,应计算打井费、储水池(或水塔)费、抽水设备费、抽水动力费及人工费等经常费用;若供水公司供水,则按当地供水公司报价,其用水量,按国内相应定额计算。计算水费时,应考虑工期长短、供水方式的影响。

施工用电分自备电源和供电部门供电2种。若自备柴油发电机发电,应计算设备的折旧费、安拆运费、油料及人工费等,其用电量应按照施工机械的耗电量及工作时间计算;若供电部门供电,应计算接线费、临时安装设备(变压器)等的折旧、安拆运费等。

(2)临时设施费

临时设施费在国外包括:

①施工现场或非现场的生产、生活用房。

②施工临时道路及临时管线,包括停车场、水电管线、道路等。

③临时围墙。围墙如果能与永久建筑相结合,最好先建成使用,以节省投资,降低报价。

此项费用一般较大,可以参照国内临时设施定额,结合国外情况,根据施工人员多少来计算。如在气候炎热或寒冷的地区,还应考虑房屋中的空调或采暖设备费用等。

(3)脚手架费用

可按各个不同子项的搭设需要,参考国内定额进行计算。

(4)驻地工程师的现场办公室及设备费

这部分费用包括驻地工程师的办公、居住房屋,测试仪表、交通车辆、供电、供水、供热、通讯、空调以及家具和办公用品等的费用。可按招标文件规定以及当地的做法计算。

(5)试验室及设备费

这部分费用包括招标文件要求的试验室、试验设备及工具(包括家具、器皿)等的费用。若需配备辅助人员,其辅助人员的工资费用也应列入计算。

(6)职工交通费

这部分费用按交通工具种类、每日接送次数、路程及工期等计算。

(7)日常气候报表费

这部分费用主要指气候方面的专职人员的工资以及日常文具、纸张、复印资料等费用。

开办费一般单独列项,在各分部分项报价之前计算。

3）利润率的测定

国际承包工程的利润率的测定，是投标报价的关键问题。在工程直接费、管理费等费用一定的情况下，投标竞争实际上是报价利润高低的竞争。利润率取高了，报价增大，中标率下降；利润率减少，报价减少，中标率上升。但是，承包商在国际承包中总是以利润为中心进行竞争的，因此，如何确定最佳利润率，则是报价取胜的关键。国外承包工程报价中利润的测定，应根据当地建筑市场竞争状况、业主状况和承包商对工程的期望程度而定。

4）分部分项工程单价计算

国际承包工程报价中的分部分项工程单价计算，相当于国内综合单价的编制，它是在预先测算人工、材料、机械台班的基价，在管理费率和利润率确定的情况下，再进行分项工程单价计算。其计算公式如下：

$$分部分项工程单价 = （人工费 + 材料费 + 机械费）×（1 + 管理费率 + 利润率）$$

上式是指机械费不单列的计算公式，如机械费已单列计算，则应删去机械费。分部分项工程单价的计算步骤如下：

（1）选用定额

国际承包工程的定额，包括劳动定额、材料消耗定额、机械台班使用定额和费用定额。费用定额按前述方法确定，其他定额的形式及内容与国内定额基本相似。但是，由于工作范围及内容、工程条件、机械化程度、材料和设备等，与国内的定额有较大的差别，完全套用国内定额是不行的。

定额水平的高低，是投标报价的一个核心问题，它直接影响到报价的高低。因此，恰当选用定额则是一个关键问题。我国对外承包企业可根据自己专业性质和特点、工人实际劳动效率以及工程项目的具体情况选用国内定额，并加以调整使用。一般来说，只要工人实际劳动工效能达到，应尽力选用较为先进的定额。目前，在国外承包工程报价时，土建工程可以一个省、市的消耗量定额为主，适当参照别的定额。一般安装工程可以选用我国颁布的全国统一安装工程消耗量定额。专业工程，则以中央各部、委制订的定额为主。如果没有合适的定额可以采用时，可根据实践经验和拟订的施工方案进行估算，或者收集国外同类工程定额作参考，但对于工程大的分部分项工程，这种估算和参考定额的选用要特别慎重。

国际承包工程报价所采用的定额，是承包商的核心机密，一般不得公开。因此，收集国外其他承包商使用的定额也就相当困难。但是，收集点滴项目的个别定额还是不难办到的。

（2）工程量的复核

这里必须指出：计算及确定分项单价时，应先复核工程量，工程量无错误时，可按正常单价计算。一旦发现有较大出入，又不能改变与申诉时，只有加大单价，以弥补因工程量不足的损失。如各分项工程量均不足时，还应加大管理费率。

（3）按技术规范确定的工作范围及内容，计算定额中各子项的消耗量

每一分部分项工程的工作内容，一般是由技术规范确定。若使用国内定额，有的可以直接套用，有的则要加以合并或取舍后才能应用。如脚手架工程，如果不单列开办费，而技术规范中又没有明确规定，则脚手架的工料、机械台班消耗量，应分摊到有关的分项工程中去。这个问题在国外是经常遇见的。

（4）单价计算

各子项的消耗量确定后，将人工、材料、机械台班的基价套入定额，可计算出直接费单价，然后再按管理费率和利润率，计算出管理费和利润，最后就可累计计算出分部分项工程单价。

· 6.3.4　国际工程项目投标标书编制和确定报价 ·

1）工程报价分析

在完成单价分析之后，可进行标价计算。但是，标价计算完成后的总价，只应视为内部初定标价，还必须对此标价进行分析，测算工程报价的高低和盈亏的大小，以作为最后确定报价的决策依据。

报价分析主要是进行盈亏分析和风险分析，预测出按内部标价投标时可能获得利润的幅度，并据以提出高、中、低三档报价，供决策者选择。

（1）盈亏分析

在初定报价基础上，做出定量分析计算，得出盈亏幅度，找出工程的保本点，然后求出修正系数，以供最后报价决策使用。一般是从以下几个方面进行分析：

①效率分析　实际上是对所采用的定额水平进行分析，包括人工工效、材料消耗、施工机械台班用量的分析，看能否采取措施降低消耗量，达到降低成本的目的。

②价格分析　价格分析涉及面很广，主要分析大宗材料、永久设备、施工机械等的价格，从招标文件规定的物资供应渠道，多方面分析各种基价能否降低。上述价格降低主要取决于资源选择、供应方式、市场价格变动幅度与趋势、分包报价及税收等因素。

③数量分析　数量分析主要从两方面进行，即国内派出工人数量与工程数量分析。国际承包工程，若允许国内派出工人，而当地又可招募工人时，其工资水平的测算是一个不可忽视的因素。当然，测算时不要忘记工效这个因素，计算后就得出最佳使用工人数，再按国内外工人的比例，求出人工费中可以节约的金额。工程数量的分析，主要是对永久工程和临时设施工程数量进行全面认真的分析，以求出数量差，看能否节约工程费用。

④其他分析　包括外汇比值分析、各项费用（如管理费、开办费等）指标分析、施工机械的余值利用分析等。

上述分析后，综合各项求出可能的盈余总和，以便确定一个恰当的修正系数，得出低标报价：

$$低标报价 = 内部标价 - 各项盈余之和 \times 修正系数$$

其修正系数一般小于1，可取0.5～0.7。

（2）风险分析

目前，国际承包市场竞争激烈，承包工程都存在着一定的风险，精明强干的承包商，往往能把风险降低到最小，以争取获得最大的利润。因此，在投标过程中对一些可能发生的风险进行预测，采取一些必要的措施，减少风险损失是非常重要的。

①工程建设失误风险　工程建设中的失误主要是工期和质量，其影响因素主要是承包商的职工素质。为了减少工程失误风险，要求派出精明的工程经理和其他称职的管理人员、工程师和技术工人。但是，应该看到我国目前的管理水平较低，没有与外国业主交往的经验，出现一些失误的可能还是存在的。因此，应根据工程规模、工程质量要求、工期长短、施工项目

的工艺复杂程度和派出施工企业的状况,适当考虑因工期拖延和质量返工事故而需支付的费用。

②劳资关系风险 目前,在国际承包市场上,都有分包和雇佣外籍职员或工人的问题,劳资关系是客观存在的,双方发生的摩擦难以避免。如工人过分要求提高工资、增加津贴、享受舒适的生活条件,甚至消极怠工等,因而引起承包商的经济损失。分包商在工程分包中的扯皮现象,要求改变工程量、改变单价、增收其他费用等情况,也时有发生。以上这些经济损失也应适当考虑。

③低价风险 这是指承包商在投标中,为了中标,往往采取压低标价的手段。这种手段如果是为了打开局面,站稳脚跟,也是可用的。但是,如果把压低标价作为达到中标的主要手段,其造成的后果将是中标越多,风险越大,造成的损失也越多。根据国外承包商的经验,如果一个承包商在5次投标中,有一次投低标就可能要冒一定的风险。一般认为投低标的次数比例应为10 :1或12 :1为好。

④其他风险 有些风险是难以预料的,如:业主或工程师不公正而带来麻烦、对招标文件研究不够透彻而造成失误、对法律不清楚而造成损失、气候突变及罢工影响等。

以上风险的分析,一方面要采取相应的对策减少风险损失,另一方面要估算一个概略的损失量,用风险损失修正系数修正之后,在内部标价上增加这部分费用,作为高标报价。风险损失修正系数按风险损失的具体情况确定,一般取0.5~0.7。

$$高标报价 = 内部标价 + 各项风险损失之和 \times 修正系数$$

以上报价分析则可得出低标报价与高标报价,然后根据投标决策与分析确定最后报价。

2)修改报价单及调整报价

投标人在标价分析和投标决策之后,应根据决策的决定,修改报价和调整报价。一般的方法是调整报价文件中的总报价,如果时间允许,可以采取调整管理费率或利润率的办法进行。

3)投标文件的编制

投标文件又称标函或标书,应按业主招标文件规定的格式和要求编制。

(1)投标书的填写

投标书其内容与格式由业主拟定,一般由正文与附件两部分组成。承包商投标时应填写业主发给的投标书及其附录中的空白,并与其他投标文件寄交业主。投标中标后,标书就成为合同文件的一个主要组成部分。投标书格式与内容详见本节第5部分。有的投标书中还可以提出承包商的建议,以此吸引业主的注意,如可以表明用什么材料代用可以降低造价而又不降低标准;修改某部分设计,则可降低造价等。不过措辞要讲究,并且态度要谦和、诚恳,要使业主觉得是在为他的利益着想。

(2)复核标价和填写标书

标价进行调整以后要认真反复审核,无误后才能开始填写投标书。填写时要用墨笔,不允许用圆珠笔,然后翻译、打字、签章、复制。填写内容应包括招标文件规定的项目,如施工进度计划、施工机械设备清单及开办费等。有的工程项目还要求将主要分部分项工程报价分析填写在内。

（3）投标文件的汇总装订

投标书编制完毕后,要进行整理和汇总。国外的标书要求内容完整、纸张一致、字迹清楚、美观大方。汇总好后即可装订。一定不要漏装,投标书不完整,其投标无效。

4）内部标书的编制

内部标书是指投标人为确定报价所需各种资料的汇总。其目的是作为报价人今后投标报价的依据,也是工程中标后向工程项目施工有关人员交底的依据。内部标书不需重新计算,是将已经报价的成果资料整理汇总而成。其内容一般有:

（1）编制说明

编制说明主要内容包括:工程概况、编制依据、工资、材料、机械设备价格的计算原则;采用定额和费用的标准;人民币与规定外币的比值;劳动力、主要材料设备、施工机械的来源、贷款额及利率;盈亏测算结果等。

（2）内部标价总表

标价总表分为按工程项目划分的标价总表和单独列项计算的标价总表两种。工程项目划分的标价总表,按工程项目的名称及标价分别列出;单独列项的标价总表,应单独列表,如开办费中的施工水、电、临时设施等。

（3）人工、材料设备和施工机械价格计算

此部分应加以整理,分别列出计算依据和公式。

（4）分部分项工程单价计算

此部分的整理要仔细,并可建立汇总表。

（5）开办费、管理费和利润计算

要求分别列项加以整理,其中利润率计算的依据等均应详细标明。

（6）内部盈亏计算

根据标价做出盈亏与风险分析,并分别计算出高、中、低三档报价,供决策者选择。

· *6.3.5 国际工程项目投标书的格式及内容* ·

下面是国际通用的投标书及其附录的格式和基本内容。

1）投标书

致:（业主名称）

地址:

诸位先生:

（1）经阅读合同条款、通知书、规范、图纸、计量方法、工程量清单表及单价表后,并根据上述文件规定的工程施工及维修要求,本签名人兹报价_____美元或可能根据上述文件确定的其他款额。

（2）本投标书如能采纳,我们愿在接到业主的通知后2周内开工,并根据合同及投标文件的规定完成及交付全部工程。

（3）本投标书如能采纳,我们将交纳在_____处开设的银行担保书,其金额相当于上述报价的_____% ,作为根据合同条款规定的履约保证金。

（4）我们同意从开标日起＿＿＿＿天内保留此标，并在截止期前任何时间，本投标书均对我们具有约束力。

（5）本投标书如能采纳，在正式合同签订及执行以前，本投标书连同你们发出的书面采纳通知将作为我们双方之间约束合同的组成部分。

（6）我们理解你们并不限于接受最低标价和你们可以接受任何投标书。

（投标公司名称）

姓　　　　　名＿＿＿＿＿＿＿＿

职　　　　　务＿＿＿＿＿＿＿＿

签 名 或 盖 章＿＿＿＿＿＿＿＿

日 期 及 地 点＿＿＿＿＿＿＿＿

2）投标书附件1

主要投标数据

合同条款章节

履约保证书金额＿＿＿＿％合同值；

第三方保险金最低额＿＿＿＿美元；

施工时间＿＿＿＿个月；

工程误期损失罚款：工程延期头＿＿＿＿周内，每周为合同价的＿＿＿＿％，此后每周为＿＿＿＿％，但最多不超过合同总价的＿＿＿＿％；

维修期＿＿＿＿个月；

临时证明书（结算）　最低金额＿＿＿＿％合同价；

保留金＿＿＿＿％合同价；

保留金限额＿＿＿＿％合同价。

投标公司名称＿＿＿＿＿＿＿＿＿＿

姓　　　　　名＿＿＿＿＿＿＿＿＿＿

职　　　　　务＿＿＿＿＿＿＿＿＿＿

签 名 或 盖 章＿＿＿＿＿＿＿＿＿＿

日 期 及 地 点＿＿＿＿＿＿＿＿＿＿

3）投标书附件2

外币要求及确定标价的汇率

货币占总标价的百分率	所用汇率
（1）当地国货币　　％	1当地国货币＝1当地国货币
（2）美　　　元　　％	1美元＝当地国货币＿＿＿＿＿
（3）法　　　郎　　％	1法郎＝当地国货币＿＿＿＿＿
（4）马　　　克　　％	1马克＝当地国货币＿＿＿＿＿
（5）　　　　x　　％	＿＿＿＿＿＿＿＿＿＿＿

(6)　　　　*y*　%　　　　　　　　_____

注:*x*——投标人国家的货币;

y——非(1)—(5)项所列国家的货币。

签　名_____

投标人_____　日　期_____

4)投标书附件3

投标人的简历

工程项目名称　　　　竣工日期　　　　最终决算值　　　　业主姓名

(1)

(2)

(3)

(4)

(5)

(注:应尽可能提供结算账单的证明材料或复制件。)

签　名_____

投标人_____　日　期_____

5)投标书附件4

主要人员名单及其履历表

(注:投标人应在本附件中开列参加本合同的人员名单并附他们的履历表,特别需要开列以下情况:姓名、国籍、资格证明、过去的经历和签名字样。)

(1)工地常驻代表

(2)总工程师

(3)采购经理

签　名_____

投标人_____　日　期_____

6)投标书附件5

投标保证书

根据本保证书,我们双方即:_____承包公司(注册办公室在_____,以下简称"投标人")以及_____(注册办公室在____以下简称"保证人"),明确地向以下称为"业主(甲方)"的订约承担总额为____美元的保证金,对该项金额的支付,投标人及保证人双方本身,或其继任者及受让人均应共同根据本保证书受到不可推诿的约束。

有鉴于:

(1)业主已经约请本投标人及其他人,按照类似条款对____工程进行投标并提交投标文件。

（2）投标人根据上述约请，随同本保证书向业主提交一份投标书（以下简称"本投标书"），并根据本保证书对投标人正确履行投标书中规定的承包任务与责任提供保证金。

本保证书的条款为：

①从_____年_____月_____日起算的_____天内，如投标书由业主接受，则投标人应按照投标须知的要求，提交履约保证金。

②从_____年_____月_____日起算的_____天内，如投标书未经业主接受，则保证书的义务即告无效。

然而在上述以外的情况下，本保证书应当仍然有效。但投标条款的变更以及业主对有关本投标书的任何事项的缓期或减免，均不使保证人承担上述保证书规定的责任。

（投标单位）		（发证银行名称）
姓　　　名_____		姓　　　名_____
职　　　务_____		职　　　务_____
签名及盖章_____		签名及盖章_____
日期及地点_____		日期及地点_____

小 结 6

本章主要讲述国际工程项目的招标方式、招标程序和招标文件的内容，国际工程项目的投标程序、工作过程和应注意的事项，以及国际工程项目投标报价的准备工作、基价计算、主要费用的测算、报价书的编制确定和投标报价书的格式及内容等。现就其要点分述如下：

①国际工程项目的招标方式有国际竞争性招标方式、国际有限竞争招标方式、两阶段招标方式和议标方式。其招标程序和招标文件的内容等，应遵从世界银行的规定和有关的国际惯例。

②国际工程项目投标，主要应做好投标前的准备工作，以及投标报价的计算和投标报价文件的编制。

③国际工程项目投标报价，包括投标报价的准备工作，报价的基价计算（即人工单价、材料设备单价和施工机械台班单价的计算），管理费、开办费和利润率的测算，投标报价的确定以及投标报价书的编制。

复习思考题6

6.1　国际工程项目有哪些招标方式？其招标程序与我国招标投标法的规定有何不同？

6.2　国际工程项目的招标文件由哪些内容组成？

6.3　国际工程项目投标有哪些工作程序？投标报价时应注意的事项是什么？

6.4　国际工程项目投标报价需要做哪些准备工作？其基价计算包括哪些内容？

6.5 国际工程承包有哪些风险？怎样减轻和消除这些风险？

6.6 国际工程项目投标报价时，当工程量变更后单价应怎样调整？当材料上涨后其报价又应如何调整？

6.7 国际工程项目投标报价时其主要费用的费率应怎样进行测算？

7 建设工程合同

本章导读：本章主要讲述建设工程合同概述，建设工程监理合同，建设工程勘察、设计合同，建设工程施工合同，建设工程联合经营合同及建设工程其他合同。

通过本章的学习，要求了解建设工程合同的概念、特征及分类，建设工程中其他合同的组成与作用，熟悉建设工程监理合同、勘察与设计合同的主要条款及规定，掌握建设工程施工合同条款、建设工程联合经营合同条款的主要内容与要求。建设工程施工合同及联合经营合同是本章的重点，也是本章的难点。

7.1 建设工程合同概述

· 7.1.1 合同的概念 ·

1）合同及相关内容的概念

①合同：是指根据法律规定和合同当事人约定具有约束力的文件，构成合同的文件包括合同协议书、中标通知书（如果有）、投标函及其附录（如果有）、专用合同条款及其附件、通用合同条款、技术标准和要求、图纸、已标价工程量清单或预算书以及其他合同文件。

②合同协议书：是指构成合同的由发包人和承包人共同签署的书面文件。

③中标通知书：是指构成合同的由发包人通知承包人中标的书面文件。

④投标函：是指构成合同的由承包人填写并签署的用于投标的文件。

⑤投标函附录：是指构成合同的附在投标函后的文件。

⑥技术标准和要求：是指构成合同的施工应当遵守的或指导施工的国家、行业或地方的技术标准和要求，以及合同约定的技术标准和要求。

⑦图纸：是指构成合同的图纸，包括由发包人按照合同约定提供或经发包人批准的设计文件、施工图、鸟瞰图及模型等，以及在合同履行过程中形成的图纸文件。图纸应当按照法律规定审查合格。

⑧已标价工程量清单：是指构成合同的由承包人按照规定的格式和要求填写并标明价格的工程量清单，包括说明和表格。

⑨预算书：是指构成合同的由承包人按照发包人规定的格式和要求编制的工程预算文件。

⑩其他合同文件：是指经合同当事人约定的与工程施工有关的具有合同约束力的文件或

书面协议。合同当事人可以在专用合同条款中进行约定。

2）合同当事人及其他相关方

①合同当事人：是指发包人和（或）承包人。

②发包人：是指与承包人签订合同协议书的当事人及取得该当事人资格的合法继承人。

③承包人：是指与发包人签订合同协议书的，具有相应工程施工承包资质的当事人及取得该当事人资格的合法继承人。

④监理人：是指在专用合同条款中指明的，受发包人委托按照法律规定进行工程监督管理的法人或其他组织。

⑤设计人：是指在专用合同条款中指明的，受发包人委托负责工程设计并具备相应工程设计资质的法人或其他组织。

⑥分包人：是指按照法律规定和合同约定，分包部分工程或工作，并与承包人签订分包合同的具有相应资质的法人。

⑦发包人代表：是指由发包人任命并派驻施工现场在发包人授权范围内行使发包人权利的人。

⑧项目经理：是指由承包人任命并派驻施工现场，在承包人授权范围内负责合同履行，且按照法律规定具有相应资格的项目负责人。

⑨总监理工程师：是指由监理人任命并派驻施工现场进行工程监理的总负责人。

· 7.1.2 建设工程合同的概念 ·

建设工程合同是承包人进行工程建设，发包人支付工程价款的契约（合同）。合同双方当事人应当在合同中明确各自的权利义务，以及违约时应当承担的责任。建设工程合同是一种承诺合同，合同订立生效后双方应当严格履行。建设工程合同也是一种双务、有偿合同，当事人双方在合同中都有各自的权利和义务，在享有权利的同时必须履行义务。

从合同理论上说，建设工程合同也是一种广义的承揽合同，是承包人按照发包人的要求完成工程建设而交付工作成果（竣工工程），发包人给付报酬的合同。由于工程建设合同在经济活动、社会生活中的重要作用，以及在国家管理、合同标的等方面均有别于一般的承揽合同，因此我国一直将建设工程合同列为单独的一类重要合同。

· 7.1.3 建设工程合同的特征 ·

1）合同主体的严格性

建设工程合同主体一般只能是法人。发包人一般只能是经过批准进行工程项目建设的法人，必须有国家批准建设项目，落实投资计划，并且应当具备相应的协调能力；承包人则必须具备法人资格，而且应当具备相应的从事勘察、设计、施工、监理等资质，无营业执照或无承包资质的单位不能作为建设工程合同的主体，资质等级低的单位不能越级承包建设工程。

2）合同标的的特殊性

建设工程合同的标的是各类建筑产品，建筑产品是不动产，其基础部分与大地相连，不能移动。这就决定了每个建设工程合同的标的都是特殊的，相互间具有不可替代性。另外还决定了承包方工作的流动性,建筑物所在地就是勘察、设计、施工生产场地。由于建筑产品的类别庞杂,其外观、结构、使用目的、使用人都各不相同,就要求每一个建筑产品都需单独设计和施工,即单体性生产,这也决定了建设工程合同标的的特殊性。

3)合同履行期限的长期性

建设工程由于结构复杂、体积大、建筑材料类型多、工作量大,使得合同履行期限都较长,在合同的履行过程中,还可能因为不可抗力、工程变更、材料供应不及时等原因而导致合同期限顺延。所有这些情况,决定了建设工程合同的履行期限具有长期性。

4)合同要符合建设程序的规定

建设工程的计划和程序都有严格的管理制度。订立建设工程合同必须以国家批准的投资计划为前提,即使是国家投资以外的,以其他方式筹集的投资也要受到当年的贷款规模和批准限额的限制,纳入当年投资规模的平衡,并经过严格的审批程序。建设工程合同的订立和履行还必须符合国家关于建设程序的规定。

· *7.1.4 建设工程合同的种类* ·

建设工程合同可按不同的划分方式进行分类。

(1)按承发包的工程范围进行分类

按承发包的不同范围进行划分,建设工程合同分类如下:

①建设工程总承包合同　发包人将工程建设的全过程发包给一个承包人的合同。

②建设工程承包合同　发包人将建设工程的勘察、设计、施工等的每一项分别发包给一个承包人的合同。

③建设工程分包合同　经合同约定和发包人认可,从工程承包人承包的工程中承包部分工程而订立的合同。

(2)按承发包的不同内容进行分类

按承发包的不同内容进行划分,建设工程合同的分类如下:

①建设工程勘察合同。

②建设工程设计合同。

③建设工程施工合同。

(3)按计价(或付款)方式的不同分类

按不同的计价(或付款)方式进行划分,建设工程合同可分为:

①总价合同　这是指在合同中确定一个完成建设工程的总价,承包商据此完成该总价所包含的全部项目内容的合同。这种合同类型能够使建设单位在评标时易于确定报价最低的承包商,易于进行支付计算。但这类合同仅适用于工程量不太大且能精确计算、工期较短、技术不太复杂、风险不大的项目。因而采用这种合同类型要求建设单位必须准备详细而全面的设计图纸(一般要求施工详图)和各项说明,使承包单位能准确计算工程量。

②单价合同　这是指承包单位在投标时,按定额及有关规定计算出各分部分项工程的单价,再按招标文件就分部分项工程所列出的工程量确定各分部分项工程费用的合同类型。这类合同的适用范围比较宽,其风险可以得到合理的分摊,并且能鼓励承包单位通过提高工效

等手段从成本节约中提高利润。这类合同能够成立的关键在于双方对单价和工程量计算方法的确认。在合同履行中需要注意的问题则是双方对实际工程量计量的确认。

③成本加酬金合同　这是指由业主向承包单位支付建设工程的实际成本,并按事先约定的某一种方式支付酬金的合同类型。在这类合同中,业主需承担项目实际发生的一切费用,因此也就承担了项目的全部风险。而承包单位由于无风险,其报酬往往也较低。这类合同的缺点是业主对工程总造价不易控制,承包商也往往不注意降低项目成本。这类合同主要适用于以下项目:

- 需要立即开展工作的项目,如震后的救灾项目;
- 新型的工程项目,或对工程内容及技术经济指标未确定的项目;
- 风险很大的项目。

7.2　建设工程监理合同

鉴于建设工程监理合同与建设工程施工活动密切相关,项目经理必须了解建设工程监理合同的内容。

· 7.2.1　建设监理合同概述 ·

1)建设监理合同的概念

建设监理合同是业主与监理单位签订,为了委托监理单位承担监理业务而明确双方权利义务关系的协议。建设监理是依据法律、行政法规及有关技术标准、设计文件和建设工程合同,对承包单位在工程质量、建设工期和建设资金使用等方面,代表建设单位实施监督。建设监理可以是对工程建设的全过程进行监理,也可以分阶段进行设计监理、施工监理等。目前实践中监理大多是施工监理。

建设监理制是我国建设领域正在推广的一项制度。自 1988 年以来,我国工程监理制度经过了试点阶段(1988—1993 年)、稳步推行阶段(1993—1995 年),1996 年后进入了全面推行阶段。工程建设监理制度是工程建设领域实行社会化、专业化管理的结果,是建设领域由计划经济向市场经济转变的需要。

2)建设监理合同的主体

建设监理合同的主体是合同确定的权利的享有者和义务的承担者,包括建设单位(业主)和监理单位。监理单位与业主是平等的主体关系,这与其他合同主体关系是一致的,也是合同的特点决定的。双方的关系是委托与被委托的关系。

①业主　在我国,业主是指全面负责项目投资、项目建设、生产经营、归还贷款和债券本息并承担投资风险的法人或个人。

②监理单位　这是指取得监理资质证书,具有法人资格的监理公司、监理事务所和兼承监理业务的工程设备、科学研究及工程建设咨询的单位。监理单位的资质分为甲级、乙级和丙级。甲级监理单位可以跨地区、跨部门监理一、二、三等的工程;乙级监理单位只能监理本

地区、本部门二、三等的工程;丙级监理单位只能监理本地区、本部门三等的工程。

3)《**工程建设监理合同示范文本**》简介

住建部、国家工商行政管理局 2013 年 3 月 27 日颁发的《工程建设监理合同(示范文本)》(GF-2012-0202)由协议书、工程建设监理合同通用条件(以下简称通用条件)和工程建设监理合同专用条件(以下简称专用条件)组成。

工程建设监理合同实际上是协议书,其篇幅并不大,但它却是监理合同的总纲,规定了监理合同的一些原则、合同的组成文件,意味着业主与监理单位对双方商定的监理业务、监理内容的确认。通用条件适用于各个工程项目建设监理委托,各业主和监理单位都应当遵守。通用条件是监理合同的主要部分,它明确而详细地规定了双方的权利义务。通用条件共有 46 条。专用条件是各个工程项目根据自己的个性和所处的自然和社会环境,由业主和监理单位协商一致后填写的。双方如果认为需要,还可在其中增加约定的补充条款和修正条款。专用条件的条款是与标准条件的条款相对应的。在专用条件中,并非每一条款都必须出现。专用条件不能单独使用,它必须与标准条件结合在一起才能使用。

· 7.2.2 建设监理合同当事人的义务 ·

1)**监理单位的义务**

监理单位应承担以下义务:

①向业主报送委派的总监理工程师及其监理机构主要成员名单、监理规划,完成监理合同专用条件中约定的监理工程范围内的监理业务。

②监理机构在履行本合同的义务期间,应为业主提供与其监理机构水平相适应的咨询意见,认真、勤奋地工作,帮助业主实现合同预定的目标,公正地维护各方的合法权益。

③监理机构使用业主提供的设施和物品属于业主的财产。在监理工作完成或合同终止时,应将其设施和剩余的物品清单提交给业主,并按合同约定的时间和方式移交此类设施和物品。

④在本合同期内或合同终止后,未征得有关方同意,不得泄露与本工程、本合同业务活动有关的保密资料。

2)**业主的义务**

业主应承担以下义务:

①应当负责工程建设的所有外部关系的协调,为监理工作提供外部条件。

②应在双方约定的时间内免费向监理机构提供与工程有关的为监理机构所需要的工程资料。

③应当在约定的时间内就监理单位书面提交并要求做出决定的一切事宜做出书面决定。

④应当授权一名熟悉本工程情况、能迅速做出决定的常驻代表,负责与监理单位联系,更换常驻代表,要提前通知监理单位。

⑤应当将授予监理单位的监理权利以及该机构主要成员的职能分工,及时书面通知已选定的工程承包方,并在与工程承包方签订的合同中予以明确。

⑥应为监理机构提供如下协助：

- 获得本工程使用的原材料、构配件、机械设备等生产厂家名录；
- 提供与本工程有关的协作单位、配合单位的名录。

⑦业主免费向监理机构提供合同专用条件约定的设施，对监理单位自备的设施给予合理的经济补偿。

⑧如果双方约定，由业主免费向监理机构提供职员和服务人员，则应在监理合同专用条件中增加与此相应的条款。

· 7.2.3 建设监理合同当事人的权利 ·

1）监理单位的权利

监理单位享有以下权利：

①选择工程总设计单位和施工总承包单位的建议权。

②对工程分包设计单位和施工分包单位的确认权与否定权。

③就工程建设有关事项，包括工程规模、设计标准、规划设计、生产工艺设计和使用功能要求向业主的建议权。

④工程结构设计和其他专业设计中的技术问题，按照安全和优化的原则，自主向设计单位提出建议，并向业主提出书面报告。如果由于拟提出的建议会提高工程造价，或延长工期，应当事先取得业主的同意。

⑤工程施工组织设计和技术方案，按照保质量、保工期和降低成本的原则，自主向承建商提出建议，并向业主提供书面报告。如果由于拟提出的建议会提高工程造价、延长工期，应当事先取得业主的同意。

⑥工程建设有关的协作单位的组织协调的主持权，重要协调事项应当事先向业主报告。

⑦工程上使用的材料和施工质量的检验权。对于不符合设计要求及国家质量标准的材料设备，有权通知承建商停止使用；不符合规范和质量标准的工序、分项分部工程和不完全的施工作业，有权通知承建商停工整改、返工。承建商取得监理机构复工令后才能复工。发布停、复工令应当事先向业主报告，如在紧急情况下未能事先报告时，则应在24小时内向业主做出书面报告。

⑧工程施工进度的检查、监督权，以及工程实际竣工日期提前或超过工程承包合同规定的竣工期限的签认权。

⑨在工程承包合同约定的工程价格范围内，工程款支付的审核和签认权，以及工程结算的复核确认权与否定权。未经监理机构签字确认，业主不支付工程款。

⑩监理机构在业主授权下，可对任何第三方合同规定的义务提出变更。如果由此严重影响了工程费用，或质量、进度，则这种变更须经业主事先批准。在紧急情况下未能事先报业主批准时，监理机构所做的变更也应尽快通知业主。在监理过程中如发现承建商工作不力，监理机构可提出调换有关人员的建议。

⑪在委托的工程范围内，业主或第三方对对方的任何意见和要求（包括索赔要求）均须首先向监理机构提出，由监理机构研究处置意见，再同双方协商确定。当业主和第三方发生争议时，监理机构应根据自己的职能，以独立的身份判断，公正地进行调解。当其双方的争议由

政府建设行政主管部门或仲裁机关进行调解和仲裁时,应当提供作证的事实材料。

2)业主的权利

业主享有以下权利:

①有选定工程总设计单位和总承包单位,以及与其订立合同的签订权。

②有对工程规模、设计标准、规划设计、生产工艺设计和设计使用功能要求的认定权,以及对工程设计变更的审批权。

③监理单位调换总监理工程师须经业主同意。

④有权要求监理机构提交监理工作月度报告及监理业务范围内的专项报告。

⑤有权要求监理单位更换不称职的监理人员,直到终止合同。

· 7.2.4 建设监理合同的履行 ·

建设监理合同的当事人应当严格按照合同的约定履行各自的义务。当然,最主要的是:监理单位应当完成监理工作,业主应当按照约定支付监理酬金。

1)监理单位完成监理工作

工程建设监理工作包括正常的监理工作、附加的工作和额外的工作。

正常的监理工作是合同约定的投资、质量、工期的三大控制,以及合同、信息两项管理。附加的工作,是指合同内规定的附加服务或通过双方书面协议附加于正常服务的那类工作。额外工作,是指那些既不是正常的,也不是附加的,但根据合同规定监理单位必须履行的工作。

2)监理酬金的支付

合同双方当事人可以在专用条件中约定以下内容:

①监理酬金的计取方法。

②支付监理酬金的时间和数额。

③支付监理酬金所采用的货币币种、汇率。

如果业主在规定的支付期限内未支付监理酬金,自规定支付之日起,应当向监理单位补偿应付的酬金利息。利息额按规定支付期限最后一日银行贷款利息率乘以拖欠酬金时间计算。

如果业主对监理单位提交的支付通知书中酬金或部分酬金项目提出异议,应当在收到支付通知书24小时内向监理单位发出答复意见,但业主不得拖延其他无异议酬金项目的支付。

3)违约责任

任何一方对另一方负有责任时的赔偿原则是:

①赔偿应限于由于违约所造成的,可以合理预见到的损失和损失的数额。

②在任何情况下,赔偿的累计数额不应超过专用条款中规定的最大赔偿限额;对于监理单位一方,其赔偿总额不应超出监理酬金总额(除去税金)。

③如果任何一方与第三方共同对另一方负有责任时,则负有责任一方所应付的赔偿比例应限于由其违约所应负责的那部分比例。

监理工作的责任期即监理合同有效期。监理单位在责任期内,如果因过失而造成了经济损失,要负监理失职的责任。在监理过程中,如果因工程进展的推迟或延误而超过议定的日期,双方应进一步商定相应延长的责任期,监理单位不对责任期以外发生的任何事件所引起的损失或损害负责,也不对第三方违反合同规定的质量要求和交工时限承担责任。

7.3 建设工程勘察、设计合同

· 7.3.1 建设工程勘察、设计合同概述 ·

1)建设工程勘察、设计合同的概念

建设工程勘察、设计合同是委托人与承包人为完成一定的勘察、设计任务,明确双方权利义务关系的协议。承包人应当完成委托人委托的勘察、设计任务,委托人则应接受符合约定要求的勘察、设计成果并支付报酬。

建设工程勘察、设计合同的委托人一般是项目业主(建设单位)或建设项目总承包单位;承包人是持有国家认可的勘察、设计证书,具有经过有关部门核准的资质等级的勘察、设计单位。合同的委托人、承包人均应具有法人地位。委托人必须是有国家批准的建设项目,落实投资计划的企事业单位、社会团体,或者是获得总承包合同的建设项目总承包单位。

2)建设工程勘察、设计合同示范文本简介

住房和城乡建设部、原国家工商行政管理总局于 2015 年发布了《建设工程设计合同(示范文本)》,于 2016 年发布了《建设工程勘察合同(示范文本)》。这两个示范文本采用的是填空式文本,即合同示范文本的编制者将勘察、设计中共性的内容抽象出来编写成固定的条款,但对于一些需要在具体勘察、设计任务中明确的内容则是留下空格由合同当事人在订立合同时填写。

建设工程勘察合同示范文本共 10 条,内容包括:工程勘察范围、委托方应当向承包方提供的文件资料、承包方应当提交的勘察成果、取费标准及拨付办法、双方责任、违约责任、纠纷的解决、其他事宜等。建设工程设计合同示范文本共 7 条,内容包括:签订依据,设计项目的名称、阶段、规模、投资、设计内容及标准,委托方应当向承包方提供的文件资料,承包方应当提交的设计文件,取费标准及拨付办法,双方责任,其他(包括纠纷的解决)等。

· 7.3.2 建设工程勘察、设计合同的订立 ·

勘察合同由建设单位、设计单位或有关单位提出委托,经双方同意即可签订。设计合同须具有上级机关批准的设计任务书方能签订。小型单项工程的设计合同须具有上级机关批准的文件方能签订。如单独委托施工图设计任务,应同时具有经有关部门批准的初步设计文件方能签订。

勘察、设计合同在当事人双方经过协商取得一致意见后,由双方负责人或指定代表签字并加盖公章后,方能有效。

7.3.3　建设工程勘察、设计合同的主要内容 ·

1)委托方提交有关基础资料的期限

这是对委托方提交有关基础资料在时间上的要求。勘察或者设计的基础资料是勘察、设计单位进行勘察、设计工作的依据。勘察基础资料包括项目的可行性研究报告,工程需要勘察的地点、内容,勘察技术要求及附图等。设计的基础资料包括工程的选址报告等勘察资料以及原料(或者经过批准的资源报告)、燃料、水、电、运输等方面的协议文件等。

2)勘察、设计单位提交勘察、设计文件(包括概预算)的期限

这是指勘察、设计单位完成勘察、设计工作,交付勘察或者设计文件的期限。勘察、设计文件主要包括勘察、建设设计图纸及说明,材料设备清单和工程的概预算等。勘察、设计文件是工程建设的依据,工程必须按照勘察设计文件进行施工,因此勘察设计文件的交付期限直接影响工程建设的期限,所以当事人在勘察或者设计合同中应当明确勘察、设计文件的交付期限。

3)勘察或者设计的质量要求

这主要是指委托方对勘察、设计工作提出的标准和要求。勘察、设计单位应当按照确定的质量要求进行勘察、设计,按时提交符合质量要求的勘察、设计文件。勘察、设计的质量要求条款,也是确定勘察、设计单位工作责任的重要依据。

4)勘察、设计费用

勘察、设计费用是委托方对勘察、设计单位完成勘察、设计工作的报酬。支付勘察、设计费是委托方在勘察、设计合同中的主要义务。双方应当明确勘察、设计费用的数额和计算方法,勘察设计费用支付方式、地点、期限等内容。

5)双方的其他协作条件

其他协作条件是指双方当事人为了保证勘察、设计工作顺利完成所应当履行的相互协助的义务。委托方的主要协作义务是在勘察、设计人员进入现场工作时,为勘察、设计人员提供必要的工作条件和生活条件,以保证其正常开展工作。勘察、设计单位的主要协作义务是配合工程建设的施工,进行设计交底,解决施工中的有关设计问题,负责设计变更和修改,参加试车考核和工程验收等。

6)违约责任

合同当事人双方应当根据国家的有关规定约定双方的违约责任。

7.3.4　建设工程勘察、设计合同的履行 ·

1)勘察、设计合同的定金

按规定收取费用的勘察、设计合同生效后,委托方应向承包方付给定金。勘察、设计合同履行后,定金抵作勘察、设计费。设计任务的定金为估算的设计费的20%。委托方不履行合同的,无权请求返还定金。承包方不履行合同的,应当双倍返还定金。

2）勘察、设计合同双方的权利义务

勘察、设计合同作为双务合同，当事人的权利义务是相互的，一方的义务就是对方的权利。我们在这里只介绍各自的义务。

（1）委托方的义务

①向承包方提供开展勘察、设计工作所需的有关基础资料，并对提供的时间、进度与资料的可靠性负责。委托勘察工作的，在勘察工作开展前，应提出勘察技术要求及附图。委托初步设计的，在初步设计前，应提供经过批准的设计任务书、选址报告，以及原料（或经过批准的资料报告）、燃料、水、电、运输等方面的协议文件和能满足初步设计要求的勘察资料等。委托施工图设计的，在施工图设计前，应提供经过批准的初步设计文件和能满足施工图设计要求的勘察资料、施工条件以及有关设备的技术资料。

②在勘察、设计人员进入现场作业或配合施工时，应负责提供必要的工作和生活条件。

③委托配合引进项目的设计任务，从询价、对外谈判、国内外技术考察直至建成投产的各阶段，应吸收承担有关设计任务的单位参加。

④按照国家有关规定付给勘察、设计费。

⑤维护承包方的勘察成果和设计文件，不得擅自修改，不得转让给第三方重复使用。

（2）承包方的责任

①勘察单位应按照现行的标准、规范、规程和技术条例，进行工程测量及工程地质、水文地质等勘察工作，并按合同规定的进度、质量提交勘察测量成果。

②设计单位要根据批准的设计任务书或上一阶段设计的批准文件，以及有关设计技术经济协议文件、设计标准、技术规范、规程、定额等提出勘察技术要求和进行设计，并按合同规定的进度和质量提交设计文件（包括概预算文件、材料设备清单）。

③初步设计经上级主管部门审查后，在原定任务书范围内的必要修改由设计单位负责。原定任务书有重大变更而需重做或修改设计时，应具有设计审批机关或设计任务书批准机关的意见书，并经双方协商，另订合同。

④设计单位对所承担设计任务的建设项目应配合施工，进行设计技术交底，解决施工过程中有关设计的问题，负责设计变更，参加试车考核及工程竣工验收。对于大中型工业项目和复杂的民用工程应派现场设计代表，并参加隐蔽工程验收。

· 7.3.5　勘察、设计合同的变更和解除 ·

设计文件批准后，就具有一定的严肃性，不得任意修改和变更。如果必须修改，也需经有关部门批准，其批准权限根据修改内容所涉及的范围而定。如果修改部分属于初步设计的内容，必须经设计的原批准单位批准；如果修改的部分是属于可行性研究报告的内容，则必须经可行性研究报告的原批准单位批准；施工图设计的修改，必须经设计单位批准。委托方因故要求修改工程设计，经承包方同意后，除设计文件的提交时间另定外，委托方还应按承包方实际返工修改的工作量增付设计费。委托方因故要求中途停止设计时，应及时书面通知承包方，已付的设计费不退，并按该阶段实际所耗工时，增付和结清设计费，同时终止合同关系。

· *7.3.6 勘察、设计合同的违约责任* ·

1）勘察、设计合同承包方的违约责任

勘察、设计合同承包方违反合同规定的，应承担以下违约的责任：

①因勘察、设计质量低劣引起返工或未按期提交勘察、设计文件拖延工期造成发包人损失的，由勘察、设计单位继续完善勘察、设计任务，并应视造成的损失大小减收或免收勘察、设计费并赔偿损失。

②因承包人的原因致使建设工程在合理使用期限内造成人身和财产损害的，承包人应当承担损害赔偿责任。

2）勘察、设计合同发包方的违约责任

勘察、设计合同发包方违反合同规定的，应承担以下违约的责任：

①由于变更计划，提供的资料不准确，未按期提供勘察、设计必需的资料或工作条件而造成勘察、设计的返工、停工、窝工或修改设计，委托方应按承包方实际消耗的工作量增付费用。因委托方责任造成重大返工或重新设计，应另行增费。

②委托方超过合同规定的日期付费时，应偿付逾期的违约金。偿付办法与金额，由双方按照国家的有关规定协商，在合同中注明。

7.4 建设工程施工合同

· *7.4.1 建设工程施工合同概述* ·

1）建设工程施工合同的概念

建设工程施工合同即建筑安装工程承包合同，是发包人和承包人为完成商定的建筑安装工程，明确相互权利、义务关系的合同。依照施工合同，承包方应完成一定的建筑、安装工程任务，发包方应提供必要的施工条件并支付工程价款。施工合同是建设工程合同的一种，它与其他建设工程合同一样是一种双务合同，在订立时应遵守自愿、公平、诚实信用等原则。

施工合同是工程建设的主要合同，是施工单位进行工程建设的质量管理、进度管理、费用管理的主要依据之一。在市场经济条件下，建设市场主体之间相互的权利义务关系主要是通过合同确立的，因此在建设领域加强对施工合同的管理具有十分重要的意义。国家立法机关、国务院、国家建设行政管理部门都十分重视施工合同的规范工作。

施工合同的当事人是发包人和承包人，双方是平等的民事主体。承发包双方签订施工合同，必须具备相应资质条件和履行施工合同的能力。对合同范围内的工程实施建设时，发包人必须具备组织协调能力，承包人必须具备有关部门核定的资质等级并持有营业执照等证明文件。

发包人可以是具备法人资格的国家机关、事业单位、国有企业、集体企业、私营企业、经济联合体和社会团体，也可以是依法登记的个人合伙、个体经营户或个人，即一切以协议、法院

判决或其他合法完备手续取得发包人的资格,承认全部合同文件,能够而且愿意履行合同规定义务(主要是支付工程价款能力)的合同当事人。

承包人应是具备与工程相应资质和法人资格的,并被发包人接受的合同当事人及其合法继承人。但承包人不能将工程转包或出让,如进行分包,应在合同签订前提出并征得发包人同意。承包人是施工单位(承包商)。

在施工合同中,实行的是以工程师为核心的管理体系(虽然工程师不是施工合同当事人)。施工合同中的工程师是指监理单位委派的总监理工程师或发包人指定的履行合同的负责人,其具体身份和职责由双方在合同中约定。

对于建筑施工企业项目经理而言,施工合同具有特别重要的意义。因为进行施工管理是建筑企业项目经理的主要职责,而在市场经济中施工的主要依据是当事人之间订立的施工合同。建筑施工企业的项目经理必须树立较强的合同意识,掌握施工合同的内容,依据施工合同管理施工。

2)建设工程施工合同示范文本

为了指导建设工程施工合同当事人的签约行为,维护合同当事人的合法权益,根据《中华人民共和国合同法》(现为《中华人民共和国民法典》的一部分)、《中华人民共和国建筑法》、《中华人民共和国招标投标法》以及相关法律法规,住房城乡建设部、原国家工商行政管理总局对《建设工程施工合同(示范文本)》(GF-2013-0201)进行了修订,制定了《建设工程施工合同(示范文本)》(GF-2017-0201)。这些法律、法规、部门规章是我国建设工程施工合同管理的依据。

修订后的《建设工程施工合同(示范文本)》(GF-2017-0201),由合同协议书、通用合同条款和专业合同条款三部分组成。下面就通用合同条款的修订介绍如下:

原《建设工程施工合同(示范文本)》(GF-2013-0201)中的通用合同条款由 24 个分部组成,修订后的《建设工程施工合同(示范文本)》(GF-2017-0201)中的通用合同条款,对原 24 个分部重新整合为 20 个分部,其具体条款分别为:一般约定、发包人、承包人、监理人、工程质量、安全文明施工与环境保护、工期和进度、材料与设备、变更、价格调整、合同价格、计量与支付、验收和工程试车、竣工结算、缺陷责任与保修、违约、不可抗力、保险、索赔和争议解决。上述条款安排即考虑了现行法律法规对工程建设的有关要求,也考虑了建设工程施工管理的特殊需要,详见修改前后的对照表 7.1。

表 7.1 2013 年施工合同通用条款与 2017 年通用条款对照表

序号	2013 年施工合同通用条款	2017 年施工合同与条款
1	一般约定	一般约定
2	发包人	发包人
3	监理人	承包人
4	承包人	监理人
5	材料与工程设备	工程质量
6	施工设备和临时设施	安全文明施工与环境保护

续表

序号	2013 年施工合同通用条款	2017 年施工合同与条款
7	交通运输	工期和进度
8	测量放线	材料与设备
9	施工安全、治安保卫和环境保护	试验与检验
10	进度计划	变更
11	开工和竣工	价格调整
12	暂停施工	合同价格、计量与支付
13	工程质量	验收和工程试车
14	试验和检验	竣工结算
15	变更	缺陷责任与保修
16	价格调整	违约
17	计量与支付	不可抗力
18	竣工验收	保险
19	缺陷责任与保修责任	索赔
20	保险	争议解决
21	不可抗力	—
22	违约	—
23	索赔	—
24	争议的解决	—

3) 建设工程施工合同的订立

（1）订立施工合同应具备的条件

①施工图设计已经批准。

②工程项目已经列入年度建设计划。

③有能够满足施工需要的设计文件和有关技术资料。

④建设资金和主要建筑材料、设备来源已经落实。

⑤对于招投标工程，中标通知书已经发出。

（2）订立施工合同应当遵守的原则

①遵守国家法律、法规和国家计划原则。订立施工合同，必须遵守国家法律、法规，也应遵守国家的建设计划和其他计划（如贷款计划等）。建设工程施工对经济发展、社会生活有多方面的影响，国家有许多强制性的管理规定，施工合同当事人都必须遵守。

②平等、自愿、公平的原则。签订施工合同当事人双方，都具有平等的法律地位，任何一方都不得强迫对方接受不平等的合同条件，合同内容应当是双方当事人真实意思的体现。合同的内容应当是公平的，不能单纯损害一方的利益，对于显失公平的施工合同，当事人一方有

权申请人民法院或者仲裁机构予以变更或者撤销。

③诚实信用原则。双方在订立施工合同时要诚实,不得有欺诈行为,合同当事人应当如实将自身和工程的情况介绍给对方。在履行合同时,施工合同当事人要守信用,严格履行合同。

(3)订立施工合同的程序

施工合同作为合同的一种,其订立也应经过要约和承诺两个阶段,其订立方式有两种:直接发包和招标发包。如果没有特殊情况,工程建设的施工都应通过招标投标确定施工企业。

中标通知书发出后,中标的施工企业应当与建设单位及时签订合同。依据《招标投标法》和《工程建设施工招标投标管理办法》的规定,中标通知书发出30天内,中标单位应与建设单位依据招标文件、投标书等签订工程承发包合同(施工合同)。签订合同的必须是中标的施工企业,投标书中已确定的合同条款在签订时不得更改,合同价应与中标价相一致。如果中标施工企业拒绝与建设单位签订合同,则建设单位将不再返还其投标保证金(如果是银行等金融机构出具投标保函的,则投标保函出具者应当承担相应的保证责任),建设行政主管部门或其授权机构还可给予一定的行政处罚。

· 7.4.2 施工合同双方的权利和义务 ·

在市场经济条件下,施工任务的最终确认是以施工合同为依据的,项目经理必须代表施工企业(承包人)完成应当由施工企业完成的工作。了解发包人的工作则是项目经理在施工中要求发包人合作的基础,也是维护双方权益的基础。《建设工程施工合同(示范文本)》(GF-2017-0201)中"通用合同条款"的第2条至第24条(本章以下叙述只列相应条、款、项内容)规定了施工合同双方及监理人的义务、权利和工作内容。现分述如下:

1)发包人

①发包人应遵守法律,并办理法律规定由其办理的许可、批准或备案,包括但不限于建设用地规划许可证、建设工程规划许可证、建设工程施工许可证、施工所需临时用水、临时用电、中断道路交通、临时占用土地等许可和批准。

发包人应协助承包人办理法律规定的有关施工证件和批件。

因发包人原因未能及时办理完毕前述许可、批准或备案,由发包人承担由此增加的费用和(或)延误的工期,并支付承包人合理的利润。

②发包人应在专用合同条款中明确其派驻施工现场的发包人代表的姓名、职务、联系方式及授权范围等事项。发包人代表在发包人的授权范围内,负责处理合同履行过程中与发包人有关的具体事宜。发包人代表在授权范围内的行为由发包人承担法律责任。发包人更换发包人代表的,应提前7天书面通知承包人。

发包人代表不能按照合同约定履行其职责及义务,并导致合同无法继续正常履行的,承包人可以要求发包人撤换发包人代表。

不属于法定必须监理的工程,监理人的职权可以由发包人代表或发包人指定的其他人员行使。

③发包人应要求在施工现场的发包人人员遵守法律及有关安全、质量、环境保护、文明施工等规定,并保障承包人免于承受因发包人人员未遵守上述要求给承包人造成的损失和责

任。发包人人员包括发包人代表及其他由发包人派驻施工现场的人员。

④提供施工现场。除专用合同条款另有约定外,发包人应最迟于开工日期 7 天前向承包人移交施工现场。

⑤提供施工条件。除专用合同条款另有约定外,发包人应负责提供施工所需要的条件,包括:

a. 将施工用水、电力、通信线路等施工所必需的条件接至施工现场内;

b. 保证向承包人提供正常施工所需要的进入施工现场的交通条件;

c. 协调处理施工现场周围地下管线和邻近建筑物、构筑物、古树名木的保护工作,并承担相关费用;

d. 按照专用合同条款约定应提供的其他设施和条件。

⑥提供基础资料。发包人应当在移交施工现场前向承包人提供施工现场及工程施工所必需的毗邻区域内供水、排水、供电、供气、供热、通信、广播电视等地下管线资料,气象和水文观测资料,地质勘察资料,相邻建筑物、构筑物和地下工程等有关基础资料,并对所提供资料的真实性、准确性和完整性负责。

按照法律规定确需在开工后方能提供的基础资料,发包人应尽其努力及时地在相应工程施工前的合理期限内提供,合理期限应以不影响承包人的正常施工为限。

⑦逾期提供的责任。因发包人原因未能按合同约定及时向承包人提供施工现场、施工条件、基础资料的,由发包人承担由此增加的费用和(或)延误的工期。

⑧资金来源证明及支付担保。除专用合同条款另有约定外,发包人应在收到承包人要求提供资金来源证明的书面通知后 28 天内,向承包人提供能够按照合同约定支付合同价款的相应资金来源证明。

除专用合同条款另有约定外,发包人要求承包人提供履约担保的,发包人应当向承包人提供支付担保。支付担保可以采用银行保函或担保公司担保等形式,具体由合同当事人在专用合同条款中约定。

⑨支付合同价款。发包人应按合同约定向承包人及时支付合同价款。

⑩组织竣工验收。发包人应按合同约定及时组织竣工验收。

⑪现场统一管理协议。发包人应与承包人、由发包人直接发包的专业工程的承包人签订施工现场统一管理协议,明确各方的权利义务。施工现场统一管理协议作为专用合同条款的附件。

2)承包人

(1)承包人的一般义务

承包人在履行合同过程中应遵守法律和工程建设标准规范,并履行以下义务:

①办理法律规定应由承包人办理的许可和批准,并将办理结果书面报送发包人留存。

②按法律规定和合同约定完成工程,并在保修期内承担保修义务。

③按法律规定和合同约定采取施工安全和环境保护措施,办理工伤保险,确保工程及人员、材料、设备和设施的安全。

④按合同约定的工作内容和施工进度要求,编制施工组织设计和施工措施计划,并对所有施工作业和施工方法的完备性和安全可靠性负责。

⑤在进行合同约定的各项工作时，不得侵害发包人与他人使用公用道路、水源、市政管网等公共设施的权利，避免对邻近的公共设施产生干扰。承包人占用或使用他人的施工场地，影响他人作业或生活的，应承担相应责任。

⑥按照第6.3款〔环境保护〕约定负责施工场地及其周边环境与生态的保护工作。

⑦按第6.1款〔安全文明施工〕约定采取施工安全措施，确保工程及其人员、材料、设备和设施的安全，防止因工程施工造成的人身伤害和财产损失。

⑧将发包人按合同约定支付的各项价款专用于合同工程，且应及时支付其雇用人员工资，并及时向分包人支付合同价款。

⑨按照法律规定和合同约定编制竣工资料，完成竣工资料立卷及归档，并按专用合同条款约定的竣工资料的套数、内容、时间等要求移交发包人。

⑩应履行的其他义务。

（2）项目经理

①项目经理应为合同当事人所确认的人选，并在专用合同条款中明确项目经理的姓名、职称、注册执业证书编号、联系方式及授权范围等事项，项目经理经承包人授权后代表承包人负责履行合同。项目经理应是承包人正式聘用的员工，承包人应向发包人提交项目经理与承包人之间的劳动合同，以及承包人为项目经理缴纳社会保险的有效证明。承包人不提交上述文件的，项目经理无权履行职责，发包人有权要求更换项目经理，由此增加的费用和（或）延误的工期由承包人承担。

②项目经理应常驻施工现场，且每月在施工现场时间不得少于专用合同条款约定的天数。项目经理不得同时担任其他项目的项目经理。项目经理确需离开施工现场时，应事先通知监理人，并取得发包人的书面同意。项目经理的通知中应当载明临时代行其职责的人员的注册执业资格、管理经验等资料，该人员应具备履行相应职责的能力。

承包人违反上述约定的，应按照专用合同条款的约定，承担违约责任。

③项目经理按合同约定组织工程实施。在紧急情况下为确保施工安全和人员安全，在无法与发包人代表和总监理工程师及时取得联系时，项目经理有权采取必要的措施保证与工程有关的人身、财产和工程的安全，但应在48小时内向发包人代表和总监理工程师提交书面报告。

④承包人需要更换项目经理的，应提前14天书面通知发包人和监理人，并征得发包人书面同意。通知中应当载明继任项目经理的注册执业资格、管理经验等资料，继任项目经理继续履行第3.2.1项约定的职责。未经发包人书面同意，承包人不得擅自更换项目经理。承包人擅自更换项目经理的，应按照专用合同条款的约定承担违约责任。

⑤发包人有权书面通知承包人更换其认为不称职的项目经理，通知中应当载明要求更换的理由。承包人应在接到更换通知后14天内向发包人提出书面的改进报告。发包人收到改进报告后仍要求更换的，承包人应在接到第二次更换通知的28天内进行更换，并将新任命的项目经理的注册执业资格、管理经验等资料书面通知发包人。继任项目经理继续履行第3.2.1项约定的职责。承包人无正当理由拒绝更换项目经理的，应按照专用合同条款的约定承担违约责任。

⑥项目经理因特殊情况授权其下属人员履行其某项工作职责的，该下属人员应具备履行

相应职责的能力,并应提前7天将上述人员的姓名和授权范围书面通知监理人,并征得发包人书面同意。

(3)承包人人员

①除专用合同条款另有约定外,承包人应在接到开工通知后7天内,向监理人提交承包人项目管理机构及施工现场人员安排的报告,其内容应包括合同管理、施工、技术、材料、质量、安全、财务等主要施工管理人员名单及其岗位、注册执业资格等,以及各工种技术工人的安排情况,并同时提交主要施工管理人员与承包人之间的劳动关系证明和缴纳社会保险的有效证明。

②承包人派驻到施工现场的主要施工管理人员应相对稳定。施工过程中如有变动,承包人应及时向监理人提交施工现场人员变动情况的报告。承包人更换主要施工管理人员时,应提前7天书面通知监理人,并征得发包人书面同意。通知中应当载明继任人员的注册执业资格、管理经验等资料。

特殊工种作业人员均应持有相应的资格证明,监理人可以随时检查。

③发包人对于承包人主要施工管理人员的资格或能力有异议的,承包人应提供资料证明被质疑人员有能力完成其岗位工作或不存在发包人所质疑的情形。发包人要求撤换不能按照合同约定履行职责及义务的主要施工管理人员的,承包人应当撤换。承包人无正当理由拒绝撤换的,应按照专用合同条款的约定承担违约责任。

④除专用合同条款另有约定外,承包人的主要施工管理人员离开施工现场每月累计不超过5天的,应报监理人同意;离开施工现场每月累计超过5天的,应通知监理人,并征得发包人书面同意。主要施工管理人员离开施工现场前应指定一名有经验的人员临时代行其职责,该人员应具备履行相应职责的资格和能力,且应征得监理人或发包人的同意。

⑤承包人擅自更换主要施工管理人员,或前述人员未经监理人或发包人同意擅自离开施工现场的,应按照专用合同条款约定承担违约责任。

3)监理人

(1)监理人的一般规定

工程实行监理的,发包人和承包人应在专用合同条款中明确监理人的监理内容及监理权限等事项。监理人应当根据发包人授权及法律规定,代表发包人对工程施工相关事项进行检查、查验、审核、验收,并签发相关指示,但监理人无权修改合同,且无权减轻或免除合同约定的承包人的任何责任与义务。

除专用合同条款另有约定外,监理人在施工现场的办公场所、生活场所由承包人提供,所发生的费用由发包人承担。

(2)监理人员

发包人授予监理人对工程实施监理的权利由监理人派驻施工现场的监理人员行使,监理人员包括总监理工程师及监理工程师。监理人应将授权的总监理工程师和监理工程师的姓名及授权范围以书面形式提前通知承包人。更换总监理工程师的,监理人应提前7天书面通知承包人;更换其他监理人员,监理人应提前48小时书面通知承包人。

(3)监理人的指示

监理人应按照发包人的授权发出监理指示。监理人的指示应采用书面形式,并经其授权的监理人员签字。紧急情况下,为了保证施工人员的安全或避免工程受损,监理人员可以口头形式发出指示,该指示与书面形式的指示具有同等法律效力,但必须在发出口头指示后24小时内补发书面监理指示,补发的书面监理指示应与口头指示一致。

监理人发出的指示应送达承包人项目经理或经项目经理授权接收的人员。因监理人未能按合同约定发出指示、指示延误或发出了错误指示而导致承包人费用增加和(或)工期延误的,由发包人承担相应责任。除专用合同条款另有约定外,总监理工程师不应将第4.4款〔商定或确定〕约定应由总监理工程师作出确定的权力授权或委托给其他监理人员。

承包人对监理人发出的指示有疑问的,应向监理人提出书面异议,监理人应在48小时内对该指示予以确认、更改或撤销,监理人逾期未回复的,承包人有权拒绝执行上述指示。

监理人对承包人的任何工作、工程或其采用的材料和工程设备未在约定的或合理期限内提出意见的,视为批准,但不免除或减轻承包人对该工作、工程、材料、工程设备等应承担的责任和义务。

(4)商定或确定

合同当事人进行商定或确定时,总监理工程师应当会同合同当事人尽量通过协商达成一致,不能达成一致的,由总监理工程师按照合同约定审慎做出公正的确定。

总监理工程师应将确定以书面形式通知发包人和承包人,并附详细依据。合同当事人对总监理工程师的确定没有异议的,按照总监理工程师的确定执行。任何一方合同当事人有异议,按照第20条〔争议解决〕约定处理。争议解决前,合同当事人暂按总监理工程师的确定执行;争议解决后,争议解决的结果与总监理工程师的确定不一致的,按照争议解决的结果执行,由此造成的损失由责任人承担。

· 7.4.3 施工合同的进度条款 ·

施工合同的进度控制可以分为施工准备阶段、施工阶段和竣工验收阶段的进度控制。

1)施工准备阶段的进度控制

施工准备阶段的许多工作,包括双方对合同工期的约定、进度计划的提交、设计图纸的提供、材料设备的采购、延期开工的处理等,都对施工的开始和进展有直接的影响,因此做好施工准备工作十分重要。

(1)施工组织设计

①施工组织设计的内容。施工组织设计应包含以下内容:

a. 施工方案;

b. 施工现场平面布置图;

c. 施工进度计划和保证措施;

d. 劳动力及材料供应计划;

e. 施工机械设备的选用;

f. 质量保证体系及措施;

g. 安全生产、文明施工措施;

h. 环境保护、成本控制措施;

i. 合同当事人约定的其他内容。

②施工组织设计的提交和修改。除专用合同条款另有约定外,承包人应在合同签订后14天内,但至迟不得晚于第7.3.2项〔开工通知〕载明的开工日期前7天,向监理人提交详细的施工组织设计,并由监理人报送发包人。除专用合同条款另有约定外,发包人和监理人应在监理人收到施工组织设计后7天内确认或提出修改意见。对发包人和监理人提出的合理意见和要求,承包人应自费修改完善。根据工程实际情况需要修改施工组织设计的,承包人应向发包人和监理人提交修改后的施工组织设计。

施工进度计划的编制和修改按照第7.2款〔施工进度计划〕执行。

(2)材料和工程设备

①发包人供应材料与工程设备。发包人自行供应材料、工程设备的,应在签订合同时在专用合同条款的附件《发包人供应材料设备一览表》中明确材料、工程设备的品种、规格、型号、数量、单价、质量等级和送达地点。

承包人应提前30天通过监理人以书面形式通知发包人供应材料与工程设备进场。承包人按照〔施工进度计划的修订〕约定修订施工进度计划时,需同时提交经修订后的发包人供应材料与工程设备的进场计划。

②承包人采购材料与工程设备。承包人负责采购材料、工程设备的,应按照设计和有关标准要求采购,并提供产品合格证明及出厂证明,对材料、工程设备质量负责。合同约定由承包人采购的材料、工程设备,发包人不得指定生产厂家或供应商,发包人违反本款约定指定生产厂家或供应商的,承包人有权拒绝,并由发包人承担相应责任。

③材料与工程设备的接收与拒收:

a.发包人应按《发包人供应材料设备一览表》约定的内容提供材料和工程设备,并向承包人提供产品合格证明及出厂证明,对其质量负责。发包人应提前24小时以书面形式通知承包人、监理人材料和工程设备到货时间,承包人负责材料和工程设备的清点、检验和接收。

发包人提供的材料和工程设备的规格、数量或质量不符合合同约定的,或因发包人原因导致交货日期延误或交货地点变更等情况的,按照第16.1款〔发包人违约〕约定办理。

b.承包人采购的材料和工程设备,应保证产品质量合格,承包人应在材料和工程设备到货前24小时通知监理人检验。承包人进行永久设备、材料的制造和生产的,应符合相关质量标准,并向监理人提交材料的样本以及有关资料,并应在使用该材料或工程设备之前获得监理人同意。

承包人采购的材料和工程设备不符合设计或有关标准要求时,承包人应在监理人要求的合理期限内将不符合设计或有关标准要求的材料、工程设备运出施工现场,并重新采购符合要求的材料、工程设备,由此增加的费用和(或)延误的工期,由承包人承担。

④材料与工程设备的保管与使用:

a.发包人供应材料与工程设备的保管与使用。

发包人供应的材料和工程设备,承包人清点后由承包人妥善保管,保管费用由发包人承担,但已标价工程量清单或预算书已经列支或专用合同条款另有约定除外。因承包人原因发生丢失毁损的,由承包人负责赔偿;监理人未通知承包人清点的,承包人不负责材料和工程设备的保管,由此导致丢失毁损的由发包人负责。

发包人供应的材料和工程设备使用前,由承包人负责检验,检验费用由发包人承担,不合格的不得使用。

　　b. 承包人采购材料与工程设备的保管与使用。

　　承包人采购的材料和工程设备由承包人妥善保管,保管费用由承包人承担。法律规定材料和工程设备使用前必须进行检验或试验的,承包人应按监理人的要求进行检验或试验,检验或试验费用由承包人承担,不合格的不得使用。

　　发包人或监理人发现承包人使用不符合设计或有关标准要求的材料和工程设备时,有权要求承包人进行修复、拆除或重新采购,由此增加的费用和(或)延误的工期,由承包人承担。

　　⑤禁止使用不合格的材料和工程设备:

　　a. 监理人有权拒绝承包人提供的不合格材料或工程设备,并要求承包人立即进行更换。监理人应在更换后再次进行检查和检验,由此增加的费用和(或)延误的工期由承包人承担。

　　b. 监理人发现承包人使用了不合格的材料和工程设备,承包人应按照监理人的指示立即改正,并禁止在工程中继续使用不合格的材料和工程设备。

　　c. 发包人提供的材料或工程设备不符合合同要求的,承包人有权拒绝,并可要求发包人更换,由此增加的费用和(或)延误的工期由发包人承担,并支付承包人合理的利润。

　　⑥样品:

　　a. 样品的报送与封存。需要承包人报送样品的材料或工程设备,样品的种类、名称、规格、数量等要求均应在专用合同条款中约定。样品的报送程序如下:

　　●承包人应在计划采购前28天向监理人报送样品。承包人报送的样品均应来自供应材料的实际生产地,且提供的样品的规格、数量足以表明材料或工程设备的质量、型号、颜色、表面处理、质地、误差和其他要求的特征。

　　●承包人每次报送样品时应随附申报单,申报单应载明报送样品的相关数据和资料,并标明每件样品对应的图纸号,预留监理人批复意见栏。监理人应在收到承包人报送的样品后7天向承包人回复经发包人签认的样品审批意见。

　　●经发包人和监理人审批确认的样品应按约定的方法封样,封存的样品作为检验工程相关部分的标准之一。承包人在施工过程中不得使用与样品不符的材料或工程设备。

　　●发包人和监理人对样品的审批确认仅为确认相关材料或工程设备的特征或用途,不得被理解为对合同的修改或改变,也并不减轻或免除承包人任何的责任和义务。如果封存的样品修改或改变了合同约定,合同当事人应当以书面协议予以确认。

　　b. 样品的保管。经批准的样品应由监理人负责封存于现场,承包人应在现场为保存样品提供适当和固定的场所并保持适当和良好的存储环境条件。

　　⑦材料与工程设备的替代:

　　a. 出现下列情况需要使用替代材料和工程设备的,承包人应按照第8.7.2项约定的程序执行:

　　●基准日期后生效的法律规定禁止使用的;

　　●发包人要求使用替代品的;

　　●因其他原因必须使用替代品的。

　　b. 承包人应在使用替代材料和工程设备28天前书面通知监理人,并附下列文件:

　　●被替代的材料和工程设备的名称、数量、规格、型号、品牌、性能、价格及其他相关资料;

- 替代品的名称、数量、规格、型号、品牌、性能、价格及其他相关资料;
- 替代品与被替代产品之间的差异以及使用替代品可能对工程产生的影响;
- 替代品与被替代产品的价格差异;
- 使用替代品的理由和原因说明;
- 监理人要求的其他文件。

监理人应在收到通知后14天内向承包人发出经发包人签认的书面指示;监理人逾期发出书面指示的,视为发包人和监理人同意使用替代品。

c. 发包人认可使用替代材料和工程设备的,替代材料和工程设备的价格,按照已标价工程量清单或预算书相同项目的价格认定;无相同项目的,参考相似项目价格认定;既无相同项目也无相似项目的,按照合理的成本与利润构成的原则,由合同当事人按照第4.4款〔商定或确定〕确定价格。

⑧材料与设备专用要求。承包人运入施工现场的材料、工程设备、施工设备以及在施工场地建设的临时设施,包括备品备件、安装工具与资料,必须专用于工程。未经发包人批准,承包人不得运出施工现场或挪作他用;经发包人批准,承包人可以根据施工进度计划撤走闲置的施工设备和其他物品。

(3)施工设备和临时设施

①承包人提供的施工设备和临时设施:

a. 承包人应按合同进度计划的要求,及时配置施工设备和修建临时设施。进入施工场地的承包人设备需经监理人核查后才能投入使用。承包人更换合同约定的承包人设备的,应报监理人批准。

b. 除专用合同条款另有约定外,承包人应自行承担修建临时设施的费用,需要临时占地的,应由发包人办理申请手续并承担相应费用。

②发包人提供的施工设备和临时设施。发包人提供的施工设备或临时设施在专用合同条款中约定。

③要求承包人增加或更换施工设备。承包人使用的施工设备不能满足合同进度计划和(或)质量要求时,监理人有权要求承包人增加或更换施工设备,承包人应及时增加或更换,由此增加的费用和(或)延误的工期由承包人承担。

(4)交通运输

①出入现场的权利。除专用合同条款另有约定外,发包人应根据施工需要,负责取得出入施工现场所需的批准手续和全部权利,以及取得因施工所需修建道路、桥梁以及其他基础设施的权利,并承担相关手续费用和建设费用。承包人应协助发包人办理修建场内外道路、桥梁以及其他基础设施的手续。

承包人应在订立合同前查勘施工现场,并根据工程规模及技术参数合理预见工程施工所需的进出施工现场的方式、手段、路径等。因承包人未合理预见所增加的费用和(或)延误的工期由承包人承担。

②场外交通。发包人应提供场外交通设施的技术参数和具体条件,承包人应遵守有关交通法规,严格按照道路和桥梁的限制荷载行驶,执行有关道路限速、限行、禁止超载的规定,并配合交通管理部门的监督和检查。场外交通设施无法满足工程施工需要的,由发包人负责完

善并承担相关费用。

③场内交通。发包人应提供场内交通设施的技术参数和具体条件,并应按照专用合同条款的约定向承包人免费提供满足工程施工所需的场内道路和交通设施。因承包人原因造成上述道路或交通设施损坏的,承包人负责修复并承担由此增加的费用。

除发包人按照合同约定提供的场内道路和交通设施外,承包人负责修建、维修、养护和管理施工所需的其他场内临时道路和交通设施。发包人和监理人可以为实现合同目的使用承包人修建的场内临时道路和交通设施。

场外交通和场内交通的边界由合同当事人在专用合同条款中约定。

④超大件和超重件的运输。由承包人负责运输的超大件或超重件,应由承包人负责向交通管理部门办理申请手续,发包人给予协助。运输超大件或超重件所需的道路和桥梁临时加固改造费用和其他有关费用,由承包人承担,但专用合同条款另有约定除外。

⑤道路和桥梁的损坏责任。因承包人运输造成施工场地内外公共道路和桥梁损坏的,由承包人承担修复损坏的全部费用和可能引起的赔偿。

⑥水路和航空运输。前述各项的内容适用于水路运输和航空运输,其中"道路"一词的涵义包括河道、航线、船闸、机场、码头、堤防以及水路或航空运输中其他相似结构物;"车辆"一词的涵义包括船舶和飞机等。

(5)知识产权

①除专用合同条款另有约定外,发包人提供给承包人的图纸、发包人为实施工程自行编制或委托编制的技术规范以及反映发包人要求的或其他类似性质的文件的著作权属于发包人,承包人可以为实现合同目的而复制、使用此类文件,但不能用于与合同无关的其他事项。未经发包人书面同意,承包人不得为了合同以外的目的而复制、使用上述文件或将之提供给任何第三方。

②除专用合同条款另有约定外,承包人为实施工程所编制的文件,除署名权以外的著作权属于发包人,承包人可因实施工程的运行、调试、维修、改造等目的而复制、使用此类文件,但不能用于与合同无关的其他事项。未经发包人书面同意,承包人不得为了合同以外的目的而复制、使用上述文件或将之提供给任何第三方。

③合同当事人保证在履行合同过程中不侵犯对方及第三方的知识产权。承包人在使用材料、施工设备、工程设备或采用施工工艺时,因侵犯他人的专利权或其他知识产权所引起的责任,由承包人承担;因发包人提供的材料、施工设备、工程设备或施工工艺导致侵权的,由发包人承担责任。

④除专用合同条款另有约定外,承包人在合同签订前和签订时已确定采用的专利、专有技术、技术秘密的使用费已包含在签约合同价中。

2)施工阶段的进度控制

工程开工后,合同履行即进入施工阶段,直至工程竣工。这一阶段进度控制的任务是控制施工任务在协议书规定的合同工期内完成。

(1)施工进度计划

①施工进度计划的编制。承包人应按照第7.1款〔施工组织设计〕约定提交详细的施工进度计划,施工进度计划的编制应当符合国家法律规定和一般工程实践惯例,施工进度计划

经发包人批准后实施。施工进度计划是控制工程进度的依据,发包人和监理人有权按照施工进度计划检查工程进度情况。

②施工进度计划的修订。施工进度计划不符合合同要求或与工程的实际进度不一致的,承包人应向监理人提交修订的施工进度计划,并附具有关措施和相关资料,由监理人报送发包人。除专用合同条款另有约定外,发包人和监理人应在收到修订的施工进度计划后7天内完成审核和批准或提出修改意见。发包人和监理人对承包人提交的施工进度计划的确认,不能减轻或免除承包人根据法律规定和合同约定应承担的任何责任或义务。

(2)开工

①开工准备。除专用合同条款另有约定外,承包人应按照第7.1款〔施工组织设计〕约定的期限,向监理人提交工程开工报审表,经监理人报发包人批准后执行。开工报审表应详细说明按施工进度计划正常施工所需的施工道路、临时设施、材料、工程设备、施工设备、施工人员等落实情况以及工程的进度安排。

除专用合同条款另有约定外,合同当事人应按约定完成开工准备工作。

②开工通知。发包人应按照法律规定获得工程施工所需的许可。经发包人同意后,监理人发出的开工通知应符合法律规定。监理人应在计划开工日期7天前向承包人发出开工通知,工期自开工通知中载明的开工日期起算。

除专用合同条款另有约定外,因发包人原因造成监理人未能在计划开工日期之日起90天内发出开工通知的,承包人有权提出价格调整要求,或者解除合同。发包人应当承担由此增加的费用和(或)延误的工期,并向承包人支付合理利润。

(3)测量放线

①除专用合同条款另有约定外,发包人应在至迟不得晚于第7.3.2项〔开工通知〕载明的开工日期前7天通过监理人向承包人提供测量基准点、基准线和水准点及其书面资料。发包人应对其提供的测量基准点、基准线和水准点及其书面资料的真实性、准确性和完整性负责。

承包人发现发包人提供的测量基准点、基准线和水准点及其书面资料存在错误或疏漏的,应及时通知监理人。监理人应及时报告发包人,并会同发包人和承包人予以核实。发包人应就如何处理和是否继续施工作出决定,并通知监理人和承包人。

②承包人负责施工过程中的全部施工测量放线工作,并配置具有相应资质的人员、合格的仪器、设备和其他物品。承包人应矫正工程的位置、标高、尺寸或准线中出现的任何差错,并对工程各部分的定位负责。

施工过程中对施工现场内水准点等测量标志物的保护工作由承包人负责。

(4)工期延误

①因发包人原因导致工期延误。在合同履行过程中,因下列情况导致工期延误和(或)费用增加的,由发包人承担由此延误的工期和(或)增加的费用,且发包人应支付承包人合理的利润:

a. 发包人未能按合同约定提供图纸或所提供图纸不符合合同约定的;

b. 发包人未能按合同约定提供施工现场、施工条件、基础资料、许可、批准等开工条件的;

c. 发包人提供的测量基准点、基准线和水准点及其书面资料存在错误或疏漏的;

d. 发包人未能在计划开工日期之日起7天内同意下达开工通知的;

e.发包人未能按合同约定日期支付工程预付款、进度款或竣工结算款的；

f.监理人未按合同约定发出指示、批准等文件的；

g.专用合同条款中约定的其他情形。

因发包人原因未按计划开工日期开工的,发包人应按实际开工日期顺延竣工日期,确保实际工期不低于合同约定的工期总日历天数。因发包人原因导致工期延误需要修订施工进度计划的,按照第7.2.2项〔施工进度计划的修订〕执行。

②因承包人原因导致工期延误。因承包人原因造成工期延误的,可以在专用合同条款中约定逾期竣工违约金的计算方法和逾期竣工违约金的上限。承包人支付逾期竣工违约金后,不免除承包人继续完成工程及修补缺陷的义务。

（5）暂停施工

①发包人原因引起的暂停施工。因发包人原因引起暂停施工的,监理人经发包人同意后,应及时下达暂停施工指示。情况紧急且监理人未及时下达暂停施工指示的,按照第7.8.4项〔紧急情况下的暂停施工〕执行。

因发包人原因引起的暂停施工,发包人应承担由此增加的费用和（或）延误的工期,并支付承包人合理的利润。

②承包人原因引起的暂停施工。因承包人原因引起的暂停施工,承包人应承担由此增加的费用和（或）延误的工期,且承包人在收到监理人复工指示后84天内仍未复工的,视为第16.2.1项〔承包人违约的情形〕第（7）目约定的承包人无法继续履行合同的情形。

③指示暂停施工。监理人认为有必要时,并经发包人批准后,可向承包人作出暂停施工的指示,承包人应按监理人指示暂停施工。

④紧急情况下的暂停施工。因紧急情况需暂停施工,且监理人未及时下达暂停施工指示的,承包人可先暂停施工,并及时通知监理人。监理人应在接到通知后24小时内发出指示,逾期未发出指示,视为同意承包人暂停施工。监理人不同意承包人暂停施工的,应说明理由,承包人对监理人的答复有异议,按照第20条〔争议解决〕约定处理。

⑤暂停施工后的复工。暂停施工后,发包人和承包人应采取有效措施积极消除暂停施工的影响。在工程复工前,监理人会同发包人和承包人确定因暂停施工造成的损失,并确定工程复工条件。当工程具备复工条件时,监理人应经发包人批准后向承包人发出复工通知,承包人应按照复工通知要求复工。

承包人无故拖延和拒绝复工的,承包人承担由此增加的费用和（或）延误的工期;因发包人原因无法按时复工的,按照第7.5.1项〔因发包人原因导致工期延误〕约定办理。

⑥暂停施工持续56天以上。监理人发出暂停施工指示后56天内未向承包人发出复工通知,除该项停工属于第7.8.2项〔承包人原因引起的暂停施工〕及第17条〔不可抗力〕约定的情形外,承包人可向发包人提交书面通知,要求发包人在收到书面通知后28天内准许已暂停施工的部分或全部工程继续施工。发包人逾期不予批准的,则承包人可以通知发包人,将工程受影响的部分视为按第10.1款〔变更的范围〕第（2）项的可取消工作。

暂停施工持续84天以上不复工的,且不属于第7.8.2项〔承包人原因引起的暂停施工〕及第17条〔不可抗力〕约定的情形,并影响到整个工程以及合同目的实现的,承包人有权提出价格调整要求,或者解除合同。解除合同的,按照第16.1.3项〔因发包人违约解除合同〕

执行。

⑦暂停施工期间的工程照管。暂停施工期间,承包人应负责妥善照管工程并提供安全保障,由此增加的费用由责任方承担。

⑧暂停施工的措施。暂停施工期间,发包人和承包人均应采取必要的措施确保工程质量及安全,防止因暂停施工扩大损失。

(6)提前竣工

①发包人要求承包人提前竣工的,发包人应通过监理人向承包人下达提前竣工指示,承包人应向发包人和监理人提交提前竣工建议书,提前竣工建议书应包括实施的方案、缩短的时间、增加的合同价格等内容。发包人接受该提前竣工建议书的,监理人应与发包人和承包人协商采取加快工程进度的措施,并修订施工进度计划,由此增加的费用由发包人承担。承包人认为提前竣工指示无法执行的,应向监理人和发包人提出书面异议,发包人和监理人应在收到异议后7天内予以答复。任何情况下,发包人不得压缩合理工期。

②发包人要求承包人提前竣工,或承包人提出提前竣工的建议能够给发包人带来效益的,合同当事人可以在专用合同条款中约定提前竣工的奖励。

3)竣工验收阶段的进度控制

竣工验收是承包人完成工程施工的最后阶段,也是发包人对工程进行全面检验的阶段。在竣工验收阶段,项目经理进度控制的任务是督促完成工程扫尾工作,协调竣工验收中的各方关系,参加竣工验收。

(1)竣工验收

①竣工验收条件。工程具备以下条件的,承包人可以申请竣工验收:

a.除发包人同意的甩项工作和缺陷修补工作外,合同范围内的全部工程以及有关工作,包括合同要求的试验、试运行以及检验均已完成,并符合合同要求;

b.已按合同约定编制了甩项工作和缺陷修补工作清单以及相应的施工计划;

c.已按合同约定的内容和份数备齐竣工资料。

②竣工验收程序。除专用合同条款另有约定外,承包人申请竣工验收的,应当按照以下程序进行:

a.承包人向监理人报送竣工验收申请报告,监理人应在收到竣工验收申请报告后14天内完成审查并报送发包人。监理人审查后认为尚不具备验收条件的,应通知承包人在竣工验收前承包人还需完成的工作内容,承包人应在完成监理人通知的全部工作内容后,再次提交竣工验收申请报告。

b.监理人审查后认为已具备竣工验收条件的,应将竣工验收申请报告提交发包人,发包人应在收到经监理人审核的竣工验收申请报告后28天内审批完毕并组织监理人、承包人、设计人等相关单位完成竣工验收。

c.竣工验收合格的,发包人应在验收合格后14天内向承包人签发工程接收证书。发包人无正当理由逾期不颁发工程接收证书的,自验收合格后第15天起视为已颁发工程接收证书。

d.竣工验收不合格的,监理人应按照验收意见发出指示,要求承包人对不合格工程返工、修复或采取其他补救措施,由此增加的费用和(或)延误的工期由承包人承担。承包人在完成不合格工程的返工、修复或采取其他补救措施后,应重新提交竣工验收申请报告,并按本项约定的程序重新进行验收。

e. 工程未经验收或验收不合格,发包人擅自使用的,应在转移占有工程后 7 天内向承包人颁发工程接收证书;发包人无正当理由逾期不颁发工程接收证书的,自转移占有后第 15 天起视为已颁发工程接收证书。

除专用合同条款另有约定外,发包人不按照本项约定组织竣工验收、颁发工程接收证书的,每逾期一天,应以签约合同价为基数,按照中国人民银行发布的同期同类贷款基准利率支付违约金。

③竣工日期。工程经竣工验收合格的,以承包人提交竣工验收申请报告之日为实际竣工日期,并在工程接收证书中载明;因发包人原因,未在监理人收到承包人提交的竣工验收申请报告 42 天内完成竣工验收,或完成竣工验收不予签发工程接收证书的,以提交竣工验收申请报告的日期为实际竣工日期;工程未经竣工验收,发包人擅自使用的,以转移占有工程之日为实际竣工日期。

④拒绝接收全部或部分工程。对于竣工验收不合格的工程,承包人完成整改后,应当重新进行竣工验收,经重新组织验收仍不合格的且无法采取措施补救的,则发包人可以拒绝接收不合格工程,因不合格工程导致其他工程不能正常使用的,承包人应采取措施确保相关工程的正常使用,由此增加的费用和(或)延误的工期由承包人承担。

⑤移交、接收全部与部分工程。除专用合同条款另有约定外,合同当事人应当在颁发工程接收证书后 7 天内完成工程的移交。

发包人无正当理由不接收工程的,发包人自应当接收工程之日起,承担工程照管、成品保护、保管等与工程有关的各项费用,合同当事人可以在专用合同条款中另行约定发包人逾期接收工程的违约责任。

承包人无正当理由不移交工程的,承包人应承担工程照管、成品保护、保管等与工程有关的各项费用,合同当事人可以在专用合同条款中另行约定承包人无正当理由不移交工程的违约责任。

⑥提前交付单位工程的验收:

a. 发包人需要在工程竣工前使用单位工程的,或承包人提出提前交付已经竣工的单位工程且经发包人同意的,可进行单位工程验收,验收的程序按照第 13.2 款〔竣工验收〕的约定进行。

验收合格后,由监理人向承包人出具经发包人签认的单位工程接收证书。已签发单位工程接收证书的单位工程由发包人负责照管。单位工程的验收成果和结论作为整体工程竣工验收申请报告的附件。

b. 发包人要求在工程竣工前交付单位工程,由此导致承包人费用增加和(或)工期延误的,由发包人承担由此增加的费用和(或)延误的工期,并支付承包人合理的利润。

⑦施工期运行:

a. 施工期运行是指合同工程尚未全部竣工,其中某项或某几项单位工程或工程设备安装已竣工,根据专用合同条款约定,需要投入施工期运行的,经发包人按第 13.4 款〔提前交付单位工程的验收〕的约定验收合格,证明能确保安全后,才能在施工期投入运行。

b. 在施工期运行中发现工程或工程设备损坏或存在缺陷的,由承包人按第 15.2 款〔缺陷责任期〕约定进行修复。

⑧竣工退场:

a. 竣工退场。颁发工程接收证书后,承包人应按以下要求对施工现场进行清理:

- 施工现场内残留的垃圾已全部清除出场;
- 临时工程已拆除,场地已进行清理、平整或复原;
- 按合同约定应撤离的人员、承包人施工设备和剩余的材料,包括废弃的施工设备和材料,已按计划撤离施工现场;
- 施工现场周边及其附近道路、河道的施工堆积物,已全部清理;
- 施工现场其他场地清理工作已全部完成。

施工现场的竣工退场费用由承包人承担。承包人应在专用合同条款约定的期限内完成竣工退场,逾期未完成的,发包人有权出售或另行处理承包人遗留的物品,由此支出的费用由承包人承担,发包人出售承包人遗留物品所得款项在扣除必要费用后应返还承包人。

b. 地表还原。承包人应按发包人要求恢复临时占地及清理场地,承包人未按发包人的要求恢复临时占地,或者场地清理未达到合同约定要求的,发包人有权委托其他人恢复或清理,所发生的费用由承包人承担。

(2)缺陷责任与保修

①缺陷责任期:

a. 缺陷责任期从工程通过竣工验收之日起计算,合同当事人应在专用合同条款约定缺陷责任期的具体期限,但该期限最长不超过 24 个月。

单位工程先于全部工程进行验收,经验收合格并交付使用的,该单位工程缺陷责任期自单位工程验收合格之日起算。因承包人原因导致工程无法按合同约定期限进行竣工验收的,缺陷责任期从实际通过竣工验收之日起计算。因发包人原因导致工程无法按合同约定期限进行竣工验收的,在承包人提交竣工验收报告 90 天后,工程自动进入缺陷责任期;发包人未经竣工验收擅自使用工程的,缺陷责任期自工程转移占有之日起开始计算。

b. 缺陷责任期内,由承包人原因造成的缺陷,承包人应负责维修,并承担鉴定及维修费用。如承包人不维修也不承担费用,发包人可按合同约定从保证金或银行保函中扣除,费用超出保证金额的,发包人可按合同约定向承包人进行索赔。承包人维修并承担相应费用后,不免除对工程的损失赔偿责任。发包人有权要求承包人延长缺陷责任期,并应在原缺陷责任期届满前发出延长通知。但缺陷责任期(含延长部分)最长不能超过 24 个月。

由他人原因造成的缺陷,发包人负责组织维修,承包人不承担费用,且发包人不得从保证金中扣除费用。

c. 任何一项缺陷或损坏修复后,经检查证明其影响了工程或工程设备的使用性能,承包人应重新进行合同约定的试验和试运行,试验和试运行的全部费用应由责任方承担。

d. 除专用合同条款另有约定外,承包人应于缺陷责任期届满后 7 天内向发包人发出缺陷责任期届满通知,发包人应在收到缺陷责任期满通知后 14 天内核实承包人是否履行缺陷修复义务,承包人未能履行缺陷修复义务的,发包人有权扣除相应金额的维修费用。发包人应在收到缺陷责任期届满通知后 14 天内,向承包人颁发缺陷责任期终止证书。

②保修:

a.工程保修的原则。在工程移交发包人后,因承包人原因产生的质量缺陷,承包人应承担质量缺陷责任和保修义务。缺陷责任期届满,承包人仍应按合同约定的工程各部位保修年限承担保修义务。

b.保修责任。工程保修期从工程竣工验收合格之日起算,具体分部分项工程的保修期由合同当事人在专用合同条款中约定,但不得低于法定最低保修年限。在工程保修期内,承包人应当根据有关法律规定以及合同约定承担保修责任。

发包人未经竣工验收擅自使用工程的,保修期自转移占有之日起算。

c.修复费用。保修期内,修复的费用按照以下约定处理:

• 保修期内,因承包人原因造成工程的缺陷、损坏,承包人应负责修复,并承担修复的费用以及因工程的缺陷、损坏造成的人身伤害和财产损失;

• 保修期内,因发包人使用不当造成工程的缺陷、损坏,可以委托承包人修复,但发包人应承担修复的费用,并支付承包人合理利润;

• 因其他原因造成工程的缺陷、损坏,可以委托承包人修复,发包人应承担修复的费用,并支付承包人合理的利润,因工程的缺陷、损坏造成的人身伤害和财产损失由责任方承担。

d.修复通知。在保修期内,发包人在使用过程中,发现已接收的工程存在缺陷或损坏的,应书面通知承包人予以修复,但情况紧急必须立即修复缺陷或损坏的,发包人可以口头通知承包人并在口头通知后48小时内书面确认,承包人应在专用合同条款约定的合理期限内到达工程现场并修复缺陷或损坏。

e.未能修复。因承包人原因造成工程的缺陷或损坏,承包人拒绝维修或未能在合理期限内修复缺陷或损坏,且经发包人书面催告后仍未修复的,发包人有权自行修复或委托第三方修复,所需费用由承包人承担。但修复范围超出缺陷或损坏范围的,超出范围部分的修复费用由发包人承担。

f.承包人出入权。在保修期内,为了修复缺陷或损坏,承包人有权出入工程现场,除情况紧急必须立即修复缺陷或损坏外,承包人应提前24小时通知发包人进场修复的时间。承包人进入工程现场前应获得发包人同意,且不应影响发包人正常的生产经营,并应遵守发包人有关保安和保密等规定。

· 7.4.4 施工合同的质量条款 ·

工程施工中的质量管理是施工合同履行中的重要环节。施工合同的质量管理涉及许多方面的因素,任何一个方面的缺陷和疏漏,都会使工程质量无法达到预期的标准。通用合同条款中的大量条款都与工程质量有关。项目经理必须严格按照合同的约定抓好施工质量,施工质量好坏是衡量项目经理管理水平的重要标准。

1)图纸和承包人文件

(1)图纸的提供和交底

发包人应按照专用合同条款约定的期限、数量和内容向承包人免费提供图纸,并组织承包人、监理人和设计人进行图纸会审和设计交底。发包人至迟不得晚于第7.3.2项〔开工通知〕载明的开工日期前14天向承包人提供图纸。

因发包人未按合同约定提供图纸导致承包人费用增加和(或)工期延误的,按照第7.5.1项〔因发包人原因导致工期延误〕约定办理。

(2)图纸的错误

承包人在收到发包人提供的图纸后,发现图纸存在差错、遗漏或缺陷的,应及时通知监理人。监理人接到该通知后,应附具相关意见并立即报送发包人,发包人应在收到监理人报送的通知后的合理时间内作出决定。合理时间是指发包人在收到监理人的报送通知后,尽其努力且不懈怠地完成图纸修改补充所需的时间。

(3)图纸的修改和补充

图纸需要修改和补充的,应经图纸原设计人及审批部门同意,并由监理人在工程或工程相应部位施工前将修改后的图纸或补充图纸提交给承包人,承包人应按修改或补充后的图纸施工。

(4)承包人文件

承包人应按照专用合同条款的约定提供应当由其编制的与工程施工有关的文件,并按照专用合同条款约定的期限、数量和形式提交监理人,并由监理人报送发包人。

除专用合同条款另有约定外,监理人应在收到承包人文件后7天内审查完毕,监理人对承包人文件有异议的,承包人应予以修改,并重新报送监理人。监理人的审查并不减轻或免除承包人根据合同约定应当承担的责任。

(5)图纸和承包人文件的保管

除专用合同条款另有约定外,承包人应在施工现场另外保存一套完整的图纸和承包人文件,供发包人、监理人及有关人员进行工程检查时使用。

2)试验与检验

(1)试验设备与试验人员

①承包人根据合同约定或监理人指示进行的现场材料试验,应由承包人提供试验场所、试验人员、试验设备以及其他必要的试验条件。监理人在必要时可以使用承包人提供的试验场所、试验设备以及其他试验条件,进行以工程质量检查为目的的材料复核试验,承包人应予以协助。

②承包人应按专用合同条款的约定提供试验设备、取样装置、试验场所和试验条件,并向监理人提交相应进场计划表。

承包人配置的试验设备要符合相应试验规程的要求并经过具有资质的检测单位检测,且在正式使用该试验设备前,需要经过监理人与承包人共同校定。

③承包人应向监理人提交试验人员的名单及其岗位、资格等证明资料,试验人员必须能够熟练进行相应的检测试验,承包人对试验人员的试验程序和试验结果的正确性负责。

(2)取样

试验属于自检性质的,承包人可以单独取样。试验属于监理人抽检性质的,可由监理人取样,也可由承包人的试验人员在监理人的监督下取样。

(3)材料、工程设备和工程的试验和检验

①承包人应按合同约定进行材料、工程设备和工程的试验和检验,并为监理人对上述材料、工程设备和工程的质量检查提供必要的试验资料和原始记录。按合同约定应由监理人与

承包人共同进行试验和检验的,由承包人负责提供必要的试验资料和原始记录。

②试验属于自检性质的,承包人可以单独进行试验。试验属于监理人抽检性质的,监理人可以单独进行试验,也可由承包人与监理人共同进行。承包人对由监理人单独进行的试验结果有异议的,可以申请重新共同进行试验。约定共同进行试验的,监理人未按照约定参加试验的,承包人可自行试验,并将试验结果报送监理人,监理人应承认该试验结果。

③监理人对承包人的试验和检验结果有异议的,或为查清承包人试验和检验成果的可靠性要求承包人重新试验和检验的,可由监理人与承包人共同进行。重新试验和检验的结果证明该项材料、工程设备或工程的质量不符合合同要求的,由此增加的费用和(或)延误的工期由承包人承担;重新试验和检验结果证明该项材料、工程设备和工程符合合同要求的,由此增加的费用和(或)延误的工期由发包人承担。

(4)现场工艺试验

承包人应按合同约定或监理人指示进行现场工艺试验。对大型的现场工艺试验,监理人认为必要时,承包人应根据监理人提出的工艺试验要求,编制工艺试验措施计划,报送监理人审查。

3)工程质量

(1)工程质量要求

①工程质量标准必须符合现行国家有关工程施工质量验收规范和标准的要求。有关工程质量的特殊标准或要求由合同当事人在专用合同条款中约定。

②因发包人原因造成工程质量未达到合同约定标准的,由发包人承担由此增加的费用和(或)延误的工期,并支付承包人合理的利润。

③因承包人原因造成工程质量未达到合同约定标准的,发包人有权要求承包人返工直至工程质量达到合同约定的标准为止,并由承包人承担由此增加的费用和(或)延误的工期。

(2)质量保证措施

①发包人的质量管理。发包人应按照法律规定及合同约定完成与工程质量有关的各项工作。

②承包人的质量管理。承包人按照第7.1款〔施工组织设计〕约定向发包人和监理人提交工程质量保证体系及措施文件,建立完善的质量检查制度,并提交相应的工程质量文件。对于发包人和监理人违反法律规定和合同约定的错误指示,承包人有权拒绝实施。

承包人应对施工人员进行质量教育和技术培训,定期考核施工人员的劳动技能,严格执行施工规范和操作规程。

承包人应按照法律规定和发包人的要求,对材料、工程设备以及工程的所有部位及其施工工艺进行全过程的质量检查和检验,并作详细记录,编制工程质量报表,报送监理人审查。此外,承包人还应按照法律规定和发包人的要求,进行施工现场取样试验、工程复核测量和设备性能检测,提供试验样品、提交试验报告和测量成果以及其他工作。

③监理人的质量检查和检验。监理人按照法律规定和发包人授权对工程的所有部位及其施工工艺、材料和工程设备进行检查和检验。承包人应为监理人的检查和检验提供方便,包括监理人到施工现场,或制造、加工地点,或合同约定的其他地方进行察看和查阅施工原始记录。监理人为此进行的检查和检验,不免除或减轻承包人按照合同约定应当承担的责任。

监理人的检查和检验不应影响施工正常进行。监理人的检查和检验影响施工正常进行的,且经检查检验不合格的,影响正常施工的费用由承包人承担,工期不予顺延;经检查检验合格的,由此增加的费用和(或)延误的工期由发包人承担。

(3)隐蔽工程检查

①承包人自检。承包人应当对工程隐蔽部位进行自检,并经自检确认是否具备覆盖条件。

②检查程序。除专用合同条款另有约定外,工程隐蔽部位经承包人自检确认具备覆盖条件的,承包人应在共同检查前48小时书面通知监理人检查,通知中应载明隐蔽检查的内容、时间和地点,并应附有自检记录和必要的检查资料。

监理人应按时到场并对隐蔽工程及其施工工艺、材料和工程设备进行检查。经监理人检查确认质量符合隐蔽要求,并在验收记录上签字后,承包人才能进行覆盖。经监理人检查质量不合格的,承包人应在监理人指示的时间内完成修复,并由监理人重新检查,由此增加的费用和(或)延误的工期由承包人承担。

除专用合同条款另有约定外,监理人不能按时进行检查的,应在检查前24小时向承包人提交书面延期要求,但延期不能超过48小时,由此导致工期延误的,工期应予以顺延。监理人未按时进行检查,也未提出延期要求的,视为隐蔽工程检查合格,承包人可自行完成覆盖工作,并作相应记录报送监理人,监理人应签字确认。监理人事后对检查记录有疑问的,可按第③项〔重新检查〕的约定进行重新检查。

③重新检查。承包人覆盖工程隐蔽部位后,发包人或监理人对质量有疑问的,可要求承包人对已覆盖的部位进行钻孔探测或揭开重新检查,承包人应遵照执行,并在检查后重新覆盖恢复原状。经检查证明工程质量符合合同要求的,由发包人承担由此增加的费用和(或)延误的工期,并支付承包人合理的利润;经检查证明工程质量不符合合同要求的,由此增加的费用和(或)延误的工期由承包人承担。

④承包人私自覆盖。承包人未通知监理人到场检查,私自将工程隐蔽部位覆盖的,监理人有权指示承包人钻孔探测或揭开检查,无论工程隐蔽部位质量是否合格,由此增加的费用和(或)延误的工期均由承包人承担。

(4)不合格工程的处理

①因承包人原因造成工程不合格的,发包人有权随时要求承包人采取补救措施,直至达到合同要求的质量标准,由此增加的费用和(或)延误的工期由承包人承担。无法补救的,按照第13.2.4项〔拒绝接收全部或部分工程〕约定执行。

②因发包人原因造成工程不合格的,由此增加的费用和(或)延误的工期由发包人承担,并支付承包人合理的利润。

(5)质量争议检测

合同当事人对工程质量有争议的,由双方协商确定的工程质量检测机构鉴定,由此产生的费用及因此造成的损失,由责任方承担。合同当事人均有责任的,由双方根据其责任分别承担。合同当事人无法达成一致的,按照第4.4款〔商定或确定〕执行。

4）变更

（1）变更的范围

除专用合同条款另有约定外，合同履行过程中发生以下情形的，应按照约定进行变更：

①增加或减少合同中任何工作，或追加额外的工作；

②取消合同中任何工作，但转由他人实施的工作除外；

③改变合同中任何工作的质量标准或其他特性；

④改变工程的基线、标高、位置和尺寸；

⑤改变工程的时间安排或实施顺序。

（2）变更权

发包人和监理人均可以提出变更。变更指示均通过监理人发出，监理人发出变更指示前应征得发包人同意。承包人收到经发包人签认的变更指示后，方可实施变更。未经许可，承包人不得擅自对工程的任何部分进行变更。

涉及设计变更的，应由设计人提供变更后的图纸和说明。如变更超过原设计标准或批准的建设规模时，发包人应及时办理规划、设计变更等审批手续。

（3）变更程序

①发包人提出变更。发包人提出变更的，应通过监理人向承包人发出变更指示，变更指示应说明计划变更的工程范围和变更的内容。

②监理人提出变更建议。监理人提出变更建议的，需要向发包人以书面形式提出变更计划，说明计划变更工程范围和变更的内容、理由，以及实施该变更对合同价格和工期的影响。发包人同意变更的，由监理人向承包人发出变更指示。发包人不同意变更的，监理人无权擅自发出变更指示。

③变更执行。承包人收到监理人下达的变更指示后，认为不能执行，应立即提出不能执行该变更指示的理由。承包人认为可以执行变更的，应当书面说明实施该变更指示对合同价格和工期的影响，且合同当事人应当按照第10.4款〔变更估价〕约定确定变更估价。

（4）变更估价

①变更估价原则。除专用合同条款另有约定外，变更估价按照本款约定处理：

a.已标价工程量清单或预算书有相同项目的，按照相同项目单价认定；

b.已标价工程量清单或预算书中无相同项目，但有类似项目的，参照类似项目的单价认定；

c.变更导致实际完成的变更工程量与已标价工程量清单或预算书中列明的该项目工程量的变化幅度超过15%的，或已标价工程量清单或预算书中无相同项目及类似项目单价的，按照合理的成本与利润构成的原则，由合同当事人按照第4.4款〔商定或确定〕确定变更工作的单价。

②变更估价程序。承包人应在收到变更指示后14天内，向监理人提交变更估价申请。监理人应在收到承包人提交的变更估价申请后7天内审查完毕并报送发包人，监理人对变更估价申请有异议，通知承包人修改后重新提交。发包人应在承包人提交变更估价申请后14天内审批完毕。发包人逾期未完成审批或未提出异议的，视为认可承包人提交的变更估价申请。

因变更引起的价格调整应计入最近一期的进度款中支付。

（5）承包人的合理化建议

承包人提出合理化建议的，应向监理人提交合理化建议说明，说明建议的内容和理由，以及实施该建议对合同价格和工期的影响。

除专用合同条款另有约定外，监理人应在收到承包人提交的合理化建议后7天内审查完毕并报送发包人，发现其中存在技术上的缺陷，应通知承包人修改。发包人应在收到监理人报送的合理化建议后7天内审批完毕。合理化建议经发包人批准的，监理人应及时发出变更指示，由此引起的合同价格调整按照第10.4款〔变更估价〕约定执行。发包人不同意变更的，监理人应书面通知承包人。

合理化建议降低了合同价格或者提高了工程经济效益的，发包人可对承包人给予奖励，奖励的方法和金额在专用合同条款中约定。

（6）变更引起的工期调整

因变更引起工期变化的，合同当事人均可要求调整合同工期，由合同当事人按照第4.4款〔商定或确定〕并参考工程所在地的工期定额标准确定增减工期天数。

（7）暂估价

暂估价专业分包工程、服务、材料和工程设备的明细由合同当事人在专用合同条款中约定。

①依法必须招标的暂估价项目。对于依法必须招标的暂估价项目，采取以下第一种方式确定。合同当事人也可以在专用合同条款中选择其他招标方式。

第一种方式：对于依法必须招标的暂估价项目，由承包人招标，对该暂估价项目的确认和批准按照以下约定执行：

a. 承包人应当根据施工进度计划，在招标工作启动前14天将招标方案通过监理人报送发包人审查，发包人应当在收到承包人报送的招标方案后7天内批准或提出修改意见。承包人应当按照经过发包人批准的招标方案开展招标工作。

b. 承包人应当根据施工进度计划，提前14天将招标文件通过监理人报送发包人审批，发包人应当在收到承包人报送的相关文件后7天内完成审批或提出修改意见；发包人有权确定招标控制价并按照法律规定参加评标。

c. 承包人与供应商、分包人在签订暂估价合同前，应当提前7天将确定的中标候选供应商或中标候选分包人的资料报送发包人，发包人应在收到资料后3天内与承包人共同确定中标人；承包人应当在签订合同后7天内，将暂估价合同副本报送发包人留存。

第二种方式：对于依法必须招标的暂估价项目，由发包人和承包人共同招标确定暂估价供应商或分包人的，承包人应按照施工进度计划，在招标工作启动前14天通知发包人，并提交暂估价招标方案和工作分工。发包人应在收到后7天内确认。确定中标人后，由发包人、承包人与中标人共同签订暂估价合同。

②不属于依法必须招标的暂估价项目。除专用合同条款另有约定外，对于不属于依法必须招标的暂估价项目，采取以下第一种方式确定：

第一种方式：对于不属于依法必须招标的暂估价项目，按本项约定确认和批准：

a. 承包人应根据施工进度计划，在签订暂估价项目的采购合同、分包合同前28天向监理人提出书面申请。监理人应当在收到申请后 3 天内报送发包人,发包人应当在收到申请后 14 天内给予批准或提出修改意见,发包人逾期未予批准或提出修改意见的,视为该书面申请已获得同意。

b. 发包人认为承包人确定的供应商、分包人无法满足工程质量或合同要求的,发包人可以要求承包人重新确定暂估价项目的供应商、分包人。

c. 承包人应当在签订暂估价合同后 7 天内,将暂估价合同副本报送发包人留存。

第二种方式:承包人按照第 10.7.1 项〔依法必须招标的暂估价项目〕约定的第一种方式确定暂估价项目。

第三种方式:承包人直接实施的暂估价项目。承包人具备实施暂估价项目的资格和条件的,经发包人和承包人协商一致后,可由承包人自行实施暂估价项目,合同当事人可以在专用合同条款约定具体事项。

③因发包人原因导致暂估价合同订立和履行迟延的,由此增加的费用和(或)延误的工期由发包人承担,并支付承包人合理的利润。因承包人原因导致暂估价合同订立和履行迟延的,由此增加的费用和(或)延误的工期由承包人承担。

(8)暂列金额

暂列金额应按照发包人的要求使用,发包人的要求应通过监理人发出。合同当事人可以在专用合同条款中协商确定有关事项。

(9)计日工

需要采用计日工方式的,经发包人同意后,由监理人通知承包人以计日工计价方式实施相应的工作,其价款按列入已标价工程量清单或预算书中的计日工计价项目及其单价进行计算;已标价工程量清单或预算书中无相应的计日工单价的,按照合理的成本与利润构成的原则,由合同当事人按照第 4.4 款〔商定或确定〕确定计日工的单价。

采用计日工计价的任何一项工作,承包人应在该项工作实施过程中,每天提交以下报表和有关凭证报送监理人审查:

①工作名称、内容和数量;

②投入该工作的所有人员的姓名、专业、工种、级别和耗用工时;

③投入该工作的材料类别和数量;

④投入该工作的施工设备型号、台数和耗用台时;

⑤其他有关资料和凭证。

计日工由承包人汇总后,列入最近一期进度付款申请单,由监理人审查并经发包人批准后列入进度付款。

· 7.4.5　安全文明施工与环境保护条款 ·

1)安全文明施工

(1)安全生产要求

合同履行期间,合同当事人均应当遵守国家和工程所在地有关安全生产的要求,合同当事人有特别要求的,应在专用合同条款中明确施工项目安全生产标准化达标目标及相应事项。承包人有权拒绝发包人及监理人强令承包人违章作业、冒险施工的任何指示。

在施工过程中,如遇到突发的地质变动、事先未知的地下施工障碍等影响施工安全的紧急情况,承包人应及时报告监理人和发包人,发包人应当及时下令停工并报政府有关行政管理部门采取应急措施。

因安全生产需要暂停施工的,按照第7.8款〔暂停施工〕的约定执行。

(2)安全生产保证措施

承包人应当按照有关规定编制安全技术措施或者专项施工方案,建立安全生产责任制度、治安保卫制度及安全生产教育培训制度,并按安全生产法律规定及合同约定履行安全职责,如实编制工程安全生产的有关记录,接受发包人、监理人及政府安全监督部门的检查与监督。

(3)特别安全生产事项

承包人应按照法律规定进行施工,开工前做好安全技术交底工作,施工过程中做好各项安全防护措施。承包人为实施合同而雇用的特殊工种的人员应受过专门的培训并已取得政府有关管理机构颁发的上岗证书。

承包人在动力设备、输电线路、地下管道、密封防震车间、易燃易爆地段以及临街交通要道附近施工时,施工开始前应向发包人和监理人提出安全防护措施,经发包人认可后实施。

实施爆破作业,在放射、毒害性环境中施工(含储存、运输、使用)及使用毒害性、腐蚀性物品施工时,承包人应在施工前7天以书面通知发包人和监理人,并报送相应的安全防护措施,经发包人认可后实施。

需单独编制危险性较大分部分项专项工程施工方案的,及要求进行专家论证的超过一定规模的危险性较大的分部分项工程,承包人应及时编制和组织论证。

(4)治安保卫

除专用合同条款另有约定外,发包人应与当地公安部门协商,在现场建立治安管理机构或联防组织,统一管理施工场地的治安保卫事项,履行合同工程的治安保卫职责。

发包人和承包人除应协助现场治安管理机构或联防组织维护施工场地的社会治安外,还应做好包括生活区在内的各自管辖区的治安保卫工作。

除专用合同条款另有约定外,发包人和承包人应在工程开工后7天内共同编制施工场地治安管理计划,并制定应对突发治安事件的紧急预案。在工程施工过程中,发生暴乱、爆炸等恐怖事件,以及群殴、械斗等群体性突发治安事件的,发包人和承包人应立即向当地政府报告。发包人和承包人应积极协助当地有关部门采取措施平息事态,防止事态扩大,尽量避免人员伤亡和财产损失。

(5)文明施工

承包人在工程施工期间,应当采取措施保持施工现场平整,物料堆放整齐。工程所在地有关政府行政管理部门有特殊要求的,按照其要求执行。合同当事人对文明施工有其他要求的,可以在专用合同条款中明确。

在工程移交之前,承包人应当从施工现场清除承包人的全部工程设备、多余材料、垃圾和各种临时工程,并保持施工现场清洁整齐。经发包人书面同意,承包人可在发包人指定的地点保留承包人履行保修期内的各项义务所需要的材料、施工设备和临时工程。

（6）安全文明施工费

安全文明施工费由发包人承担，发包人不得以任何形式扣减该部分费用。因基准日期后合同所适用的法律或政府有关规定发生变化，增加的安全文明施工费由发包人承担。

承包人经发包人同意采取合同约定以外的安全措施所产生的费用，由发包人承担。未经发包人同意的，如果该措施避免了发包人的损失，则发包人在避免损失的额度内承担该措施费。如果该措施避免了承包人的损失，由承包人承担该措施费。

除专用合同条款另有约定外，发包人应在开工后 28 天内预付安全文明施工费总额的 50%，其余部分与进度款同期支付。发包人逾期支付安全文明施工费超过 7 天的，承包人有权向发包人发出要求预付的催告通知，发包人收到通知后 7 天内仍未支付的，承包人有权暂停施工，并按第 16.1.1 项〔发包人违约的情形〕执行。

承包人对安全文明施工费应专款专用，承包人应在财务账目中单独列项备查，不得挪作他用，否则发包人有权责令其限期改正；逾期未改正的，可以责令其暂停施工，由此增加的费用和（或）延误的工期由承包人承担。

（7）紧急情况处理

在工程实施期间或缺陷责任期内发生危及工程安全的事件，监理人通知承包人进行抢救，承包人声明无能力或不愿立即执行的，发包人有权雇佣其他人员进行抢救。此类抢救按合同约定属于承包人义务的，由此增加的费用和（或）延误的工期由承包人承担。

（8）事故处理

工程施工过程中发生事故的，承包人应立即通知监理人，监理人应立即通知发包人。发包人和承包人应立即组织人员和设备进行紧急抢救和抢修，减少人员伤亡和财产损失，防止事故扩大，并保护事故现场。需要移动现场物品时，应作出标记和书面记录，妥善保管有关证据。发包人和承包人应按国家有关规定，及时如实地向有关部门报告事故发生的情况，以及正在采取的紧急措施等。

（9）发包人的安全生产责任

发包人应负责赔偿以下各种情况造成的损失：

①工程或工程的任何部分对土地的占用所造成的第三者财产损失；

②由于发包人原因在施工场地及其毗邻地带造成的第三者人身伤亡和财产损失；

③由于发包人原因对承包人、监理人造成的人员人身伤亡和财产损失；

④由于发包人原因造成的发包人自身人员的人身伤害以及财产损失。

（10）承包人的安全责任

由于承包人原因在施工场地内及其毗邻地带造成的发包人、监理人以及第三者人员伤亡和财产损失，由承包人负责赔偿。

2）职业健康

（1）劳动保护

承包人应按照法律规定安排现场施工人员的劳动和休息时间，保障劳动者的休息时间，并支付合理的报酬和费用。承包人应依法为其履行合同所雇用的人员办理必要的证件、许可、保险和注册等，承包人应督促其分包人为分包人所雇用的人员办理必要的证件、许可、保险和注册等。

承包人应按照法律规定保障现场施工人员的劳动安全,并提供劳动保护,并应按国家有关劳动保护的规定,采取有效的防止粉尘、降低噪声、控制有害气体和保障高温、高寒、高空作业安全等劳动保护措施。承包人雇佣人员在施工中受到伤害的,承包人应立即采取有效措施进行抢救和治疗。

承包人应按法律规定安排工作时间,保证其雇佣人员享有休息和休假的权利。因工程施工的特殊需要占用休假日或延长工作时间的,应不超过法律规定的限度,并按法律规定给予补休或付酬。

（2）生活条件

承包人应为其履行合同所雇用的人员提供必要的膳宿条件和生活环境;承包人应采取有效措施预防传染病,保证施工人员的健康,并定期对施工现场、施工人员生活基地和工程进行防疫和卫生的专业检查和处理, 在远离城镇的施工场地,还应配备必要的伤病防治和急救的医务人员与医疗设施。

3）环境保护

承包人应在施工组织设计中列明环境保护的具体措施。在合同履行期间,承包人应采取合理措施保护施工现场环境。对施工作业过程中可能引起的大气、水、噪声以及固体废物污染采取具体可行的防范措施。

承包人应当承担因其原因引起的环境污染侵权损害赔偿责任,因上述环境污染引起纠纷而导致暂停施工的,由此增加的费用和（或）延误的工期由承包人承担。

· 7.4.6 施工合同的经济条款 ·

在施工合同中,涉及经济问题的条款总是双方关心的焦点。合同在履行过程中,承包人（项目经理）应当做好这方面的管理。其总的目标是降低施工成本,争取获得最大的经济利益。

1）价格调整

（1）市场价格波动引起的调整

除专用合同条款另有约定外,市场价格波动超过合同当事人约定的范围,合同价格应当调整。合同当事人可以在专用合同条款中约定选择以下一种方式对合同价格进行调整:

第一种方式:采用价格指数进行价格调整。

①价格调整公式。因人工、材料和设备等价格波动影响合同价格时,根据专用合同条款中约定的数据,按以下公式计算差额并调整合同价格:

$$\Delta P = P_0 \left[A + \left(B_1 \times \frac{F_{t1}}{F_{01}} + B_2 \times \frac{F_{t2}}{F_{02}} + B_3 \times \frac{F_{t3}}{F_{03}} + \cdots + B_n \times \frac{F_{tn}}{F_{0n}} \right) - 1 \right]$$

式中　ΔP——需调整的价格差额;

　　　P_0——约定的付款证书中承包人应得到的已完成工程量的金额,此项金额应不包括价格调整、不计质量保证金的扣留和支付、预付款的支付和扣回,约定的变更及其他金额已按现行价格计价的,也不计在内;

　　　A——定值权重（即不调部分的权重）;

$B_1, B_2, B_3, \cdots, B_n$——各可调因子的变值权重（即可调部分的权重），为各可调因子在签约合同价中所占的比例；

$F_{t1}, F_{t2}, F_{t3}, \cdots, F_{tn}$——各可调因子的现行价格指数，指约定的付款证书相关周期最后一天的前42天的各可调因子的价格指数；

$F_{01}, F_{02}, F_{03}, \cdots, F_{0n}$——各可调因子的基本价格指数，指基准日期的各可调因子的价格指数。

以上价格调整公式中的各可调因子、定值和变值权重，以及基本价格指数及其来源在投标函附录价格指数和权重表中约定，非招标订立的合同，由合同当事人在专用合同条款中约定。价格指数应首先采用工程造价管理机构发布的价格指数，无前述价格指数时，可采用工程造价管理机构发布的价格代替。

②暂时确定调整差额。在计算调整差额时无现行价格指数的，合同当事人同意暂用前次价格指数计算。实际价格指数有调整的，合同当事人进行相应调整。

③权重的调整。因变更导致合同约定的权重不合理时，按照第4.4款〔商定或确定〕执行。

④因承包人原因工期延误后的价格调整。因承包人原因未按期竣工的，对合同约定的竣工日期后继续施工的工程，在使用价格调整公式时，应采用计划竣工日期与实际竣工日期的两个价格指数中较低的一个作为现行价格指数。

⑤采用造价信息进行价格调整。合同履行期间，因人工、材料、工程设备和机械台班价格波动影响合同价格时，人工、机械使用费按照国家或省、自治区、直辖市建设行政管理部门、行业建设管理部门或其授权的工程造价管理机构发布的人工、机械使用费系数进行调整；需要进行价格调整的材料，其单价和采购数量应由发包人审批，发包人确认需调整的材料单价及数量，作为调整合同价格的依据。

⑥采用专用合同条款约定的其他方式进行价格调整。

（2）法律变化引起的调整

基准日期后，法律变化导致承包人在合同履行过程中所需要的费用发生除第11.1款〔市场价格波动引起的调整〕约定以外的增加时，由发包人承担由此增加的费用；减少时，应从合同价格中予以扣减。基准日期后，因法律变化造成工期延误时，工期应予以顺延。

因法律变化引起的合同价格和工期调整，合同当事人无法达成一致的，由总监理工程师按第4.4款〔商定或确定〕的约定处理。

因承包人原因造成工期延误，在工期延误期间出现法律变化的，由此增加的费用和（或）延误的工期由承包人承担。

2）合同价格、计量与支付

（1）合同价格形式

发包人和承包人应在合同协议书中选择下列一种合同价格形式：

①单价合同。单价合同是指合同当事人约定以工程量清单及其综合单价进行合同价格计算、调整和确认的建设工程施工合同，在约定的范围内合同单价不作调整。合同当事人应在专用合同条款中约定综合单价包含的风险范围和风险费用的计算方法，并约定风险范围以外的合同价格的调整方法，其中因市场价格波动引起的调整按第11.1款〔市场价格波动引起

的调整]约定执行。

②总价合同。总价合同是指合同当事人约定以施工图、已标价工程量清单或预算书及有关条件进行合同价格计算、调整和确认的建设工程施工合同,在约定的范围内合同总价不作调整。合同当事人应在专用合同条款中约定总价包含的风险范围和风险费用的计算方法,并约定风险范围以外的合同价格的调整方法,其中因市场价格波动引起的调整按第 11.1 款[市场价格波动引起的调整]、因法律变化引起的调整按第 11.2 款[法律变化引起的调整]约定执行。

③其他价格形式。合同当事人可在专用合同条款中约定其他合同价格形式。

(2)预付款

①预付款的支付。预付款的支付按照专用合同条款约定执行,但至迟应在开工通知载明的开工日期 7 天前支付。预付款应当用于材料、工程设备、施工设备的采购及修建临时工程、组织施工队伍进场等。

除专用合同条款另有约定外,预付款在进度付款中同比例扣回。在颁发工程接收证书前,提前解除合同的,尚未扣完的预付款应与合同价款一并结算。

发包人逾期支付预付款超过 7 天的,承包人有权向发包人发出要求预付的催告通知,发包人收到通知后 7 天内仍未支付的,承包人有权暂停施工,并按第 16.1.1 项[发包人违约的情形]执行。

②预付款担保。发包人要求承包人提供预付款担保的,承包人应在发包人支付预付款 7 天前提供预付款担保,专用合同条款另有约定除外。预付款担保可采用银行保函、担保公司担保等形式,具体由合同当事人在专用合同条款中约定。在预付款完全扣回之前,承包人应保证预付款担保持续有效。

发包人在工程款中逐期扣回预付款后,预付款担保额度应相应减少,但剩余的预付款担保金额不得低于未被扣回的预付款金额。

(3)计量

①计量原则。工程量计量按照合同约定的工程量计算规则、图纸及变更指示等进行计量。工程量计算规则应以相关的国家标准、行业标准等为依据,由合同当事人在专用合同条款中约定。

②计量周期。除专用合同条款另有约定外,工程量的计量按月进行。

③单价合同的计量。除专用合同条款另有约定外,单价合同的计量按照本项约定执行:

a. 承包人应于每月 25 日向监理人报送上月 20 日至当月 19 日已完成的工程量报告,并附具进度付款申请单、已完成工程量报表和有关资料。

b. 监理人应在收到承包人提交的工程量报告后 7 天内完成对承包人提交的工程量报表的审核并报送发包人,以确定当月实际完成的工程量。监理人对工程量有异议的,有权要求承包人进行共同复核或抽样复测。承包人应协助监理人进行复核或抽样复测,并按监理人要求提供补充计量资料。承包人未按监理人要求参加复核或抽样复测的,监理人复核或修正的工程量视为承包人实际完成的工程量。

c. 监理人未在收到承包人提交的工程量报表后的 7 天内完成审核的,承包人报送的工程量报告中的工程量视为承包人实际完成的工程量,据此计算工程价款。

④总价合同的计量。除专用合同条款另有约定外，按月计量支付的总价合同，按照本项约定执行：

a. 承包人应于每月 25 日向监理人报送上月 20 日至当月 19 日已完成的工程量报告，并附具进度付款申请单、已完成工程量报表和有关资料。

b. 监理人应在收到承包人提交的工程量报告后 7 天内完成对承包人提交的工程量报表的审核并报送发包人，以确定当月实际完成的工程量。监理人对工程量有异议的，有权要求承包人进行共同复核或抽样复测。承包人应协助监理人进行复核或抽样复测并按监理人要求提供补充计量资料。承包人未按监理人要求参加复核或抽样复测的，监理人审核或修正的工程量视为承包人实际完成的工程量。

c. 监理人未在收到承包人提交的工程量报表后的 7 天内完成复核的，承包人提交的工程量报告中的工程量视为承包人实际完成的工程量。

⑤总价合同采用支付分解表计量支付的，可以按照第 12.3.4 项〔总价合同的计量〕约定进行计量，但合同价款按照支付分解表进行支付。

⑥其他价格形式合同的计量。合同当事人可在专用合同条款中约定其他价格形式合同的计量方式和程序。

（4）工程进度款支付

①付款周期。除专用合同条款另有约定外，付款周期应按照第 12.3.2 项〔计量周期〕的约定与计量周期保持一致。

②进度付款申请单的编制。除专用合同条款另有约定外，进度付款申请单应包括下列内容：

a. 截至本次付款周期已完成工作对应的金额；

b. 根据第 10 条〔变更〕应增加和扣减的变更金额；

c. 根据第 12.2 款〔预付款〕约定应支付的预付款和扣减的返还预付款；

d. 根据第 15.3 款〔质量保证金〕约定应扣减的质量保证金；

e. 根据第 19 条〔索赔〕应增加和扣减的索赔金额；

f. 对已签发的进度款支付证书中出现错误的修正，应在本次进度付款中支付或扣除的金额；

g. 根据合同约定应增加和扣减的其他金额。

③进度付款申请单的提交：

a. 单价合同进度付款申请单的提交。单价合同的进度付款申请单，按照第 12.3.3 项〔单价合同的计量〕约定的时间按月向监理人提交，并附上已完成工程量报表和有关资料。单价合同中的总价项目按月进行支付分解，并汇总列入当期进度付款申请单。

b. 总价合同进度付款申请单的提交。总价合同按月计量支付的，承包人按照第 12.3.4 项〔总价合同的计量〕约定的时间按月向监理人提交进度付款申请单，并附上已完成工程量报表和有关资料。

总价合同按支付分解表支付的，承包人应按照第 12.4.6 项〔支付分解表〕及第 12.4.2 项〔进度付款申请单的编制〕的约定向监理人提交进度付款申请单。

c. 其他价格形式合同的进度付款申请单的提交。合同当事人可在专用合同条款中约定其他价格形式合同的进度付款申请单的编制和提交程序。

④进度款审核和支付：

a. 除专用合同条款另有约定外，监理人应在收到承包人进度付款申请单以及相关资料后7天内完成审查并报送发包人，发包人应在收到后7天内完成审批并签发进度款支付证书。发包人逾期未完成审批且未提出异议的，视为已签发进度款支付证书。

发包人和监理人对承包人的进度付款申请单有异议的，有权要求承包人修正和提供补充资料，承包人应提交修正后的进度付款申请单。监理人应在收到承包人修正后的进度付款申请单及相关资料后7天内完成审查并报送发包人，发包人应在收到监理人报送的进度付款申请单及相关资料后7天内，向承包人签发无异议部分的临时进度款支付证书。存在争议的部分，按照第20条〔争议解决〕的约定处理。

b. 除专用合同条款另有约定外，发包人应在进度款支付证书或临时进度款支付证书签发后14天内完成支付，发包人逾期支付进度款的，应按照中国人民银行发布的同期同类贷款基准利率支付违约金。

c. 发包人签发进度款支付证书或临时进度款支付证书，不表明发包人已同意、批准或接受了承包人完成的相应部分的工作。

⑤进度付款的修正。在对已签发的进度款支付证书进行阶段汇总和复核中发现错误、遗漏或重复的，发包人和承包人均有权提出修正申请。经发包人和承包人同意的修正，应在下期进度付款中支付或扣除。

⑥支付分解表：

a. 支付分解表的编制要求。

• 支付分解表中所列的每期付款金额，应为第12.4.2项〔进度付款申请单的编制〕第(1)目的估算金额；

• 实际进度与施工进度计划不一致的，合同当事人可按照第4.4款〔商定或确定〕修改支付分解表；

• 不采用支付分解表的，承包人应向发包人和监理人提交按季度编制的支付估算分解表，用于支付参考。

b. 总价合同支付分解表的编制与审批。

• 除专用合同条款另有约定外，承包人应根据第7.2款〔施工进度计划〕约定的施工进度计划、签约合同价和工程量等因素对总价合同按月进行分解，编制支付分解表。承包人应当在收到监理人和发包人批准的施工进度计划后7天内，将支付分解表及编制支付分解表的支持性资料报送监理人。

• 监理人应在收到支付分解表后7天内完成审核并报送发包人。发包人应在收到经监理人审核的支付分解表后7天内完成审批，经发包人批准的支付分解表为有约束力的支付分解表。

• 发包人逾期未完成支付分解表审批的，也未及时要求承包人进行修正和提供补充资料的，则承包人提交的支付分解表视为已经获得发包人批准。

c. 单价合同的总价项目支付分解表的编制与审批。

除专用合同条款另有约定外，单价合同的总价项目，由承包人根据施工进度计划和总价项目的总价构成、费用性质、计划发生时间和相应工程量等因素按月进行分解,形成支付分解表,其编制与审批参照总价合同支付分解表的编制与审批执行。

（5）支付账户

发包人应将合同价款支付至合同协议书中约定的承包人账户。

3）工程验收

（1）分部分项工程验收

①分部分项工程质量应符合国家有关工程施工验收规范、标准及合同约定,承包人应按照施工组织设计的要求完成分部分项工程施工。

②除专用合同条款另有约定外,分部分项工程经承包人自检合格并具备验收条件的,承包人应提前 48 小时通知监理人进行验收。监理人不能按时进行验收的,应在验收前 24 小时向承包人提交书面延期要求,但延期不能超过 48 小时。监理人未按时进行验收,也未提出延期要求的,承包人有权自行验收,监理人应认可验收结果。分部分项工程未经验收的,不得进入下一道工序施工。

分部分项工程的验收资料应当作为竣工资料的组成部分。

（2）竣工验收

①竣工验收条件。工程具备以下条件的,承包人可以申请竣工验收:

a. 除发包人同意的甩项工作和缺陷修补工作外,合同范围内的全部工程以及有关工作,包括合同要求的试验、试运行以及检验均已完成,并符合合同要求;

b. 已按合同约定编制了甩项工作和缺陷修补工作清单以及相应的施工计划;

c. 已按合同约定的内容和份数备齐竣工资料。

②竣工验收程序。除专用合同条款另有约定外,承包人申请竣工验收的,应当按照以下程序进行:

a. 承包人向监理人报送竣工验收申请报告,监理人应在收到竣工验收申请报告后 14 天内完成审查并报送发包人。监理人审查后认为尚不具备验收条件的,应通知承包人在竣工验收前承包人还需完成的工作内容,承包人应在完成监理人通知的全部工作内容后,再次提交竣工验收申请报告。

b. 监理人审查后认为已具备竣工验收条件的,应将竣工验收申请报告提交发包人,发包人应在收到经监理人审核的竣工验收申请报告后 28 天内审批完毕并组织监理人、承包人、设计人等相关单位完成竣工验收。

c. 竣工验收合格的,发包人应在验收合格后 14 天内向承包人签发工程接收证书。发包人无正当理由逾期不颁发工程接收证书的,自验收合格后第 15 天起视为已颁发工程接收证书。

d. 竣工验收不合格的,监理人应按照验收意见发出指示,要求承包人对不合格工程返工、修复或采取其他补救措施,由此增加的费用和（或）延误的工期由承包人承担。承包人在完成不合格工程的返工、修复或采取其他补救措施后,应重新提交竣工验收申请报告,并按本项约定的程序重新进行验收。

e. 工程未经验收或验收不合格,发包人擅自使用的,应在转移占有工程后 7 天内向承包人颁发工程接收证书;发包人无正当理由逾期不颁发工程接收证书的,自转移占有后第 15 天起视为已颁发工程接收证书。

除专用合同条款另有约定外,发包人不按照本项约定组织竣工验收、颁发工程接收证书的,每逾期一天,应以签约合同价为基数,按照中国人民银行发布的同期同类贷款基准利率支付违约金。

③竣工日期。工程经竣工验收合格的,以承包人提交竣工验收申请报告之日为实际竣工日期,并在工程接收证书中载明;因发包人原因,未在监理人收到承包人提交的竣工验收申请报告42天内完成竣工验收,或完成竣工验收不予签发工程接收证书的,以提交竣工验收申请报告的日期为实际竣工日期;工程未经竣工验收,发包人擅自使用的,以转移占有工程之日为实际竣工日期。

④拒绝接收全部或部分工程。对于竣工验收不合格的工程,承包人完成整改后,应当重新进行竣工验收,经重新组织验收仍不合格的且无法采取措施补救的,则发包人可以拒绝接收不合格工程,因不合格工程导致其他工程不能正常使用的,承包人应采取措施确保相关工程的正常使用,由此增加的费用和(或)延误的工期由承包人承担。

⑤移交、接收全部与部分工程。除专用合同条款另有约定外,合同当事人应当在颁发工程接收证书后7天内完成工程的移交。

发包人无正当理由不接收工程的,发包人自应当接收工程之日起,承担工程照管、成品保护、保管等与工程有关的各项费用,合同当事人可以在专用合同条款中另行约定发包人逾期接收工程的违约责任。

承包人无正当理由不移交工程的,承包人应承担工程照管、成品保护、保管等与工程有关的各项费用,合同当事人可以在专用合同条款中另行约定承包人无正当理由不移交工程的违约责任。

(3)提前交付单位工程的验收

①发包人需要在工程竣工前使用单位工程的,或承包人提出提前交付已经竣工的单位工程且经发包人同意的,可进行单位工程验收,验收的程序按照第13.2款〔竣工验收〕的约定进行。

验收合格后,由监理人向承包人出具经发包人签认的单位工程接收证书。已签发单位工程接收证书的单位工程由发包人负责照管。单位工程的验收成果和结论作为整体工程竣工验收申请报告的附件。

②发包人要求在工程竣工前交付单位工程,由此导致承包人费用增加和(或)工期延误的,由发包人承担由此增加的费用和(或)延误的工期,并支付承包人合理的利润。

(4)施工期运行

①施工期运行是指合同工程尚未全部竣工,其中某项或某几项单位工程或工程设备安装已竣工,根据专用合同条款约定,需要投入施工期运行的,经发包人按第13.4款〔提前交付单位工程的验收〕的约定验收合格,证明能确保安全后,才能在施工期投入运行。

②在施工期运行中发现工程或工程设备损坏或存在缺陷的,由承包人按第15.2款〔缺陷责任期〕约定进行修复。

(5)竣工退场

①竣工退场。颁发工程接收证书后,承包人应按以下要求对施工现场进行清理:

a.施工现场内残留的垃圾已全部清除出场;

b.临时工程已拆除,场地已进行清理、平整或复原;

c.按合同约定应撤离的人员、承包人施工设备和剩余的材料,包括废弃的施工设备和材料,已按计划撤离施工现场;

d.施工现场周边及其附近道路、河道的施工堆积物,已全部清理;

e.施工现场其他场地清理工作已全部完成。

施工现场的竣工退场费用由承包人承担。承包人应在专用合同条款约定的期限内完成竣工退场,逾期未完成的,发包人有权出售或另行处理承包人遗留的物品,由此支出的费用由承包人承担,发包人出售承包人遗留物品所得款项在扣除必要费用后应返还承包人。

②地表还原。承包人应按发包人要求恢复临时占地及清理场地,承包人未按发包人的要求恢复临时占地,或者场地清理未达到合同约定要求的,发包人有权委托其他人恢复或清理,所发生的费用由承包人承担。

3)竣工结算

(1)竣工结算申请

除专用合同条款另有约定外,承包人应在工程竣工验收合格后28天内向发包人和监理人提交竣工结算申请单,并提交完整的结算资料,有关竣工结算申请单的资料清单和份数等要求由合同当事人在专用合同条款中约定。

除专用合同条款另有约定外,竣工结算申请单应包括以下内容:

①竣工结算合同价格。

②发包人已支付承包人的款项。

③应扣留的质量保证金。已缴纳履约保证金的或提供其他工程质量担保方式的除外。

④发包人应支付承包人的合同价款。

(2)竣工结算审核

①除专用合同条款另有约定外,监理人应在收到竣工结算申请单后14天内完成核查并报送发包人。发包人应在收到监理人提交的经审核的竣工结算申请单后14天内完成审批,并由监理人向承包人签发经发包人签认的竣工付款证书。监理人或发包人对竣工结算申请单有异议的,有权要求承包人进行修正和提供补充资料,承包人应提交修正后的竣工结算申请单。

发包人在收到承包人提交竣工结算申请书后28天内未完成审批且未提出异议的,视为发包人认可承包人提交的竣工结算申请单,并自发包人收到承包人提交的竣工结算申请单后第29天起视为已签发竣工付款证书。

②除专用合同条款另有约定外,发包人应在签发竣工付款证书后的14天内,完成对承包人的竣工付款。发包人逾期支付的,按照中国人民银行发布的同期同类贷款基准利率支付违约金;逾期支付超过56天的,按照中国人民银行发布的同期同类贷款基准利率的两倍支付违约金。

③承包人对发包人签认的竣工付款证书有异议的,对于有异议部分应在收到发包人签认的竣工付款证书后7天内提出异议,并由合同当事人按照专用合同条款约定的方式和程序进行复核,或按照第20条〔争议解决〕约定处理。对于无异议部分,发包人应签发临时竣工付款

证书,并按上述规定完成付款。承包人逾期未提出异议的,视为认可发包人的审批结果。

（3）甩项竣工协议

发包人要求甩项竣工的,合同当事人应签订甩项竣工协议。在甩项竣工协议中应明确,合同当事人按照第 14.1 款〔竣工结算申请〕及 14.2 款〔竣工结算审核〕的约定,对已完合格工程进行结算,并支付相应合同价款。

（4）最终结清

①最终结清申请单:

a. 除专用合同条款另有约定外,承包人应在缺陷责任期终止证书颁发后 7 天内,按专用合同条款约定的份数向发包人提交最终结清申请单,并提供相关证明材料。

除专用合同条款另有约定外,最终结清申请单应列明质量保证金、应扣除的质量保证金、缺陷责任期内发生的增减费用。

b. 发包人对最终结清申请单内容有异议的,有权要求承包人进行修正和提供补充资料,承包人应向发包人提交修正后的最终结清申请单。

②最终结清证书和支付:

a. 除专用合同条款另有约定外,发包人应在收到承包人提交的最终结清申请单后 14 天内完成审批并向承包人颁发最终结清证书。发包人逾期未完成审批,又未提出修改意见的,视为发包人同意承包人提交的最终结清申请单,且自发包人收到承包人提交的最终结清申请单后 15 天起视为已颁发最终结清证书。

b. 除专用合同条款另有约定外,发包人应在颁发最终结清证书后 7 天内完成支付。发包人逾期支付的,按照中国人民银行发布的同期同类贷款基准利率支付违约金;逾期支付超过 56 天的,按照中国人民银行发布的同期同类贷款基准利率的两倍支付违约金。

c. 承包人对发包人颁发的最终结清证书有异议的,按第 20 条〔争议解决〕的约定办理。

（5）质量保证金

经合同当事人协商一致扣留质量保证金的,应在专用合同条款中予以明确。

在工程项目竣工前,承包人已经提供履约担保的,发包人不得同时预留工程质量保证金。

①承包人提供质量保证金的方式:

a. 质量保证金保函;

b. 相应比例的工程款;

c. 双方约定的其他方式。

除专用合同条款另有约定外,质量保证金原则上采用上述第一种方式。

②质量保证金的扣留:

a. 在支付工程进度款时逐次扣留,在此情形下,质量保证金的计算基数不包括预付款的支付、扣回以及价格调整的金额;

b. 工程竣工结算时一次性扣留质量保证金;

c. 双方约定的其他扣留方式。

除专用合同条款另有约定外,质量保证金的扣留原则上采用上述第一种方式。

发包人累计扣留的质量保证金不得超过工程价款结算总额的 3%。如承包人在发包人签发竣工付款证书后 28 天内提交质量保证金保函,发包人应同时退还扣留的作为质量保证金的工程价款;保函金额不得超过工程价款结算总额的3%。

发包人在退还质量保证金的同时按照中国人民银行发布的同期同类贷款基准利率支付利息。

③质量保证金的退还。缺陷责任期内,承包人认真履行合同约定的责任,到期后,承包人可向发包人申请返还保证金。

发包人在接到承包人返还保证金申请后,应于14天内会同承包人按照合同约定的内容进行核实。如无异议,发包人应当按照约定将保证金返还给承包人。对返还期限没有约定或者约定不明确的,发包人应当在核实后14天内将保证金返还承包人,逾期未返还的,依法承担违约责任。发包人在接到承包人返还保证金申请后14天内不予答复,经催告后14天内仍不予答复,视同认可承包人的返还保证金申请。

发包人和承包人对保证金预留、返还以及工程维修质量、费用有争议的,按本合同第20条约定的争议和纠纷解决程序处理。

5)违约

(1)发包人违约

①发包人违约的情形。在合同履行过程中发生的下列情形,属于发包人违约:

a. 因发包人原因未能在计划开工日期前7天内下达开工通知的;

b. 因发包人原因未能按合同约定支付合同价款的;

c. 发包人违反第10.1款〔变更的范围〕第(2)项的约定,自行实施被取消的工作或转由他人实施的;

d. 发包人提供的材料、工程设备的规格、数量或质量不符合合同约定,或因发包人原因导致交货日期延误或交货地点变更等情况的;

e. 因发包人违反合同约定造成暂停施工的;

f. 发包人无正当理由没有在约定期限内发出复工指示,导致承包人无法复工的;

g. 发包人明确表示或者以其行为表明不履行合同主要义务的;

h. 发包人未能按照合同约定履行其他义务的。

发包人发生除本项第g目以外的违约情况时,承包人可向发包人发出通知,要求发包人采取有效措施纠正违约行为。发包人收到承包人通知后28天内仍不纠正违约行为的,承包人有权暂停相应部位工程施工,并通知监理人。

②发包人违约的责任。发包人应承担因其违约给承包人增加的费用和(或)延误的工期,并支付承包人合理的利润。此外,合同当事人可在专用合同条款中另行约定发包人违约责任的承担方式和计算方法。

③因发包人违约解除合同。除专用合同条款另有约定外,承包人按第16.1.1项〔发包人违约的情形〕约定暂停施工满28天后,发包人仍不纠正其违约行为并致使合同目的不能实现的,或出现第16.1.1项〔发包人违约的情形〕第(7)目约定的违约情况,承包人有权解除合同,发包人应承担由此增加的费用,并支付承包人合理的利润。

④因发包人违约解除合同后的付款。承包人按照本款约定解除合同的,发包人应在解除合同后28天内支付下列款项,并解除履约担保:

a. 合同解除前所完成工作的价款;

b. 承包人为工程施工订购并已付款的材料、工程设备和其他物品的价款；

c. 承包人撤离施工现场以及遣散承包人人员的款项；

d. 按照合同约定在合同解除前应支付的违约金；

e. 按照合同约定应当支付给承包人的其他款项；

f. 按照合同约定应退还的质量保证金；

g. 因解除合同给承包人造成的损失。

合同当事人未能就解除合同后的结清达成一致的，按照第 20 条〔争议解决〕的约定处理。

承包人应妥善做好已完工程和与工程有关的已购材料、工程设备的保护和移交工作，并将施工设备和人员撤出施工现场，发包人应为承包人撤出提供必要条件。

（2）承包人违约

①承包人违约的情形。在合同履行过程中发生的下列情形，属于承包人违约：

a. 承包人违反合同约定进行转包或违法分包的；

b. 承包人违反合同约定采购和使用不合格的材料和工程设备的；

c. 因承包人原因导致工程质量不符合合同要求的；

d. 承包人违反第 8.9 款〔材料与设备专用要求〕的约定，未经批准，私自将已按照合同约定进入施工现场的材料或设备撤离施工现场的；

e. 承包人未能按施工进度计划及时完成合同约定的工作，造成工期延误的；

f. 承包人在缺陷责任期及保修期内，未能在合理期限对工程缺陷进行修复，或拒绝按发包人要求进行修复的；

g. 承包人明确表示或者以其行为表明不履行合同主要义务的；

h. 承包人未能按照合同约定履行其他义务的。

承包人发生除本项第 g 目约定以外的其他违约情况时，监理人可向承包人发出整改通知，要求其在指定的期限内改正。

②承包人违约的责任。承包人应承担因其违约行为而增加的费用和（或）延误的工期。此外，合同当事人可在专用合同条款中另行约定承包人违约责任的承担方式和计算方法。

③因承包人违约解除合同。除专用合同条款另有约定外，出现第 16.2.1 项〔承包人违约的情形〕第（7）目约定的违约情况时，或监理人发出整改通知后，承包人在指定的合理期限内仍不纠正违约行为并致使合同目的不能实现的，发包人有权解除合同。合同解除后，因继续完成工程的需要，发包人有权使用承包人在施工现场的材料、设备、临时工程、承包人文件和由承包人或以其名义编制的其他文件，合同当事人应在专用合同条款约定相应费用的承担方式。发包人继续使用的行为不免除或减轻承包人应承担的违约责任。

④因承包人违约解除合同后的处理。因承包人原因导致合同解除的，则合同当事人应在合同解除后 28 天内完成估价、付款和清算，并按以下约定执行：

a. 合同解除后，按第 4.4 款〔商定或确定〕商定或确定承包人实际完成工作对应的合同价款，以及承包人已提供的材料、工程设备、施工设备和临时工程等的价值；

b. 合同解除后，承包人应支付的违约金；

c. 合同解除后，因解除合同给发包人造成的损失；

d. 合同解除后，承包人应按照发包人要求和监理人的指示完成现场的清理和撤离；

e.发包人和承包人应在合同解除后进行清算,出具最终结清付款证书,结清全部款项。

因承包人违约解除合同的,发包人有权暂停对承包人的付款,查清各项付款和已扣款项。发包人和承包人未能就合同解除后的清算和款项支付达成一致的,按照第20条〔争议解决〕的约定处理。

⑤采购合同权益转让。因承包人违约解除合同的,发包人有权要求承包人将其为实施合同而签订的材料和设备的采购合同的权益转让给发包人,承包人应在收到解除合同通知后14天内,协助发包人与采购合同的供应商达成相关的转让协议。

(3)第三人造成的违约

在履行合同过程中,一方当事人因第三人的原因造成违约的,应当向对方当事人承担违约责任。一方当事人和第三人之间的纠纷,依照法律规定或者按照约定解决。

6)不可抗力

(1)不可抗力的确认

①不可抗力是指合同当事人在签订合同时不可预见,在合同履行过程中不可避免且不能克服的自然灾害和社会性突发事件,如地震、海啸、瘟疫、骚乱、戒严、暴动、战争和专用合同条款中约定的其他情形。

②不可抗力发生后,发包人和承包人应收集证明不可抗力发生及不可抗力造成损失的证据,并及时认真统计所造成的损失。合同当事人对是否属于不可抗力或其损失的意见不一致的,由监理人按第4.4款〔商定或确定〕的约定处理。发生争议时,按第20条〔争议解决〕的约定处理。

(2)不可抗力的通知

合同一方当事人遇到不可抗力事件,使其履行合同义务受到阻碍时,应立即通知合同另一方当事人和监理人,书面说明不可抗力和受阻碍的详细情况,并提供必要的证明。

不可抗力持续发生的,合同一方当事人应及时向合同另一方当事人和监理人提交中间报告,说明不可抗力和履行合同受阻的情况,并于不可抗力事件结束后28天内提交最终报告及有关资料。

(3)不可抗力后果的承担

①不可抗力引起的后果及造成的损失由合同当事人按照法律规定及合同约定各自承担。不可抗力发生前已完成的工程应当按照合同约定进行计量支付。

②不可抗力导致的人员伤亡、财产损失、费用增加和(或)工期延误等后果,由合同当事人按以下原则承担:

a.永久工程、已运至施工现场的材料和工程设备的损坏,以及因工程损坏造成的第三人人员伤亡和财产损失由发包人承担;

b.承包人施工设备的损坏由承包人承担;

c.发包人和承包人承担各自人员伤亡和财产的损失;

d.因不可抗力影响承包人履行合同约定的义务,已经引起或将引起工期延误的,应当顺延工期,由此导致承包人停工的费用损失由发包人和承包人合理分担,停工期间必须支付的工人工资由发包人承担;

e.因不可抗力引起或将引起工期延误,发包人要求赶工的,由此增加的赶工费用由发包人承担；

f. 承包人在停工期间按照发包人要求照管、清理和修复工程的费用由发包人承担。

不可抗力发生后，合同当事人均应采取措施尽量避免和减少损失的扩大，任何一方当事人没有采取有效措施导致损失扩大的，应对扩大的损失承担责任。

因合同一方迟延履行合同义务，在迟延履行期间遭遇不可抗力的，不免除其违约责任。

（4）因不可抗力解除合同

因不可抗力导致合同无法履行连续超过 84 天或累计超过 140 天的，发包人和承包人均有权解除合同。合同解除后，由双方当事人按照第 4.4 款〔商定或确定〕商定或确定发包人应支付的款项，该款项包括：

①合同解除前承包人已完成工作的价款；

②承包人为工程订购的并已交付给承包人，或承包人有责任接受交付的材料、工程设备和其他物品的价款；

③发包人要求承包人退货或解除订货合同而产生的费用，或因不能退货或解除合同而产生的损失；

④承包人撤离施工现场以及遣散承包人人员的费用；

⑤按照合同约定在合同解除前应支付给承包人的其他款项；

⑥扣减承包人按照合同约定应向发包人支付的款项；

⑦双方商定或确定的其他款项。

除专用合同条款另有约定外，合同解除后，发包人应在商定或确定上述款项后 28 天内完成上述款项的支付。

7）保险

（1）工程保险

除专用合同条款另有约定外，发包人应投保建筑工程一切险或安装工程一切险；发包人委托承包人投保的，因投保产生的保险费和其他相关费用由发包人承担。

（2）工伤保险

①发包人应依照法律规定参加工伤保险，并为在施工现场的全部员工办理工伤保险，缴纳工伤保险费，并要求监理人及由发包人为履行合同聘请的第三方依法参加工伤保险。

②承包人应依照法律规定参加工伤保险，并为其履行合同的全部员工办理工伤保险，缴纳工伤保险费，并要求分包人及由承包人为履行合同聘请的第三方依法参加工伤保险。

（3）其他保险

发包人和承包人可以为其施工现场的全部人员办理意外伤害保险并支付保险费，包括其员工及为履行合同聘请的第三方的人员，具体事项由合同当事人在专用合同条款约定。

除专用合同条款另有约定外，承包人应为其施工设备等办理财产保险。

（4）持续保险

合同当事人应与保险人保持联系，使保险人能够随时了解工程实施中的变动，并确保按保险合同条款要求持续保险。

（5）保险凭证

合同当事人应及时向另一方当事人提交其已投保的各项保险的凭证和保险单复印件。

（6）未按约定投保的补救

①发包人未按合同约定办理保险，或未能使保险持续有效的，则承包人可代为办理，所需费用由发包人承担。发包人未按合同约定办理保险，导致未能得到足额赔偿的，由发包人负责补足。

②承包人未按合同约定办理保险，或未能使保险持续有效的，则发包人可代为办理，所需费用由承包人承担。承包人未按合同约定办理保险，导致未能得到足额赔偿的，由承包人负责补足。

（7）通知义务

除专用合同条款另有约定外，发包人变更除工伤保险之外的保险合同时，应事先征得承包人同意，并通知监理人；承包人变更除工伤保险之外的保险合同时，应事先征得发包人同意，并通知监理人。

保险事故发生时，投保人应按照保险合同规定的条件和期限及时向保险人报告。发包人和承包人应当在知道保险事故发生后及时通知对方。

8）索赔

（1）承包人的索赔

根据合同约定，承包人认为有权得到追加付款和（或）延长工期的，应按以下程序向发包人提出索赔：

①承包人应在知道或应当知道索赔事件发生后 28 天内，向监理人递交索赔意向通知书，并说明发生索赔事件的事由；承包人未在前述 28 天内发出索赔意向通知书的，丧失要求追加付款和（或）延长工期的权利；

②承包人应在发出索赔意向通知书后 28 天内，向监理人正式递交索赔报告；索赔报告应详细说明索赔理由以及要求追加的付款金额和（或）延长的工期，并附必要的记录和证明材料；

③索赔事件具有持续影响的，承包人应按合理时间间隔继续递交延续索赔通知，说明持续影响的实际情况和记录，列出累计的追加付款金额和（或）工期延长天数；

④在索赔事件影响结束后 28 天内，承包人应向监理人递交最终索赔报告，说明最终要求索赔的追加付款金额和（或）延长的工期，并附必要的记录和证明材料。

（2）对承包人索赔的处理

对承包人索赔的处理如下：

①监理人应在收到索赔报告后 14 天内完成审查并报送发包人。监理人对索赔报告存在异议的，有权要求承包人提交全部原始记录副本。

②发包人应在监理人收到索赔报告或有关索赔的进一步证明材料后的 28 天内，由监理人向承包人出具经发包人签认的索赔处理结果。发包人逾期答复的，则视为认可承包人的索赔要求。

③承包人接受索赔处理结果的，索赔款项在当期进度款中进行支付；承包人不接受索赔处理结果的，按照第 20 条〔争议解决〕约定处理。

（3）发包人的索赔

根据合同约定，发包人认为有权得到赔付金额和（或）延长缺陷责任期的，监理人应向承包人发出通知并附有详细的证明。

发包人应在知道或应当知道索赔事件发生后28天内通过监理人向承包人提出索赔意向通知书,发包人未在前述28天内发出索赔意向通知书的,丧失要求赔付金额和(或)延长缺陷责任期的权利。发包人应在发出索赔意向通知书后28天内,通过监理人向承包人正式递交索赔报告。

(4)对发包人索赔的处理

①承包人收到发包人提交的索赔报告后,应及时审查索赔报告的内容、查验发包人证明材料。

②承包人应在收到索赔报告或有关索赔的进一步证明材料后28天内,将索赔处理结果答复发包人。如果承包人未在上述期限内作出答复的,则视为对发包人索赔要求的认可。

③承包人接受索赔处理结果的,发包人可从应支付给承包人的合同价款中扣除赔付的金额或延长缺陷责任期;发包人不接受索赔处理结果的,按第20条〔争议解决〕约定处理。

(4)提出索赔的期限

①承包人按第14.2款〔竣工结算审核〕约定接收竣工付款证书后,应被视为已无权再提出在工程接收证书颁发前所发生的任何索赔。

②承包人按第14.4款〔最终结清〕提交的最终结清申请单中,只限于提出工程接收证书颁发后发生的索赔。提出索赔的期限自接受最终结清证书时终止。

9)争议解决

(1)和解

合同当事人可以就争议自行和解,自行和解达成协议的经双方签字并盖章后作为合同补充文件,双方均应遵照执行。

(2)调解

合同当事人可以就争议请求建设行政主管部门、行业协会或其他第三方进行调解,调解达成协议的,经双方签字并盖章后作为合同补充文件,双方均应遵照执行。

(3)争议评审

合同当事人在专用合同条款中约定采取争议评审方式解决争议以及评审规则,并按下列约定执行:

①争议评审小组的确定。合同当事人可以共同选择一名或三名争议评审员,组成争议评审小组。除专用合同条款另有约定外,合同当事人应当自合同签订后28天内,或者争议发生后14天内,选定争议评审员。

选择一名争议评审员的,由合同当事人共同确定;选择三名争议评审员的,各自选定一名,第三名成员为首席争议评审员,由合同当事人共同确定或由合同当事人委托已选定的争议评审员共同确定,或由专用合同条款约定的评审机构指定第三名首席争议评审员。

除专用合同条款另有约定外,评审员报酬由发包人和承包人各承担一半。

②争议评审小组的决定。合同当事人可在任何时间将与合同有关的任何争议共同提请争议评审小组进行评审。争议评审小组应秉持客观、公正原则,充分听取合同当事人的意见,依据相关法律、规范、标准、案例经验及商业惯例等,自收到争议评审申请报告后14天内作出书面决定,并说明理由。合同当事人可以在专用合同条款中对本项事项另行约定。

③争议评审小组决定的效力。争议评审小组作出的书面决定经合同当事人签字确认后,对双方具有约束力,双方应遵照执行。

任何一方当事人不接受争议评审小组决定或不履行争议评审小组决定的,双方可选择采用其他争议解决方式。

(4)仲裁或诉讼

因合同及合同有关事项产生的争议,合同当事人可以在专用合同条款中约定以下一种方式解决争议:

①向约定的仲裁委员会申请仲裁;

②向有管辖权的人民法院起诉。

(5)争议解决条款效力

合同有关争议解决的条款独立存在,合同的变更、解除、终止、无效或者被撤销均不影响其效力。

7.5 建设工程联合经营合同

· 7.5.1 建设工程联合经营合同的概念 ·

建设工程联合经营合同,是指由几个承包商,包括建筑施工承包商、材料设备供应商、建筑设计研究院等承包企业组成的联合经营体,通过签订建设工程联合经营合同,共同承接业主的建设工程。在现代建设工程中,特别是在大型工程或特大型工程中,这种联合经营承包方式是经常发生和常见的一种经营方式。

联合经营体成员是由从事建筑设计、建筑施工、材料设备供应等承包企业派往的专业人员组成。由于各方所承担的任务是不相同的,因而各方的责任、权利和义务也不尽相同。因此,加强对联合经营体成员的指导与管理,做好各方的协调工作尤为重要。

· 7.5.2 建设工程联合经营合同的主要条款(内容) ·

由于联合经营的种类、范围和联合经营成员的责、权、利划分的不同,合同的形式、内容、简繁程度差别也很大。因此,建设工程联合经营合同的条款及签订,应根据建设工程项目的规模、投资和联合经营体成员等实际情况来确定。

现就建设工程联合经营合同的主要条款(内容)介绍如下:

1)工程基本情况

这部分简要介绍建设工程名称、建设地点、工程范围、总投资和总工期等。

2)联合经营成员概况

这部分主要介绍联合经营体名称、各成员的公司名称、地址、电话、电传、邮政编码、联合经营目的和联合经营合同的法律基础。

3)出资比例和责任划分

规定并列出各成员的出资份额和比例,划分各联合经营成员的权利和义务,特别是利润、亏损、担保责任和保险等都按出资比例确定。

4）投标报价工作

主要是确定在投标报价过程中联合经营成员各方的义务和责任。

①若业主认可以联合经营体的名称投标，中标后可以同样的名义与业主签订工程承包合同。各成员应受承包合同的制约，按承包合同和法律规定，各方负有连带责任和义务。

②投标工程中的责任划分：

a. 在招标人（业主）提供的工程量清单表或建设工程范围的总框架内，按照招标人规定的投标条件，联合经营体各方应各自提交所承担工程范围的投标报价文件。

b. 联合经营体向招标人（业主）应提交总投标报价文件。而联合经营体成员的投标报价文件，如工地管理费、预计利润、保险费、不可预见风险费等应由联合经营体认可。如果联合经营体各方对上述费用和费率不能达成一致时，则本联合经营合同终止。联合经营体成员之间相互不承担任何义务。

c. 联合经营体成员各方对按承包合同要求由联合经营体提供的投标保函，由各方成员按照出资比例或报价额比例提供相应份额的保函。保函可以由成员各方分别向业主提供，也可以由联合经营体集中提供。

d. 联合经营体在与招标人（业主）签订承包合同之前的所有准备投标文件及投标过程中所需要开支的费用应由各联合经营体成员自己承担，联合经营体不予补偿。

5）联合经营体成员的职责及违约处理

①联合经营体为实现联营目的，联合经营体成员有责任按照出资比例完成各自所承担的工作（如提供资金、担保、材料、机械和劳务，以及完成规定的工程）。

②若某个联合经营体成员没有按照合同要求完成他对联合经营体的责任，在不损害其他联合经营体成员所有的合理要求及本合同赋予的权利情况下，他应清偿在从宽限期开始到工程承包合同的全部责任完成期间，因他的违约而引起的联合经营体的损失。

③若某个联合经营体成员未完成他的工程任务，可以通过变更出资比例，以使其他联合经营体成员的权益不受损害。新确定的出资比例由该联合经营体成员已完成的工程量与合同规定所承担的总工程量比例确定，并在确定的当月底有效。

④若某个联合经营体成员没有完成合同范围的义务而引起对联合经营体损失的补偿和联营体对违约者的履约要求，也可以通过调整支付或出资比例实现。

⑤由于出资比例变更所引起的合同争执，联合经营体成员可以在重新确定的当日起和在规定的时间内按仲裁条款提请仲裁。

6）联合经营体的组织机构

联合经营体通常是以管理委员会（简称"管委会"）或联合经营体成员大会作为最高机构，而日常的管理工作分别由技术经理、商务经理、工地经理负责。

（1）管理委员会（简称管委会）

联合经营体成员在管委会中都有代表或副代表，并有相应的投票权。联合经营体成员派往联合经营体的日常工作人员不能在管委会中代表联合经营体成员。

①管委会是联合经营体的最高机构，它的权力范围应给以明确规定。

②管委会的运作规则：

a. 管委会的决定权。只有当所有的联合经营体成员代表按指定的时间出席或至少 2/3 出席时，管委会会议才有权做出决定；否则，无决定权。

b. 会议通知应至少在 8 天前及时送达各联合经营体成员。在紧急情况下，通知期也可缩短。管委会可以根据某个联合经营体成员要求或请求召开管委会会议，一般在提出要求后 14 天内召开。

c. 只有在参加会议的联合经营体成员一致同意后才能做出有法律约束力的决定。如果没有一致通过，同时决定又不能推迟，则应在近期内重新举行管委会会议，按参加者多数意见做出决定。在紧急情况下，决定还可以经所有联合经营体成员书面、电报或口头同意而作出。本规定不能改变联合经营体成员之间应承担的联合经营法律责任。

d. 在管委会会议上，技术经理要做记录，并在 10 天内将会议纪要送至联合经营体成员各方。如果在收到会议纪要后 14 天内没有书面反对意见，则该纪要即被批准。

e. 关于联合经营合同的变更和补充，必须按照合同规定的法律程序进行，必须有所有联合经营体成员签字的书面协议。若管委会有重要理由，可以经技术经理、商务经理、工地经理以外的所有联合经营体成员一致同意，决定取消他们的职责。

f. 因管委会成员的活动使联合经营体成员所产生的费用是不能补偿的。

（2）技术经理

技术经理是由某一联合经营体成员代表担任，负责主合同计划的有序实施，负责履行联合经营合同和执行管委会技术方面的决定。

①技术经理在所有技术活动中代表联合经营体，在商务活动中与商务经理一起处理对第三者涉及技术要求的事务。他可以以联合经营体名义签字，并注明"技术经理"。

②技术经理工作主要包括：

a. 负责整个建筑工程的监督工作，并向现场经理发出指令。

b. 负责一切必要的与建筑工程活动相关的批准以及由联合经营体做出的批准。

c. 负责确定建设工程的监督管理人员，并向他们授予职责。

d. 负责按照国家安全生产的法律和规范委托及任命安全负责人，监督安全工程师、职保医生和其他劳动保护专业人员的工作。

e. 负责与商务经理协同签订分包合同。

f. 负责在主合同执行中，处理并解释与招标人（业主）的合同关系，特别是处理建筑施工中的重大问题、合同的变更和扩展以及与管委会一起批准追加款项。

g. 负责出席承包建设工程的验收。

h. 负责保存法律所要求的技术资料原件，必要时由管委会确定哪些资料作为技术资料。

i. 负责保存商务经理按合同所提供的保函文件。

③技术经理负责提供监督工程实施必要的资料，并将副本或复印件提交给各联合经营体成员。

④按照管委会的决定，各联合经营体成员应向技术经理提供资料。

⑤技术经理应负责将所有重要的业务事件及时地向所有联合经营体成员提出副本，送达书面文件，及时做出报告，让联合经营体成员及时了解工地施工的基本情况，使他们能参与工

程管理。

（3）商务经理

商务经理是由某一联合经营体成员代表担任，负责对联合经营体所有商务工作有秩序地实施承担责任，对遵守联合经营合同和执行管委会关于商务方面的决定负责。

①商务经理在针对第三者的商务活动中代表联合经营体，以联合经营体名义签字，并注明"商务经理"。

②商务经理工作主要包括：

a. 负责管理、监督在施工现场和为施工现场服务的商务工作。

b. 负责向有关当局发送通知或接受通知，与医疗、保险、劳工局、社会保险、地方警察、财政局、就业协会、保险公司、国家机关进行经常性的交往。

c. 负责完成一些不由工地经理或会计承担的商务工作。

d. 负责建立和取消联合经营体账号，委托和撤销邮局、铁路、银行等的有关代理权力及职责，筹集和管理建设资金，按照管委会决定的数量申请、取消和归还银行贷款，要求联合经营体成员提供担保，按照合同规定保存和管理担保书，保管业主、分包商和其他第三者提供的担保及保险文件。

e. 负责做好簿记，提出短期核算报告和财务报告。

f. 负责采购和保管材料（指不由工地经理负责的部分）。

g. 负责监督工资支出，检查工资表和由联合经营体成员负担的工资数额。

h. 负责签订联合经营合同，共同参与签订所有其他合同。

i. 负责处理联合经营体的税赋事务，在企业审计中代表联合经营体，并按照法律规定提供统计数据。

j. 负责按照法律规定或管委会决定保管商务资料。

③商务经理领导会计进行以下工作：

a. 所有簿记必须有正规的并由专职人员签字的证据，应由现场经理和负责采购的人员确认。

b. 规定簿记工作的承担者、簿记的工作范围、工作职责、提交报表的时间和由联合经营体成员委派到联合经营体工作人员工资的结算方法。

c. 总报表（包括账目汇总表，按月/季）应在规定的时间提交给所有联合经营体成员，在招标人（业主）认可最终结算后，联合经营体的最终结算表最迟在 1 个月内提出，并交给各联合经营体成员，任何联合经营体成员对最终报表的异议应在最终报表提出后的 3 个月内以书面形式提出，并陈述理由。在最终报表生效后，则最终报表上包括的所有项目和数字具有法定性、有效性。

d. 规定联合经营体和各联合经营体成员银行账户之间款项的划拨办法。

e. 所有联合经营体成员应在相应供应工作完成的第 2 个月向联合经营体提交账单，经审查和确认后转交给其他联合经营体成员，提交者收到的应是一个经过审查的账单回执，联合经营体给某联合经营体成员或第三者的账单复印件应提交给其他联合经营体成员。

f. 联合经营体成员之间的账单在 30 天内按接收者账单科目做审查、确认或拒收。

④商务经理必须向其他联合经营体成员报告所有重要商务活动，将汇票的复印件、来往

通信副本转达他们。商务经理还应将最终支付及业主的指令立即通知技术经理,使技术经理能及时对业主做相应的答复。

(4)工地经理

①工地经理的职责:

a.负责主合同建设工程任务的实施,包括按技术经理和商务经理的指令提出核算材料。他可以全权参与业主的现场组织,处理现场问题。当管委会授权后,可以处理主合同的变更问题。

b.负责在次月规定的日期内向各联合经营体成员和管委会提供月报,并于每个月末向各联合经营体成员提供人员状况和上月已完工程量报告。

c.负责在规定的权限内以联合经营体的名义和工地经理的名义签字。

②工地经理的下属管理人员,包括负责技术的工长和负责商务采购的承担者。工长和采购者共同拥有签字权。

7)特殊工作的报酬

①关于技术经理、商务经理和会计、数据处理工作的管理专业人员报酬的确定方法,可按照营业额的百分比,或按照净工资的百分比,或按照时间(小时、日、月)计酬。

②管委会决定设计、计划工作及结构计算的委托,以及对这些工作的计酬方法和价格。

③施工准备工作的委托应由管委会决定,并规定施工准备工作的酬金支付方法。

④应规定联合经营体成员所承担的社会保障费用的承担者和计算方法。职员工资附加费等按实际凭证支付。如果社会保障费用实际支付与原协议有根本性改变时,则应签订新协议。

⑤规定建设工程施工过程中的一些特殊工作,如临时设施、板桩工程等的委托方式和结算方法。

⑥规定食宿安排,包括食宿的负责人、价格水平、承担者等。

⑦联合经营体成员的管理费不由联合经营体承担。

8)财务

①联合经营体应为各联合经营体成员设立账户,进行财务核算,联合经营体所需要的资金由各联合经营体成员提供,其数额按照参股的比例,并考虑到其账户的状况,由商务经理确定。如果联合经营体成员有不同意见,则由管委会裁决。

②联合经营体资金使用范围的确定,资金平衡表和支付证明必须书面送交所有联合经营体成员。

③如果可用的资金不足以平衡联合经营体成员账户,则欠款的联合经营体成员有责任将现金投入以平衡他的账户。

④联合经营体成员账单只有在账户平衡的情况下才能获得联合经营体的支付。

⑤联合经营体成员完成的工程量可以按合同规定的点现率计算利息或不计算利息。

⑥在联合经营体名下以所有联合经营体成员的名义设立账户,每个联合经营体成员有2个人有权签字使用账户。

⑦到每个月规定的日期时联合经营体必须向各联合经营体成员提交下期的财务计划。

⑧银行的信贷、汇兑按联合经营体要求向第三者转让,需要全体联合经营成员的书面同意。联合经营体要求转让给某联合经营体成员,需要其他联合经营体成员的书面同意。

9)劳务人员

①建设工程施工所需要的劳动力,按照管委会确定的数量由联合经营体使用,联合经营体成员按出资比例向联合经营体提供人员,并执行联合经营体的指令。外雇的人员由联合经营体授权的组织招雇。

人员的资格由工地经理决定,特殊情况下由管委会决定。不合格的人员应被拒绝,相关的联合经营体成员应按要求立即替补。某个职员由母公司招回需经管委会同意。

②联合经营体对各成员向联合经营体派出的人员行为承担法律和合同确定的雇主责任,同时对他们承担由合同规定的责任,免除原联合经营体成员(母公司)对这些人员的义务。

③联合经营体应规定与联合经营体成员的代表相关的法律和劳资关系,他们参加原母公司企业会议所引起的时间费用由原母公司承担。

④工地经理应分别做雇员和领班的考勤表,并于次月规定时间向联合经营体成员提交。

⑤联合经营体可以直接雇用职员和领班,这些人员与联合经营体构成劳务关系,通过联合经营体得到一个经常性的与当时相应水平的工资,而管委会不必做出调整决定。这些人员经常性工资以外的费用也由联合经营体承担。招雇的外部人员其他费用则由管委会决定。

⑥联合经营体成员向联合经营体委派的人员,他们与联合经营体没有劳务关系,在母公司得到经常性工资。母公司委派所产生的费用按规定由联合经营体向联合经营体成员支付。

⑦劳务合同应明确规定雇员、领班的劳务雇用形式、接受方式、劳务关系、工资簿记、工资水平、工资支付方法、凭证提交程序、工资附加费的水平、承担和支付。

⑧联合经营体应规定建筑施工结束奖、总工时节约奖、工期奖、其他奖金和工资附加费等的支付办法。

⑨联合经营体应规定雇用人员疾病期间的工资和工资附加费的承担责任,以及雇员在为联合经营体工作过程中死亡的法律责任和劳资关系。

⑩还应规定差旅费范围、支付方法和额度。

10)建筑材料

建筑材料主要是指包括工程项目施工直接消耗的建筑材料、建筑用燃料、辅助材料、周转材料、临时设施材料、工具和工地使用的材料,以及列入施工设备的工具和必要的配件。

①联合经营体可以向第三者或联合经营体成员购买建筑材料,但应说明采购程序和价格的确定方法,以保证公开竞争和公平合理。

②联合经营体成员必须按出资比例向联合经营体提供周转材料。如果联合经营体成员没有,则由联合经营体向第三者购买。但应确定周转材料的价格和计价方法,并列出常用周转材料的采购和租赁价目表。在租赁的情况下,应确定出现损坏时的折旧值。

③应明确规定剩余材料的处理和计价方法。

④各种材料的使用应由工地经理做出入库记录,而联合经营体成员采购材料的账单和供应单应由联合经营体认可。周转材料按月按种类列出账单,并在供应单上注明新旧程度。

⑤周转材料协商一致的定价,应当理解为该周转材料处于可用的和清洁的状态,若拒收

必须在材料到货后 14 天内书面提出。

11）施工机械设备

施工机械设备是指包括按月折旧和计息的建筑施工机械设备，但不包括临时设施等。

①建筑施工必需的机械设备，应按出资比例由联合经营体成员在规定的时间提供，由管委会确定各个联合经营体成员的机械设备投入量、使用时间，以及提供设备操作人员。

②联合经营体成员提供的施工机械设备，应按技术经理、工地经理或管委会的指令及时交付。机械设备在现场的安置，应按管委会的指令由工地经理执行。

③联合经营体对不再使用的施工机械设备，在规定的时间内书面通知联合经营体各成员收回。

④如果施工机械设备由联合经营体购买，则应由管委会决定采购及其所需费用，并按采购合同规定进行。由联合经营体购买的机械设备在施工结束后，应由管委会决定在联合经营体成员之间分配或出售。出售的收入归联合经营体。

⑤由联合经营体成员提供的机械设备，如果没有其他书面协议，这种供应应在租赁关系范围内确定机械设备的运行费用，由折旧费、修理费和利息等组成。

⑥机械设备在施工中发生操作事故，如非正确使用、条件缺陷、不正确投入、不可抗力等造成损坏，则由联合经营体承担责任。所有施工机械设备应在正常使用和清洁状态下投入使用。如果达不到要求时，联合经营体有权拒绝该机械设备进场，在这种情况下要求联合经营体成员或提供替代设备或自费修理。

⑦机械设备用完后应在完好可用和清洁状态下退还。若出现机械设备缺损，联合经营体成员必须在 14 天内书面申诉。

⑧关于为本工程专门定制的施工机械设备，联合经营体应对其委托方式和价格认定做出明确规定。

⑨按照规定对施工机械设备进行定期常规的检查，其费用由机械设备所有者承担。而与建筑施工现场运行相关的检查及损坏修理后的检查，其费用则由联合经营体承担。

12）包装费、装卸费和运输费

①联合经营体应明确规定包装费的支付办法和包装材料的回收方法。

②装卸费用是指联合经营体成员在运送和接收地点产生材料设备的装卸费用。联合经营体应对在各种情况下各种材料和设备装卸费用的承担者、费用的范围、价格水平、账单的提交和审查等做出明确规定。

③运输费用是指所有材料或设备从发出点到联合经营体的接收点，以及由联合经营体的发出点到联合经营体成员的接收点的运输所发生的货运费。凡工程所需材料或设备的运输费用均由联合经营体承担。

13）保险

①关于人寿保险合同应做出明确规定，如社会保险，疾病、退休、失业保险，企业责任保险，工程车保险，以及明确规定物品保险的责任、费用承担者、投保额度和投保名义。

②在合同执行过程中发生事故，如果联合经营体成员有购买保险的责任，其发生损失由联合经营体成员承担，其他情况下的损失由联合经营体承担。

③联合经营体决定的保险,其花费和赔偿由联合经营体承担,在其他情况下,联合经营体按损失或保险赔偿的份额分配给联合经营体成员承担。

14)税赋

①联合经营体承担工资的人员应由联合经营体申报工资税。

②按照法律规定的营业税(销售税)应由联合经营体申报,并向财政局交纳,或由联合经营体成员各自承担。若由联合经营体独立承担营业税责任,应按份额由联合经营体成员分担。

③按照规定车辆所有者应负责支付车辆税。

④关于联合经营体与联合经营体成员之间销售的销售税的规定:对向联合经营体提供物品与工作的,由联合经营体成员承担销售税;对联合经营体向联合经营体成员提供物品与工作的,由联合经营体承担销售税。

⑤关于其他税的规定:按照规定其他税应由联合经营体成员为联合经营体承担,对于协会负责应交纳的税费,可以明确规定由联合经营体或联合经营体成员承担。

15)检验与监督

①根据联合经营体成员的要求,可以由联合经营体成员对联合经营体进行商务和技术检查,但这不包括商务经理对施工现场进行的常规性检查和监督。

②检验的时间、范围、形式和种类应由管委会决定,检验后向管委会提交检验报告。

③每个联合经营体成员有权查阅联合经营体的资料。

16)担保及联合经营体合同权益的转让

①联合经营体成员必须提出与出资比例相应且必要的担保,费用由联合经营体成员承担,或由联合经营体承担,具体由合同做出明确规定。

②联合经营体成员转让其合同权益的要求,只有在其他联合经营体成员一致同意时才有效。

17)保修

①技术经理负责领导、监督保修工作,检查保修工作的实施。当保修预计缺陷排除费用超过合同规定的额度时,保修工作的认可和实施需要管委会事先同意。

②保修工作所发生的费用,包括人工费、材料费和设备费等,由相应的联合经营体成员按出资比例承担。如果仅涉及某些联合经营体成员自己的工作,则按联合经营体成员提供特殊工作的规定计酬。如果联合经营体无足够的自有资金使用时,联合经营体成员应按照商务经理的要求支付为完成保修工作要求所必需的费用份额。

18)合同期

联合经营合同从联合经营体共同的业务活动启动时开始,至完成由它导出的和由主合同导出的权利和义务时结束。对特别保修责任,如果联合经营体提前解散,则不管与外部关系的总债务责任如何,联合经营体成员按内部关系负担。

19)联合经营体成员的退出

①联合经营体成员只要有符合民法的重要理由而提出解约,则其解约有效。

②如果一个企业参加联合经营体，其所有者死亡，则在所有权利有效时，联合经营体可同它的继承人继续本联合经营合同的关系。其继承权力和继承程序应由合同做出明确规定。

③如果参加联合经营体的某个联合经营体成员由于某种法律理由退出，则其他联合经营体成员在1个月内通过多数人的决议将退出的联合经营体成员从联合经营体中除名。

④如果在联合经营体的书面敦促下，某个联合经营体成员仍没有履行重要的合同责任，如没有提供现金款额、未提供担保、设备、材料、人员或资金支付等，则该联合经营体成员可以通过其他联合经营体成员的一致决定被清除出去，并将开除决定通知他。

⑤开除决定必须由所有其他联合经营体成员签字，并通过挂号信函寄给被开除的联合经营体成员。

⑥如果联合经营体仅两个企业联合经营，则对某一联合经营体成员只可以通过法律裁决其开除。

⑦合同必须对开除或退出的时间做出明确的规定，而相关的联合经营体成员可以在一定的时间内提出反驳，或提请仲裁或诉讼。

20) 联合经营体成员退出后的财产分配

①在一个联合经营体成员退出的情况下，联合经营体的其他成员有将联合经营体的业务进行到底的全部权利和义务。退出联合经营的份额将在其他联合经营体成员之间按出资比例分配。退出的联合经营体成员所有权利在确定的退出日期起被解除。

②如果一个联合经营体成员由于某种理由从联合经营体退出，其余联合经营体成员为了计算对退出者的债权则应结算到退出之日的财产分配，并提出财产分配平衡表。退出的联合经营体成员承担至退出时已进行工程的利润和损失，但不承担尚未施工的工程和业务的利润及亏损。

③在联合经营体成员退出的情况下，如果建筑物的保护、其他责任和风险等，对其范围、水平不易精确计算时，联合经营体对退出联合经营体成员的财产债权，可以直到完成对建筑物的保护要求和联合经营体其他责任完成后再归还。

④已退出的联合经营体成员应按以前的出资份额承担保修责任，以防止整个建设项目的亏损。因为这些责任和损失在它们退出前已经存在。

⑤已退出的联合经营体成员有责任承担联合经营体由于这种退出所发生的成本变化。

⑥已退出的联合经营体成员应立即支付在财产分配平衡表上给出的亏损份额。

⑦联合经营体成员退出后应向银行、政府和第三者证明，自己已退出联合经营体。

⑧已退出的联合经营体成员不能要求联合经营体及其他联合经营体成员解除他应该共同负担的，或尚未负担的合同的约束责任。

⑨已退出的联合经营体成员在联合经营合同规定的租赁关系范围内向联合经营体供应的机械和材料，在支付由合同规定的租金后继续留给联合经营体使用。

21) 仲裁庭

①如果采用仲裁解决，则应定义所适用的仲裁条件。

②应定义所有与合同相关的且由合同引起的合同法律效力方面争执的解决方法。

③仲裁协议要求与联合经营合同文件分开签署。

7.6　建设工程其他合同

在建设项目的实施过程中,必然会涉及多种合同关系,如建设物资的采购涉及买卖合同及运输合同,工程投保涉及保险合同,有时还会涉及租赁合同、承揽合同等。建筑施工企业的项目经理不但要做好施工合同的管理,也要做好对建设工程涉及的其他合同管理,这是建设工程项目施工能够顺利进行的基础和前提。

· *7.6.1　买卖合同* ·

在建设工程中,建筑材料、设备的采购需要订立买卖合同,施工过程中的一些工具、生活用品的采购也需要订立买卖合同。在建设工程合同的履行过程中,承包方和发包方都需要经常订立买卖合同。当然,建设工程合同当事人在买卖合同中总是处于买受人的位置。

1)买卖合同概述

(1)买卖合同的概念

买卖合同是出卖人转移标的物的所有权于买受人,买受人支付价款的合同。买卖合同是经济活动中最常见的一种合同,它以转移财产所有权为目的,合同履行后,标的物所有权转归买受人。

(2)买卖合同的特点

①买卖合同是双务、有偿合同,即买卖双方互负一定义务,出卖人必须向买受人转移财产所有权,买受人必须支付价款,双方权利的取得都是有偿的。

②买卖合同是诺成合同,买卖合同以当事人意思表示一致为其成立条件,不以实物的交付为成立条件。

③买卖合同是不要式合同,在一般情况下,买卖合同的成立和生效并不需要具备特别的形式或履行审批手续。但是,这并不排除一些特殊的买卖合同,如标的额较大的材料设备买卖合同,国家或有关部门对合同形式或订立过程有一定的要求。

(3)买卖合同的内容

买卖合同除了应当具备合同一般应当具备的内容外,还可以包括包装方式、检验标准和方法、结算方式、合同使用的文字及其效力等条款。

2)买卖合同的履行

(1)标的物的交付

标的物的交付是买卖合同履行中最重要的环节,标的物的所有权自标的物交付时转移。

①标的物的交付期限　合同双方应当约定交付标的物的期限,出卖人应当按照约定的期限交付标的物。如果双方约定交付期间的,出卖人可以在该交付期间内的任何时间交付。当事人没有约定标的物的交付期间或者约定不明确的,可以协议补充,不能达成补充协议的,按照合同有关条款或者交易习惯确定。如果仍不能确定,则出卖人可以随时履行,买受人也可以随时要求履行,但应当给对方必要的准备时间。

②标的物的交付地点　合同双方应当约定交付标的物的地点，出卖人应当按照约定的地点交付标的物。如果当事人没有约定交付地点或者约定不明确，事后没有达成补充协议，也无法按照合同有关条款或者交易习惯确定，则适用下列规定：

a.标的物需要运输的，出卖人应当将标的物交付给第一承运人以运交买受人。

b.标的物不需要运输，出卖人和买受人订立合同时知道标的物在某一地点的，出卖人应当在该地点交付标的物。不知道标的物在某一地点的，应当在出卖人订立合同时的营业地交付标的物。

（2）标的物的风险承担

所谓风险，是指标的物因不可归责于任何一方当事人的事由而遭受的意外损失。一般情况下，标的物毁损、灭失的风险，在标的物交付之前由出卖人承担，交付之后由买受人承担。因买受人的原因致使标的物不能按照约定的期限交付的，买受人应当自违反约定之日起承担标的物毁损、灭失的风险。

出卖人交由承运人运输的在途标的物，除当事人另有约定的以外，毁损、灭失的风险由买受人承担。出卖人按照约定未交付有关标的物的单证和资料的，不影响标的物毁损、灭失风险的转移。

（3）买受人对标的物的检验

检验即检查与验收，对买受人来说既是一项权利也是一项义务。买受人收到标的物时应当在约定的检验期间内检验。没有约定检验期间的，应当及时检验。

当事人约定检验期间的，买受人应当在检验期间内将标的物的数量或者质量不符合约定的情形通知出卖人。买受人怠于通知的，视为标的物的数量或者质量符合约定。当事人没有约定检验期间的，买受人应当在发现标的物的数量或者质量不符合约定的合理期间内通知出卖人。买受人在合理期间内未通知或者自标的物收到之日起2年内未通知出卖人的，视为标的物的数量或者质量符合约定。对标的物有质量保证期的，适用质量保证期，不适用2年的规定。

（4）买受人支付价款

买受人应当按照约定的数额支付价款。对价款没有约定或者约定不明确的，由当事人协议补充，或按合同其他条款或交易习惯确定。买受人应当按照约定的时间支付价款。对支付时间没有约定或者约定不明确的，买受人应当在收到标的物或者提取标的物单证的同时支付。

买受人应当按照约定的地点支付价款。对支付地点没有约定或者约定不明确的，买受人应当在出卖人的营业地支付，但约定支付价款以交付标的物或者交付提取标的物单证为条件的，在交付标的物或者交付提取标的物单证的所在地支付。

3）买卖合同不当履行的处理

出卖人多交标的物的，买受人可以接收或者拒绝接收多交的部分。买受人接收多交部分的，按照合同的价格支付价款；买受人拒绝接收多交部分的，应当及时通知出卖人。

因标的物的主物不符合约定而解除合同的，解除合同的效力及于从物。因标的物的从物不符合约定被解除的，解除的效力不及于主物。标的物为数物，其中一物不符合约定的，买受人可以就该物解除，但该物与他物分离使标的物的价值显然受损害的，当事人可以就数物解除合同。

7.6.2 货物运输合同

在工程建设过程中,存在着大量的建筑材料、设备、仪器等的运输问题,做好货物运输合同的管理对确保工程建设的顺利进行有重要的作用。

1)货物运输合同的概念

货物运输合同是由承运人将承运的货物从起运地点运送到指定地点,托运人或者收货人向承运人交付运费的协议。

货物运输合同中至少有承运人和托运人两方当事人,如果运输合同的收货人与托运人并非同一人,则货物运输合同有承运人、托运人和收货人三方当事人。在我国,可以作为承运人的有以下民事主体:

- 国有运输企业,如铁路局、汽车运输公司等;
- 集体运输组织,如运输合作社等;
- 城镇个体运输户和农村运输专业户。

2)货物运输合同的种类

货物运输合同根据不同的标准可以进行不同的分类。

(1)按运输的货物进行分类

按运输的货物进行分类,可以将货物运输合同分为普通货物运输合同、特种货物(如鲜活货物等)运输合同和危险货物运输合同。

(2)按运输工具进行分类

按运输工具进行分类,可以将货物运输合同分为铁路货物运输合同、公路货物运输合同、水路货物运输合同、航空货物运输合同等。由于我国对运输业的管理是根据运输工具的不同而分别进行的,因此这种分类方式是最重要的。

3)货物运输合同的管理

在工程建设中,如果需要运输的货物是大批量的,则应做好物资供应计划,并根据自己的物资供应计划向运输部门申报运输计划。在合同的履行中还应特别注意以下问题:

(1)做好货物的包装

需要包装的货物,应当按照国家包装标准或者行业包装标准进行包装。没有规定统一包装标准的,要根据货物性质,在保证货物运输安全的原则下进行包装,并按国家规定标明包装储运指示标志。

(2)应及时交付和领取托运的货物

运输行业具有较强的时间性,托运人一定要按照约定的时间交货。同时,应及时地将领取货物凭证交付给收货人,并通知其到指定地点领取。如领取货物需准备人力、设备、工具的,应提前安排。

(3)对特种货物和危险货物的运输应做好准备工作

特种货物和危险货物的运输,必须如实写明运输物品的名称、性质等,并按有关部门的要求包装和附加明显标志。如果特种货物和危险货物中须有关部门证明文件才能运输的货物,托运人应将证明文件与货物运单同时交给承运人。

（4）出现应由承运人承担的责任应及时索赔

我国的运输法规对货物运输合同的索赔时效做了特别规定,其时效大大短于我国《民法典》规定的诉讼时效,一般都是货物运抵约定地点或货运记录交给托运人、发货人的次日起算不超过 180 天。这就要求托运人或收货人应对运抵目的地的货物及时进行检查验收,发现应由承运人承担的责任则应及时提出索赔。

· 7.6.3 保险合同 ·

1）保险合同的概念

保险合同是指投保人与保险人约定承担某种风险的权利义务关系的协议。

投保人是指与保险人订立保险合同,并按照保险合同负有支付保险费义务的人。保险人是指与投保人订立保险合同,并承担赔偿或者给付保险金责任的保险公司。

2）保险合同的基本条款

保险合同应包括下列内容:

①保险人名称和住所;

②投保人、被保险人名称和住所,以及人身保险的受益人的名称和住所;

③保险标的;

④保险责任和责任免除;

⑤保险期间和保险责任开始时间;

⑥保险价值;

⑦保险金额(指保险人承担赔偿或给付保险金责任的最高限额);

⑧保险费以及支付办法;

⑨保险金赔偿或者给付办法;

⑩违约责任和争议处理;

⑪订立合同的年、月、日。

保险人与投保人也可就与保险有关的其他事项做出约定。

3）保险合同的分类

（1）财产保险合同

财产保险合同是以财产及其有关利益为保险标的的保险合同。在财产保险合同中,保险合同的转让应当通知保险人,经保险人同意继续承保后,依法转让合同。在合同的有效期内,保险标的危险程度增加的,被保险人按照合同约定应当及时通知保险人,保险人有权要求增加保险费或者变更合同。建筑工程一切险和安装工程一切险均为财产保险合同。

（2）人身保险合同

人身保险合同是以人的寿命和身体为保险标的的保险合同。投保人应向保险人如实申报被保险人的年龄、身体状况。投保人于合同成立后,可以向保险人一次支付全部保险费,也可以按照合同规定分期支付保险费。人身保险的受益人由被保险人或者投保人指定。保险人对人身保险的保险费,不得用诉讼方式要求投保人支付。

4)保险合同的履行

保险合同订立后,当事人双方必须严格地、全面地按保险合同订明的条款履行各自的义务。在订立保险合同前,当事人双方均应履行告知义务。即保险人应将办理保险的有关事项告知投保人;投保人应当按照保险人的要求,将主要危险情况告知保险人。在保险合同订立后,投保人应按照约定期限,交纳保险费,应遵守有关消防、安全、生产操作和劳动保护方面的法规及规定。保险人可以对被保险财产的安全情况进行检查,如发现不安全因素,应及时向投保人提出清除不安全因素的建议。在保险事故发生后,投保人有责任采取一切措施,避免扩大损失,并将保险事故发生的情况及时通知保险人。保险人对保险事故所造成的保险标的损失或者引起的责任,应当按照保险合同的规定履行赔偿义务。

· 7.6.4 租赁合同 ·

1)租赁合同概述

租赁合同是出租人将租赁物交付承租人使用、收益,承租人支付租金的合同。租赁合同是转让财产使用权的合同,合同的履行不会导致财产所有权的转移,在租赁期满后,承租人应当将租赁物交还出租人。租赁合同的形式没有限制,但租赁期限在6个月以上的,应当采用书面形式。

随着市场经济的发展,在工程建设过程中出现了越来越多的租赁合同。特别是建筑施工企业的施工工具、设备,如果自备过多,则购买费用、保管费用都很高,如果自备过少,又不能满足施工高峰的使用需要,因此工程建设中的租赁活动主要是施工机具设备的租赁。

2)租赁合同的内容

租赁合同包括以下内容:

①租赁物的名称　这是指租赁合同的标的,必须是有形、特定的非消费物,即能够反复使用的各种耐用物品。租赁物还必须是法律允许流通的物品。

②租赁物的数量　这是指以数字和计量单位表示的租赁物的多少。

③用途　合同中约定的用途对双方都有约束力。出租人应当在租赁期间保持租赁物符合约定的用途,承租人应当按照约定的用途使用租赁物。

④租赁期限　当事人应当约定租赁期限,租赁期限不得超过20年,但无最短租赁期限的限制。租赁期限超过20年的,超过部分无效。当事人对租赁期限没有约定或者约定不明确的,可以协议补充;不能达成补充协议的,按照合同有关条款或者交易习惯确定。如果仍不能确定的,视为不定期租赁。当事人未采用书面形式的租赁合同也视为不定期租赁。对于不定期租赁,当事人可以随时解除合同,但出租人解除合同应当在合理期限之前通知承租人。

⑤租金及其支付期限和方式　租金是指承租人为了取得财产使用权而支付给出租人的报酬。当事人在合同中应当约定租金的数额、支付期限和方式。对于支付期限没有约定或者约定不明确的,可以协议补充;不能达成补充协议的,按照合同有关条款或者交易习惯确定。如果仍不能确定的,租赁期间不满1年的,应当在租赁期间届满时支付;租赁期间1年以上的,应当在每届满1年时支付,剩余期间不满1年的,应当在租赁期间届满时支付。

⑥租赁物的维修　合同当事人应当约定,租赁期间应当由哪一方承担维修责任及维修对租金和租赁期限的影响。在正常情况下,出租人应当履行租赁物的维修义务,但当事人也可约定由承租人承担维修义务。

3)租赁合同的履行

(1)关于租赁物的使用

出租人应当按照约定将租赁物交付承租人,承租人应当按照约定的方法使用租赁物。对租赁物的使用方法没有约定或者约定不明确,可以协议补充;不能达成补充协议的,按照合同有关条款或者交易习惯确定。如果仍不能确定的,应当按照租赁物的性质使用。

承租人按照约定的方法或者租赁物的性质使用租赁物,致使租赁物受到损耗的,不承担损害赔偿责任。承租人未按照约定的方法或者租赁物的性质使用租赁物,致使租赁物受到损失的,出租人可以解除合同并要求赔偿损失。

(2)关于租赁物的维修

如果没有特殊的约定,承租人可以在租赁物需要维修时要求出租人在合理期限内维修。出租人未履行维修义务的,承租人可以自行维修,维修费用由出租人承担。因维修租赁物影响承租人使用的,应当相应减少租金或者延长租期。

(3)关于租赁物的保管和改善

承租人应当妥善保管租赁物,因保管不善造成租赁物毁损的、灭失的,应当承担损害赔偿责任。承租人经出租人同意,可以对租赁物进行改善或者增设他物。承租人未经出租人同意,对租赁物进行改善或者增设他物的,出租人可以要求承租人恢复原状或者赔偿损失。

(4)关于转租和续租

承租人经出租人同意,可以将租赁物转租给第三人。承租人转租的,承租人与出租人之间的租赁合同继续有效,第三人对租赁物造成损失的,承租人应当赔偿损失。承租人未经出租人同意转租的,出租人可以解除合同。

租赁期间届满,承租人应当返还租赁物。返还的租赁物应当符合按照约定或者租赁物正常使用后的状态。当事人也可以续订租赁合同,但约定的租赁期限自续订之日起不得超过20年。租赁期届满,承租人继续使用租赁物,出租人没有提出异议的,原租赁合同继续有效,但租赁期限为不定期。

· *7.6.5　承揽合同* ·

我国合同法规定,建设工程合同中没有规定的加工、制作等事项,适用承揽合同的有关规定。因此,作为建筑施工企业的项目经理,应当了解承揽合同的主要内容。

1)承揽合同概述

承揽合同是承揽人按照定做人的要求完成工作,交付工作成果,定做人支付报酬的合同。承揽包括加工、定做、修理、复制、测试、检验等工作。

承揽合同的标的即当事人权利义务指向的对象是工作成果,而不是工作过程和劳务、智力的支出过程。承揽合同的标的一般是有形的,或至少要以有形的载体表现,不是单纯的智力技能。因此,承揽合同的内容包括承揽的标的、数量、质量、报酬、承揽方式、材料的提供、履行期限、验收标准和方法等条款。

2）承揽合同的履行

（1）承揽人的履行

承揽人应当以自己的设备、技术和劳力，完成主要工作，但当事人另有约定的除外。承揽人可以将承揽的辅助工作交由第三人完成。承揽人将其承揽的辅助工作交由第三人完成的，应当就该第三人完成的工作成果向定做人负责。

如果合同约定由承揽人提供材料的，承揽人应当按照约定选用材料，并接受定做人检验。如果是定做人提供材料的，承揽人应当及时检验，发现不符合约定的，应当及时通知定做人更换、补齐或者采取其他补救措施。承揽人发现定做人提供的图纸或者技术要求不合理，应当及时通知定做人。

承揽人在工作期间，应当接受定做人必要的监督检验。定做人不得因监督检验妨碍承揽人的正常工作。承揽人完成工作后，应当向定做人交付工作成果，并提交必要的技术资料和有关质量证明。

（2）定做人的履行

定做人应当按照约定的期限支付报酬。定做人未向承揽人支付报酬或者材料费等价款，承揽人对完成的工作成果享有留置权。

承揽工作需要定做人协助的，定做人有协助的义务。定做人不履行协助义务致使承揽工作不能完成的，承揽人可以催告定做人在合理期限内履行义务，并可以顺延履行期限；定做人逾期不履行的，承揽人可以解除合同。

如果合同约定由定做人提供材料，定做人应当按照约定提供材料。承揽人通知定做人提供的图纸或者技术要求不合理后，因定做人怠于答复等原因造成承揽人损失的，应当赔偿损失。定做人中途变更承揽工作要求，或中途解除承揽合同，造成承揽人损失的，应当赔偿损失。

小 结 7

本章主要讲述建设工程合同的概念、特征与分类，并分别介绍建设工程监理合同，建设工程勘察、设计合同，建设工程施工合同，建设工程联合经营合同，建设工程中其他合同的订立及主要内容。其要点分述如下：

①建设工程合同是指承包人进行工程建设，业主发包工程任务及支付价款的合同。它具有主体的严格性、标的的特殊性、履约的长期性和合同必须符合建设程序等特征。按承发包范围的不同可分为建设工程总承包合同、建设工程承包合同和建设工程分包合同；按承包内容的不同可分为勘察合同、设计合同、施工合同和监理合同；按计价与付款方式的不同可分为总价合同、单价合同和成本加酬金合同。

②建设工程监理合同是业主委托监理单位承担监理业务而明确双方权利义务关系的合同。业主和监理单位是平等的主体关系，合同当事人的权利与义务是合同条款的核心内容。尤其是监理单位应当认真地完成监理工作，业主应按约定协助做好监理工作和支付监理

酬金。

③建设工程勘察、设计合同是业主委托勘察、设计单位完成建设工程勘察、设计任务而明确双方权利义务关系的合同。委托人一般是业主或建设项目总承包单位,承包人是持有国家认可的勘察、设计证书,且具有经过政府部门核准资质等级的勘察、设计单位。其合同主要内容包括提交勘察报告或设计图纸的期限,质量要求,勘察、设计费用,协作条件,违约责任和业主应提供的资料等。

④建设工程施工合同是业主委托承包人完成建筑安装工程任务而明确双方权利义务关系的合同。它与其他建设工程合同一样是一种双方合同,当事人双方的权利义务、合同的进度条款、质量条款和经济条款构成合同的核心内容。一旦施工合同依法生效,当事人双方都应该认真履行合同约定的条款,以便共同努力保证建设工程任务的顺利完成。

⑤建设工程联合经营合同是指由几个承包商组成联合经营体,包括建筑施工承包商、材料设备供应商、建筑设计研究院等建筑承包企业,与建设单位签订的建设工程联合经营承包合同,共同承揽建设单位(业主)的建设工程任务。联合经营体成员是由从事建筑设计、建筑施工、材料设备供应等建筑承包企业派往的专业人员组成。由于各方所承担的任务是不相同的,因此,合同中对各方的责任、权利和义务都做了明确的规定。在现代建设工程中,特别是大型工程或特大型工程的承揽中,这种联合经营承包方式是经常发生的常见的。

⑥建设工程中的其他合同主要有买卖合同、货物运输合同、保险合同、租赁合同和承揽合同等。上述合同对建设工程施工任务的顺利进行、保证工程质量与安全都起着重要作用。

复习思考题 7

7.1　什么是建设工程合同?它有何特征?

7.2　建设工程合同是怎样按工程承发包范围、承包内容、计价付款方式的不同进行分类的?

7.3　什么是建设工程监理合同?其合同的主体是什么?

7.4　建设工程监理合同当事人(业主和监理单位)有何义务和权利?

7.5　什么是建设工程勘察、设计合同?它包括哪些主要内容?

7.6　建设工程勘察、设计合同当事人有何义务和权利?

7.7　什么是建设工程施工合同?该合同订立应具备什么条件?

7.8　建设工程施工合同中的进度条款、质量条款和经济条款包括哪些主要内容?有何具体规定与要求?

7.9　建设工程施工合同的管理包括一些什么具体内容与要求?

7.10　什么是建设工程联合经营合同?它有何特点?

7.11　在联合承包工程任务时,签订建设工程联合经营合同相比之下具有什么优势?

7.12　建设工程联合经营合同内容包括哪些主要条款?有何具体规定与要求?

7.13　建设工程中的其他合同有哪些?这些合同的主要内容是什么?有何重要作用?

8 建设工程施工合同的签订与管理

本章导读:本章主要讲述建设工程施工合同的签订,建设工程施工合同的管理。

通过本章的学习,要求了解签订施工合同应具备的条件和基本原则、签订施工合同的主要程序以及施工合同管理的概念等,主要掌握施工合同谈判的策略、技巧和施工合同管理的主要工作内容等。

8.1 建设工程施工合同的签订

建设工程合同的签订,包括建设工程勘察、设计合同的签订,建设监理合同的签订,建设工程施工合同的签订,材料、设备供应合同的签订,建设劳务合同的签订和其他合同的签订等。而在建设工程中用得比较多的是建设工程施工合同,因此,本章将重点讲述建设工程施工合同的签订。

· 8.1.1 施工合同的签订 ·

1)施工合同的签订条件

签订施工合同应具备以下的条件:

①施工图设计已经批准。

②工程项目已经列入年度建设计划。

③有能够满足施工需要的设计文件和有关技术资料。

④建设资金和主要建筑材料设备来源已经落实。

⑤对于招投标工程,中标通知书已经发出。

2)施工合同的签订原则

建设工程施工合同的签订,应遵循以下基本原则:

(1)符合"利益目标"的基本原则

"利益目标"的基本原则,不仅是施工合同谈判和签订的基本原则,而且是整个施工合同管理和工程项目管理的基本原则。承包商的"利益目标"是获得工程项目的施工利润;业主方的"利益目标"是得到质量合格的建筑产品,以便尽早投入使用,获得收益。合同的签订应保障双方"利益目标"的实现,而不能以损害对方的利益为目的。

（2）遵守国家法律、法规和国家计划原则

签订施工合同,必须遵守国家法律、法规,还应符合国家的建设计划和其他计划(如贷款计划等)。建设工程施工对经济发展、社会生活有多方面的影响,国家有许多强制性的管理规定,施工合同当事人都必须严格遵守。

（3）平等、自愿、公平的原则

签订施工合同当事人双方,都具有平等的法律地位,任何一方都不得强迫对方接受不平等的合同条件,合同内容应当是双方当事人自愿、真实意思的体现。合同的内容应当是公平的,不能单纯为了自身的利益而损害对方的利益,对于显失公平的施工合同,当事人一方有权申请人民法院或者仲裁机构予以变更或者撤销。

（4）诚实信用原则

在签订施工合同时,双方当事人要诚实,不得有欺诈行为。合同当事人应当如实将自身和工程的情况介绍给对方。在履行合同时,施工合同当事人要守信用,并严格履行合同。

3）施工合同的签订程序

施工合同作为合同的一种,其订立也应经过要约和承诺2个阶段,其订立方式有2种:直接发包和招标发包。如果没有特殊情况,工程建设的施工都应通过招标投标确定施工企业。施工合同的签订程序如下:

（1）前期准备

依据《招标投标法》和《工程建设施工招标投标管理办法》的规定,业主在中标通知书发出30天内,中标企业应与业主(建设单位)依据招标文件、投标书等签订建设工程施工合同。其准备工作主要是合同谈判的准备,包括谈判的组织准备、思想准备、方案准备、资料准备和议程安排等。

（2）合同谈判

就建设工程施工合同而言,一般都具有投资数额大、施工时间长的特点,而施工合同内容又涉及技术、经济、管理、法律等领域。因此,往往需要多次协商意见取得一致,才能获得谈判的成功。合同谈判的具体内容,《建设工程施工合同标准文本》有明确的规定,除此之外还可另外签订"施工补充合同"。

（3）合同审查

合同审查是一项非常重要的工作,通过合同审查可以发现合同条款中存在的问题,可以避免合同中的风险,减少合同谈判和签订中的失误。因此,承包商在获得业主(建设单位)的招标文件后,应组织工程造价和合同管理人员对招标文件中的合同文本进行审查。审查的主要目的如下:

①承包商和合同谈判人员通过合同审查,对合同文本有一个比较全面的了解,对合同条款中不易看懂和难以理解的问题,进行归纳整理与分析,以便得到正确理解和合理解决。

②采用合同标准文本对照该合同文本,检查合同内容上的完整性,如发现该合同文本中缺少哪些必需的条款,应及时加以补充和完善。

③通过合同审查还可以发现:合同条款之间的矛盾(即不同条款对同一具体问题的规定与要求不一致);哪些是对承包商不利,甚至有害的条款;哪些是隐含着较大风险的条款;哪些是概念不清、内容含糊的条款等。

④可以分析评价每一合同条款执行的法律后果,是否会给承包商带来风险,可以为合同谈判和签订提供决策依据。

(4)合同签订

签订合同的双方当事人,在合同谈判意见取得一致后,即可签订合同。签订合同必须是中标的施工企业,投标书中已确定的合同条款在签订时不得更改,合同价应与中标价相一致。如果中标施工企业拒绝与业主(建设单位)签订合同,则业主(建设单位)将不再返还其投标保证金(若是银行等金融机构出具投标保函的,则投标保函出具者应当承担相应的保证责任),建设行政主管部门或其授权机构还可给予一定的行政处罚。

· 8.1.2　施工合同的谈判策略 ·

合同谈判既有谈判的策略问题,也有谈判的技巧问题,灵活运用好合同谈判的策略和技巧是极其重要的。

1)合同谈判的规则

在合同谈判中,应注意掌握好合同谈判的规则,这些规则可促成合同谈判的圆满成功,促使施工合同的顺利签订。其合同谈判的具体规则,现分述如下:

①做好谈判前的准备,包括备齐谈判文件与资料,拟定谈判方案和内容,了解谈判对手的基本情况,以确定参加谈判的合适人员。

②合同谈判时,应先由副手主谈,主要负责人不宜急于表态,并从谈判中找出问题的症结,以备谈判的主动。在谈判中口径要统一,不得将内部矛盾暴露给对手。

③在合同谈判中要紧紧抓住实质性问题,不要在枝节问题上争论不休。实质性问题绝不轻易让步,枝节问题要表现出宽宏大量的风度。

④当合同谈判意见不一致时,不能急躁,更不能感情冲动,甚至出言不逊。一旦出现僵局时,可暂时休会。

⑤掌握好对等让步的原则,当对方已作出一定的让步时,自己也应考虑作出相应的让步。

⑥合同谈判双方都应认真做好记录,但不需要录音,否则会影响谈判效果。

2)合同谈判的策略

(1)运用好合同谈判策略和技巧

运用好合同谈判的策略和技巧很重要。比如:在决标前,承包商往往要与几个对手竞争,必须慎重,尽量少提或不提对合同文本作较大的修改;在中标后,应积极争取修改风险型合同条款和过于苛刻的合同条款,对原则问题不可让步。

(2)寻求多种解决办法不使谈判破裂

合同谈判时既要坚持自己的原则,又要善于寻求多种解决办法,而不使谈判破裂。如由于业主(建设单位)的条件过于苛刻,合同不能达成协议,也要寻求适当理由,说服业主修改苛刻条款,促使合同谈判成功。

(3)合同谈判不可急于求成

合同谈判一般要进行多次才能完成,所以不能急于求成。谈判时对有的合同条款一时达不成协议,特别是合同中含混不清的条款,要经过多次协商才能达成协议,并且一定要在合同文本中加以明确。如合同条款中不能笼统地写上"发包人(业主)提交的图纸属于合同文件",只能认可"由双方签字确认的图纸属于合同文件",以防发包人(业主)借补充图纸的机会增加内容。

合同谈判双方达成一致协议后,即可由双方法人代表签字,签字后的合同文件是工程项目正式承发包的法律依据。至此,业主(建设单位)和承包商(中标人)即建立了受法律保护的合作关系,而工程项目的招标投标工作即告完成。

8.2 建设工程施工合同的管理

· 8.2.1 概 述 ·

1)施工合同管理的概念

施工合同管理,是指有关的行政管理机关及合同当事人,依据法律、法规,采取法律的、行政的手段,对施工合同关系进行组织、指导、协调及监督,保护施工合同当事人的合法权益,处理施工合同纠纷,防止和制裁违法行为,保证施工合同顺利实施的一系列活动。

施工合同管理,既包括各级工商行政管理机关、建设行政主管机关、金融机构对施工合同的管理,也包括发包单位、监理单位、承包单位对施工合同的管理。可将这些管理划分为以下两个层次:第一层次为国家机关及金融机构对施工合同的管理;第二层次为建设工程施工合同当事人及监理单位对施工合同的管理。

各级工商行政管理机关、建设行政主管机关对合同的管理侧重于宏观的管理,而发包单位、监理单位、承包单位对施工合同的管理则是具体的管理。发包单位、监理单位、承包单位对施工合同的管理体现在施工合同从订立到履行的全过程中,本节主要是介绍合同履行过程中的一些重点和难点。

2)施工合同管理的任务

施工合同签订以后,承包商应及时指派工程项目经理,并由项目经理全面负责工程管理工作。组建包括合同管理人员的项目管理小组,着手进行工程的具体实施。此时开始施工合同管理的工作重点就转移到施工现场,直到工程全部结束。在施工阶段合同管理的基本目标是:保证完成合同条款规定的各项责任与义务,按合同规定的工期、质量、价格(成本)等要求完成工程项目建设。在整个工程施工过程中,合同管理的主要任务如下:

①对各工程小组、分包商等在合同关系上给以协调,并进行工作上的指导。如经常性地解释合同,对来往信件、会谈纪要等进行审查。

②对工程项目实施进行合同控制,保证承包商正确履行合同,保证整个工程按合同、按计划、有步骤、有秩序地施工,防止工程进行中出现失控现象。

③及时预见和防止合同实施中出现的问题,以及由此所引起的各种责任,避免和防止合同争执造成的损失。对因干扰事件造成的损失进行索赔,同时又应使承包商免于承担责任,处于不被索赔的地位。

④向业主和各级管理人员提供施工合同实施的情况,以及提供用于决策的资料、建议和意见。

3)施工合同管理的主要工作

施工合同管理人员在施工阶段的主要工作,包括以下几个方面:

(1)建立合同管理保证体系

建立和完善合同管理体系,以保证合同实施过程中的日常事务性工作顺利进行,使工程项目的全部事件处于控制中,以保证施工合同目标的实现。

(2)做好合同的监督工作

监督承包商和分包商按合同条款要求组织施工,并做好各分合同的协调和管理工作。承包商应以积极合作的态度完成自己的合同责任,努力做好自身的监督工作。

(3)跟踪合同实施情况

收集合同实施信息和各种工程资料,以对合同实施情况进行跟踪,并作出相应的信息处理;诊断合同履行情况,并将合同实施情况与合同资料进行对比分析,以找出实施中的偏离问题;向项目经理及时通报合同实施情况及存在的问题,提出合同实施方面的意见与建议,甚至警告或投诉。

(4)进行合同变更管理

合同变更管理,主要包括参与合同变更谈判,对合同变更进行事务处理,落实合同变更措施,修改合同变更资料,检查变更措施落实情况等,关于合同变更管理,在后面还将作详细介绍。

(5)索赔和反索赔管理

索赔和反索赔管理,主要包括承包商与业主之间的索赔和反索赔,承包商与分包商等之间的索赔和反索赔。这部分内容将在第9章作重点介绍。

· 8.2.2 施工合同文档的管理 ·

1)合同文档管理的重要性

在工程招标投标和合同实施过程中,许多承包商忽视工程文档系统的建立与管理,其中包括合同文档收集、保存与管理。觉得工程文件太多,资料太繁杂,收集整理费时间等。由于没有建立文档管理系统,最终是削弱自己的合同地位,损害自身的合同权益,特别是不利于争执和索赔问题的解决。如合同额外工作的书面确认,合同变更指令不符合规定,错误的现场签证、会议纪要、工程收方量等未及时提出修改,重要合同文档未能保存,业主违约未书面确认等。这就使承包商在合同争执和索赔问题的解决中难以取胜。

人们忽视工程文档的收集、保存与管理,是因为这些文件与记录当时看来价值不大,如果工程实施一切都顺利,双方没有产生争执,很多文件资料确实没有价值,而且这项工作十分繁杂,花费也不少。但是,实践证明任何工程项目都会有这样或那样的风险,都可能产生问题的争执,甚至会发生重大问题的争执,这时都会用到工程文档所提供的大量证据。若没有建立与完善的工程文档系统,缺乏解决问题的有力证据,必定会造成不可挽回的损失。

合同文档管理属于信息管理的内容,它不仅仅只是为了解决问题的争执,在整个项目管理中它具有更为重要的作用,已是现代项目管理重要的组成部分。

2)合同文档管理的任务

由于合同文档系统在工程建设中具有十分重要的作用,因此,在工程建设中必须建立这个系统,才能符合现代项目管理的要求。

(1)合同文档的作用

合同管理人员的责任是负责合同文件与资料的收集、整理和保存等管理工作。他的工作是以这些文件资料为基础,同时又依据这些资料来开展工作,提供给经理们决策。其具体作用如下:

①合同文档可为合同签订、合同分析、合同监督、合同跟踪、合同变更和施工索赔提供所需要的文档资料。

②合同文档可为合同管理人员编制各种工程报表,向项目经理提供意见与建议,落实工程责任和协调方案制定等提供依据。

(2)合同文档管理的任务

合同文档管理的主要任务是:

①合同文件的收集。在工程施工合同实施的过程中,每天都要产生很多文件与资料,如图纸、技术变更、指令、报告、信件、记工单、领料单等。首要的任务是做好这些文件资料的收集和整理,并将这些原始资料交给合同管理专职人员保存与管理。

②合同文件的加工。上述的原始资料,必须经过信息加工处理才可作为决策的依据,才能成为正式的报告文件和工程报表。

③合同文件的储存。凡涉及与施工合同有关的文件资料,必须加以收集与保存,直到合同履行结束。为了查找和使用方便,必须建立和完善合同文档储存制度,并对合同文档进行科学储存,这也是现代项目管理的客观要求。

④合同文件的提供。合同管理人员根据合同文件反映出的问题,应及时向业主、项目经理报告工程合同实施情况,同时也可为各职能部门、分包商、工程验收、索赔与反索赔等提供资料与证据。

· *8.2.3　施工合同实施的管理* ·

1)施工合同履行的管理

(1)业主和监理单位对合同履行的管理

业主和监理工程师在合同履行中,应严格依照施工合同条款的规定,履行自身应尽的义务。施工合同规定由业主负责的各项工作是履行合同的基础,是为承包商开工及顺利施工创造的先决条件。

业主对施工合同履行的管理主要是通过监理工程师进行的。在合同履行管理中,业主、监理工程师应认真行使自己的权力,履行自己的职责,应对承包商的施工活动进行监督和检查。

(2)承包商对合同履行的管理

在施工合同履行过程中,为确保施工合同各项指标的顺利实现,承包商需要建立一套完

整的施工合同管理制度,以对施工合同履行实施有效的管理。其主要制度如下:

①岗位责任制度   岗位责任制度是承包企业应建立的基本管理制度。它明确规定承包企业内负有施工合同管理任务的部门和人员的工作范围,履行合同中应负的责任和拥有的职权。只有建立合同管理岗位责任制度,才能使分工明确、责任落实,才能促进承包企业施工合同管理工作的正常开展,保证合同指标的顺利实现。

②检查制度   承包商签约后,应建立施工合同履行的检查、监督制度,通过对履行合同的检查、监督,以发现存在的问题,督促有关部门和人员改进工作,认真履行合同的职责和义务。

③统计考核制度   这是运用科学管理的方法,对合同履行情况进行有效的管理。即利用统计数据,反馈施工合同履行情况,并通过对统计数据的分析,可为承包商经营决策提供重要依据。

④奖惩制度   建立奖惩制度,有利于增强有关部门和人员在履行施工合同中的责任。奖优罚劣是奖惩制度的基本内容与要求,能够促进施工合同的顺利履行。

2)施工合同实施的控制

(1)合同目标的控制

施工合同目标控制是指合同定义的三大目标,即建设工程项目的工期、质量、成本三大目标。承包商的合同责任是达到这三大目标的要求,保证建设工程项目施工任务的圆满完成。

(2)合同实施的控制

合同实施的控制主要包括以下几个方面:

①承包商除了必须按合同规定的进度计划、质量要求完成施工任务外,还必须对工程项目施工现场的安全、秩序、清洁和工程保护等负责。同时承包商有权获得合同实施中必需的工作条件,如:具备必需的图纸、指令、场地和道路;要求现场工程师公平、正确地解释合同,以及及时、如数地获得工程付款;有权选择科学、合理的施工实施方案;有权对业主和现场工程师违约的索赔要求等。这一切都必须通过合同控制来实现。

②合同控制的特点是具有动态性,主要表现在以下两个方面:一方面合同实施常常受到外界干扰,使其偏离目标,需要不断地进行调整;另一方面合同目标也在不断变化,如不断出现的合同变更,使工期、质量、成本发生变化,从而使合同双方的责任与权益也要发生变化。因此,合同实施的控制就必须是动态的,合同实施是随着变化的情况不断进行调整的。

③承包商的合同控制不仅针对与业主之间的工程承包合同,而且还包括与总合同相关的其他合同,如分包合同、供应合同、运输合同、租赁合同等,并且还包括总合同与各分合同、各分合同之间的协调控制。

通过合同实施的控制可以使工程进度控制、质量控制、成本控制协调一致,形成一个有序的项目管理过程。

3)施工合同实施的监督

施工合同实施的监督,主要包括以下工作:

①合同管理人员会同各职能人员落实合同实施计划,为各工程队组、分包商提供必要的施工保证。如:督促施工现场人工、材料、机械等计划的落实,协调工序之间搭接关系的安排,以及做好其他一些必要的准备工作。

②在合同条款范围内,协调业主、工程师、项目各管理人员、各工程队组与分包商之间的关系,解决合同实施中出现的问题,如合同责任界面不清而发生的争执,工程施工活动在时间上和空间上的不协调等。

③合同管理人员要经常性的做好合同解释工作,对各工程队组和分包商进行工作指导,使他们有全局观念。对工程实施中发现的问题提出意见、建议和警告,如促使工程师放弃不适当、不合理的指令,避免对工程施工的干扰而造成费用增加,弥补工程师工作的缺陷与不足,保证工程更为顺利进行。

④会同各职能人员检查、监督各工程队组、分包商的合同实施情况,主要是对照合同目标要求的工程进度、技术标准、工程质量等进行检查,发现问题并及时采取改进措施。对已完成的工程作最后的检查核对,对未完成的工程或有缺陷的工程指令限期采取补救措施,以免影响合同工期目标的完成。

⑤按施工合同要求,会同业主、工程师等对工程所用材料、设备进行检查和验收,查看是否符合图纸、技术规范和质量要求。进行隐蔽工程和已完工程的检查验收,负责工程验收文件的起草和工程验收的组织工作。

⑥会同工程造价师(工程预决算人员),对承包商或分包商向业主提交的工程收款账单进行审查和确认。

⑦合同管理人员负责向业主报告文字的请示、答复,向分包商下达的指令等进行审查并记录在案。参与承包商与业主、或与分包商之间争议问题的协商和解决,并对解决结果按合同条款和法律的规定进行审查、分析及评价。从而保证工程施工活动始终处于严格的合同监督中,也使承包商的各项工作更有预见性。

· *8.2.4 施工合同变更管理* ·

1)合同变更的原因和影响

(1)合同变更的原因

合同条款内容频繁发生变更是工程施工合同的特征,一个大型、复杂的工程项目,在合同实施过程中的变更就更多,甚至发生几百项的合同变更。合同发生变更的主要原因如下:

①业主提出变更要求。业主提出变更原因,主要包括修改建设项目总计划、扩大(减少)建设规模、提高(降低)建筑标准和增加(减少)建设投资等。

②设计图纸的修改与补充。由于业主的变更要求或设计图纸的错误,需要对施工图纸进行修改与补充,从而引发合同条款内容的变更。

③工程环境的变化。工程施工条件与预计的不一致,要求施工实施方案、施工计划进行修改。

④新技术、新工艺的引进。由于科技发展的要求,引进了新技术、新工艺,这样就有必要改变原设计,修改施工实施方案和施工计划。

⑤政府部门对拟建项目的新要求。主要包括国家计划变化、城市规划变动、环境保护要求等。

⑥合同条款出现问题。由于合同实施中出现了意外的问题,必须调整合同目标,或修改合同条款。

⑦合同当事人发生变化。由于企业倒闭或其他原因,造成合同当事人发生变化,因而产生合同转让等变更。不过这种变更原因通常是比较少的。

(2)合同变更的影响

合同变更实质上是对原合同条款的修改与补充,是签约双方对合同条款新的要约和承诺。这些变化与修改对合同的实施影响很大,主要表现在以下几个方面:

①由于合同变更使各种文件和资料,如设计图纸、施工方案、工期计划、成本计划等都应作相应的修改与变更。而其他相关的各种计划如材料、设备采购计划,劳动力需用计划、机械使用计划等也要作相应的调整。它不仅会引起该承包合同发生变更,而且还会引起所属的各个分合同,如材料、设备供应合同,分包合同、租赁合同等的变更。特别是重大的合同变更会打乱整个施工部署,严重影响施工任务的按期完成。

②由于合同变更,引起合同签约双方之间、总包与分包之间、各工程队组之间的合同责任也要发生变更。如工程量增加,这不仅增加了承包商的工程任务量,还将增加工程费用的开支和工期的延长。

③有些工程变更,还会引起已完工程的返工、现场施工的停滞、施工秩序的混乱、已购材料的损失等。

2)合同变更范围和程序

(1)合同变更范围

合同变更的范围很广,一般包括合同签订后的工程范围、工程进度、工程质量要求发生变化,合同条款内容、合同双方责权利关系的变化等,都是合同变更所属的范围。常见的合同变更有以下2种:

①工程变更　工程变更包括工程项目的性质、功能、数量、质量、实施方案和施工次序等的变更。

②合同条款变更　主要包括合同条件和合同协议书所涉及的双方责权利关系的变化,以及一些重大问题的变更等。

(2)合同变更程序

合同变更应按一定的工作程序进行,即办理包括合同变更的申请、审查、批准、通知(指令)等一套完整的手续。

①重大的合同变更。工程项目重大的合同变更,由双方签署变更协议确定。对变更所涉及的问题,如合同变更措施、变更工作安排、变更涉及的工期变化和费用索赔的处理等,意见达成一致后,双方签署备忘录或修正案作为变更协议。有些重大问题的变更,需要经过多次会议协商,才能达成合同变更协议。双方签署的合同变更协议与合同一样具有法律约束力,而且法律效力优于原合同文本,应认真研究、审查分析和贯彻执行。

②业主、工程师的变更指令。在工程项目的施工中,业主或工程师发出的工程变更指令在数量上是很多的,情况也比较复杂。对此,承包商也应予以重视。

工程变更程序(步骤),在合同条款中有明确的规定。其工程变更程序有以下两种。

a. 业主或工程师发出工程变更的程序(步骤)如下:

业主或工程师发出变更指令 → 业主、工程师与承包商进行谈判 → 双方签署变更协议→承包商执行变更。

b. 承包商申请工程变更的程序(步骤)如下：

承包商发出工程变更申请→业主或工程师批准→承包商与业主、工程师进行谈判→双方签署变更协议→承包商执行变更。

在国际承包工程中，承包合同通常都赋予业主或工程师直接指令工程变更的权利。承包商在接到变更指令后，必须认真组织实施，而合同价格和工期的变更调整，由承包商会同业主、工程师协商后确定。

（3）工程变更申请表

在工程项目管理中，工程变更需要经过一定的申报审批手续。首先是要填报"工程变更申请表"，其工程变更申请表的格式和内容，如表 8.1 所示。

表 8.1　工程变更申请表

申请人：		申请表编号：		合同编号：
相关的分项工程和该工程的技术资料说明 工程编号：　　　　　图号： 施工段号：				
变更的依据			变更说明	
变更涉及的标准				
变更涉及的资料				
变更的影响(包括技术要求、工期、质量、材料、劳动力、成本及对其他工程的影响等)				
变更类型			变更优先次序	
计划变更实施日期：				
变更申请人(签字)				
审查意见				
变更批准人(签字)				
备注				

3）合同变更实施(管理)的要求

（1）合同变更决策的要求

在实际工作中，合同变更时间过长，或合同变更程序流程太慢等都会造成很大的损失。因此，合同变更应尽快作出决策。但在决策过程中常常发生以下两种情况：

①工程停止施工,承包商等待业主或工程师的变更指令(含变更会议决议)。此时,等待变更属于业主责任,通常承包商可提出延误工期等索赔。

②合同变更指令不能迅速做出,而现场继续在施工,造成更大的返工损失。因此,要求合同变更决策程序既简单而又快捷。

(2)合同变更实施的要求

合同变更指令作出后,承包商应迅速、全面、系统地落实变更指令,并要求做好以下的各项变更工作:

①修订相关的各种文件,包括图纸、施工方案、施工计划、物资采购计划等,使这些文件反映和包含最新的变更内容与要求。

②各工程队组和分包商应尽快落实工程变更指令,并要求提出具体的变更措施,对新出现的问题应提出相应的对策,同时要做好各方面的组织协调工作。

③在实际工作中,因没有及时落实工程变更指令,造成方案、计划、协调、管理等工作方面的混乱,导致经济损失。而合同管理人员在这方面能起很大作用,可以督促变更指令的迅速落实。只有工程变更得到迅速落实和执行,才能保证新的合同目标得以顺利实现。

(3)合同变更与索赔同步的要求

合同变更是索赔机会,应在合同规定的有效期限内提出其索赔要求,合同变更所引起的各种文件的变更,可以作进一步分析的依据和索赔的证据。在实际工作中,要求合同变更索赔同步进行,甚至首先进行索赔谈判,待索赔意见达成一致后,再执行合同变更。

4)合同变更应注意的问题

①按施工合同规定,业主或工程师的口头变更指令,承包商也必须遵照执行,但应在7天内书面向工程师索取书面确认。当工程师下达口头变更指令后,为了防止拖延与遗忘,承包商或合同管理人员可立即起草书面信函,请工程师签字确认。如果工程师在7天内未予书面否决,则承包商的书面要求书信可作为工程师对该工程变更的书面指令。

②业主、工程师的认可权必须加以限制。在国际工程承包中,业主往往通过工程师对材料、设计和施工工艺的认可权,提高材料、设计和施工质量的标准。当认可超过合同条款规定的范围与标准时,可视为工程师的变更指令,应争取业主或工程师的书面确认,进而提出工期和费用的索赔。

③在国际承包工程中,工程变更承包商也负有合同责任。承包商收到工程变更指令后,对重大的变更指令或图纸上作出的修改意见,应认真进行核实,对涉及双方责权利关系的重大变更,必须由双方签署变更协议。

④工程变更应在合同规定的工程范围内,若超过工程范围,承包商有权不接受变更,或先商定变更费用后再进行变更。

⑤应注意工程变更的实施、价格谈判和业主批准三者在时间上存在的矛盾。往往工程变更已成事实,工程师再发出价格和费率调整通知,而价格谈判一时还达不成协议,或业主对承包商的补偿要求不批准,这样使承包商就会处于十分被动的地位。在这种情况下,承包商可采取以下措施:

• 控制(或拖延)施工进度,等待变更谈判结果,这样不仅损失较小,而且谈判回旋余地较大;

● 采取成本加酬金的方法,即以点工或实际费用支出加一定数额的酬金计算费用补偿,这样可避免价格谈判的争执;

● 应建立完整的变更实施记录和照片,请业主、工程师签字,为索赔做准备。

⑥承包商不能擅自进行工程变更。在实际施工中,若发现图纸错误和其他问题,需要较小变更时,应首先通知工程师,经工程师同意或通过变更程序再进行变更。否则,不仅得不到应有的补偿,而且会带来很多麻烦。

⑦在施工合同的实施中,任何工程变更都必须经过合同管理人员或由他们提出,也就是说与业主、与总(分)包之间有关变更的书面信件、报告、指令等,都应经合同管理人员进行技术和法律方面的审查,这样才能保证工程变更都在控制中,不会出现违反和超出合同规定的问题。

⑧在工程变更协议商谈过程中,承包商最好在变更执行前就应明确提出变更补偿范围、补偿方法、补偿数额计算、补偿支付时间等,并且双方应就这些问题达成一致,以防日后发生争执使索赔问题难以解决。

⑨在工程变更中,要特别注意因变更造成返工、停工、窝工、修改方案、计划改变等所造成的损失,要注意有关证据的收集和整理。在实际工作中,人们容易忽视这些损失证据的收集,事后提出索赔报告时往往就会因举证困难而被对方所否决。

● 8.2.5 施工合同纠纷管理 ●

1)施工合同争议的解决

(1)施工合同争议的解决方式

合同当事人在履行施工合同时发生争议,其解决方式如下:

①可以和解或者要求合同管理部门或其他有关主管部门调解。当事人不愿和解、调解或者和解或调解不成的,双方可以按专用条款内约定的方式解决争议。

②双方达成仲裁协议,向约定的仲裁委员会申请仲裁。

③向有管辖权的人民法院起诉。

上述的仲裁和诉讼都是最终的解决方式,只能约定其中一种。如果双方同意选择仲裁,则应订立仲裁协议,并在协议中约定具体的仲裁委员会和仲裁解决争议的内容,否则仲裁协议将无效。如果当事人选择诉讼,施工合同的纠纷一般应由工程所在地的人民法院负责审理。仲裁和审理结果当事人都必须执行。若一方不执行,另一方可向人民法院申请强制执行。

(2)争议发生后允许停止履行合同的情况

发生争议后,在一般情况下,双方都应继续履行合同,保持施工连续,保护好已完工程。只有出现下列情况时,当事人方可停止履行施工合同。

①单方违约导致合同确已无法履行,双方协议停止施工。

②调解机关要求停止施工,且为双方接受。

③仲裁机关要求停止施工。

④法院要求停止施工。

2）施工合同的解除

施工合同订立后，当事人应当按照合同的约定履行。但是，在一定的条件下，合同没有履行或没有完全履行，当事人也可以解除合同。

（1）合同的解除

①合同的协商解除

施工合同当事人协商一致，可以解除。这是在合同成立以后、履行完毕以前，双方当事人通过协商而同意合同关系的解除。当事人的这项权利是合同中意思自治的具体体现。

②发生不可抗力时合同的解除

因为不可抗力或者非合同当事人的原因，造成工程停建或缓建，致使合同无法履行，合同双方可以解除合同。

③当事人违约时合同的解除

a. 发包人不按合同约定支付工程款（进度款），双方又未达成延期付款协议，导致施工无法进行，承包人停止施工超过 56 天，发包人仍不支付工程款（进度款），承包人有权解除合同。

b. 承包人将其承包的全部工程转包给他人或者肢解后以分包的名义分别转包他人，发包人有权解除合同。

c. 合同当事人一方的其他违约致使合同无法履行，对方可以解除合同。

（2）单方主张解除合同的程序

单方主张解除合同的，应向对方发出解除合同的书面通知，并在发出通知前 7 天告知对方。通知到达对方时合同解除。对解除合同有异议的，按照解决合同争议程序处理。

（3）合同解除后的善后处理

合同解除后，当事人双方约定的结算和清理条款仍然有效。承包人应当按照发包人要求妥善做好已完工程和已购材料、设备的保护和移交工作，按发包人要求将自有机械设备和人员撤出施工场地。因不可抗力或发包人原因解除合同，发包人应为承包人撤出提供必要条件，支付以上所发生的费用，并按合同约定支付已完工程款。已订货的材料、设备由订货方负责退货或解除订货合同，不能退还的材料和设备或解除订货合同发生的费用，由发包人承担。因发包人原因解除合同的，发包人还应赔偿承包人的有关损失。

3）违约责任

业主不按合同约定支付各项价款或工程师不能及时给出必要的指令、确认，致使合同无法履行，业主应承担违约责任，赔偿因其违约给承包商造成的损失，延误的工期相应顺延。双方应当在专用条款内约定业主应当支付违约金的数额和计算方法，以及业主赔偿承包商损失的计算方法。

承包商不按合同工期竣工，工程质量达不到约定的质量标准，或由于承包商原因致使合同无法履行，承包商应承担违约责任，赔偿因其违约给业主造成的损失。双方应当在专用条款内约定承包商应当支付违约金的数额和计算方法，以及承包商赔偿业主损失的计算方法。

无论哪一方违约，对方应当督促违约方按照约定继续履行合同，并与之协商违约责任的承担。特别应当注意的是收集和整理对方违约的证据，因为无论是协商还是仲裁、诉讼，都要依据证据维护自己的权益。

小 结 8

本章主要讲述建设工程施工合同的签订条件、原则、程序和谈判策略,施工合同管理的概念、任务和主要工作,以及施工合同的文档管理、实施(履行)管理、变更管理和纠纷管理等。现就本章小结的基本要点归纳如下:

①签订施工合同应具备一定的条件,其条件包括:工程项目已列入年度建设计划,施工图设计等技术资料已批准完备,建设资金、材料和设备已经落实,业主的中标通知书也已发出等。签订施工合同的原则是:"利益目标"原则。遵守法律法规与国家计划原则,平等、自愿与公平原则和诚实信用原则。

②签订施工合同的程序是:前期准备、合同谈判、合同审查和合同签订。施工合同谈判是合同签订的重要环节,谈判时应注意策略与技巧,寻找多种解决问题的方法以达到维护己方权益的目的。

③施工合同管理是指合同管理机关与合同当事人,依据法律、法规和行政手段,对施工合同履行进行组织、指导、协调和监督,保护合同当事人的合法权益,处理施工合同纠纷,防止和制裁违法行为,保证施工合同顺利实施的一系列活动。施工合同管理可分为 2 个管理层次:一是国家机关和金融机构对施工合同的管理,二是合同当事人及监理单位对施工合同的管理。

④施工合同管理的主要工作,包括建立施工合同管理保证体系,做好施工合同的监督工作,跟踪检查施工合同实施(履行)情况,进行施工合同变更管理,施工合同纠纷管理和索赔、反索赔的管理等。

复习思考题 8

8.1 施工合同的签订有哪些条件和原则?

8.2 合同谈判需要做好哪些准备工作?

8.3 合同谈判有哪些策略与技巧?

8.4 签订施工合同时对于工程范围应注意哪些问题?

8.5 签订施工合同文件应注意哪些问题?

8.6 签订施工合同的双方有哪些责任与义务?

8.7 什么是施工合同管理?施工合同管理的任务是什么?

8.8 简述施工合同管理的主要内容。

8.9 如何解决施工合同的争议问题?

8.10 施工合同怎样解除?发生违约如何处理?

9　施工索赔

本章导读:本章主要讲述索赔概述,施工索赔程序,施工索赔证据及索赔文件,施工索赔的计算方法,施工索赔案例,施工反索赔和施工索赔管理等。

通过本章的学习,要求了解索赔及施工索赔的概念、产生原因及分类,施工索赔的程序与时限规定以及施工索赔管理的主要内容,熟悉索赔证据和索赔文件(含索赔报告)的内容,掌握施工索赔的计算方法和计算要求。施工索赔内容、计算方法和计算要求是本章的重点,也是本章的难点。

9.1　索赔概述

· 9.1.1　索赔的基本概念 ·

随着我国社会主义市场经济的建立和完善,商品交易中发生索赔是一种正常现象。因此,我们应该提高对索赔的认识,加强索赔理论和索赔方法的研究,正确对待和认真做好索赔工作, 这对维护合同签约各方的合法权益都具有十分重要的意义。

索赔是一种权利主张,是指合同在履行过程中,合同一方发生并非由于本方的过错或原因造成的,也不属于自己风险范围的额外支出或损失,受损方依据法律或合同向对方提出的补偿要求。

施工索赔是指在工程项目施工过程中,由于业主或其他原因,致使承包商增加了合同规定以外的工作和费用或造成其他损失,承包商可根据合同规定,并通过合法的途径和程序,要求业主补偿在时间上和经济上所遭受损失的行为。

施工索赔是一项涉及面广、学问颇深的工作,参与索赔工作的人员必须具有丰富的管理经验,熟悉施工中的各个环节,通晓各种建筑法规,并具有一定的财务知识。由于工程项目的复杂多变,现场条件、气候和环境的变化,标书及施工说明中错误等因素的存在,索赔在承包过程中是必然存在的。索赔工作中重要的一环是证明承包商提出的索赔要求是正确的。但仅仅证明自己正确还是不能收回已损失的费用,只有准确地计算要求赔偿的数额,并证明此数额合情合理,索赔才能获得成功。承包商的任何索赔要求,只要能定出价格并证明作价的依据可靠无误,那就越早提出越好。

总之,施工索赔是利用经济杠杆进行项目管理的有效手段,对承包商、业主和监理工程师来说,处理索赔问题水平的高低,也反映他们项目管理水平的高低。随着建筑市场的建立与发展,索赔将成为项目管理中越来越重要的问题。

· 9.1.2 索赔的产生原因 ·

在执行合同的过程中,承包商提出索赔的理由大都是由于合同条款的变更而引起的。当承包商支付的实际工程费用大于工程收入时,就应检查其原因。如果查明原因是由业主造成的,才能提出索赔要求,并使自己受到的损失得到补偿。

施工索赔的产生原因主要有以下几种:

1)工程变更

一般在合同中均订有变更条款,即业主均保留变更工程的权利。业主在任何时候均可对施工图、说明书、合同进度表,用文字写成书面文件进行变更。工程变更的原则是:不能带来人身危险或财产损失;不能额外增加工程量,如要增加工程必须有工程师的书面签证确认;不能增加工程总费用,除非是增加工程的同时也必须增加造价,但也必须有工程师或业主的书面签证。除这3个方面外,工程师在发布工程通知书时,有权提出较小的改动,但不得额外加价,并且这种改动与建设本工程的目标应完全一致。

在工程变更的情况下,承包商必须熟悉合同规定的工程内容,以便确定执行的变更工程是否在合同范围以内。如果不在合同范围以内,承包商可以拒绝执行,或者经双方同意签订补充协议。

如果因这种变更,合同造价有所增减,引起工期延迟,合同也要相应加以调整。除此之外,其他均应在原合同条款上予以执行。

关于合同的调整问题,有的规定了一个公认的合同调整百分比公式,也有的只简单规定因工程变更而对合同价款做出公平合理的调整。不过,这种简单的规定容易引起争议,如果变更的程度较大,在规定的时限内承包商应做出预算,并及时用书面形式通知业主与工程师,若在规定的时限内得不到答复,则有权对此提出索赔要求。

2)施工条件变化(即与现场条件不同)

这里所说的施工条件变化是针对以下两种情况:一是用来处理现场地面以下与合同出入较大的潜在自然条件的变更。例如地质勘探资料和说明书上的数据错误,造成地基或地下工程的特殊处理而给承包商带来了损失,承包商则有权要求对合同价格进行公平合理的调整。二是现场的施工条件与合同确定的情况大不相同,承包商应立即通知业主或工程师进行检查确认。

3)工程延期

在以下情况下,工程完成期限是允许推迟的:

①由于业主或其雇员的疏忽失职。

②由于提供施工图的时间推迟。

③由于业主中途变更工程。

④由于业主暂停施工。

⑤工程师同意承包商提出的延期理由。

⑥由于不可抗力所造成的工程延期。

在发生上述任何一种情况时，承包商应立即将备忘录送给工程师，并提出延长工期的要求。工程师应在接到备忘录5天内给承包商签认。如果业主要求暂停施工而没有在备忘录上标明复工日期和期限，那么承包商可以被迫放弃暂停施工的部分工程，并将停工部分进行估算，开具账单，请业主结付工程款，而且还可以按被迫放弃的工程价值加一个百分比作为补偿管理费、专用工厂设施和预期利润等所遭受的损失。

4）不可抗力或意外风险

不可抗力，顾名思义即指超出合同各方控制能力的意外事件。其中任何一件不可抗力事件发生，都会直接干扰合同的履行，由此造成施工时间的延长，工程修理的义务和费用，终止合同，或业主、第三方的破产和损害及人身伤亡，承包商概不承担任何责任。业主应对就此引起的一切权利、要求、诉讼、损害赔偿费、各项开支和费用等负责，保障承包商免受损害并给承包商以补偿。

凡是发生上述情况，承包商应迅速向业主报告，并提供适当的证明文件，以便业主核实。业主或其代表接到通知后也应及时答复。如长期拖延不予处理，也要负违约的责任。对于自然灾害的影响，承包商不仅可以要求顺延工期，而且应当声明，除顺延工期外，还应对由于灾害暂时停工而不得不对承包价格做合理的调整。

5）检查和验收

如业主对已检查验收过的隐蔽工程和设备内部再次要求拆下或剥开检查时，承包商必须照办。经检查工程完全符合合同要求时，承包商应要求补偿因拆除、剥开部分工程所造成的损失，包括修复的直接费用和间接费用，以及因检查所引起的工期延误等。

6）在工程竣工验收前业主占用

业主有权占用或使用已竣工的或部分竣工的工程。关于这一情况，在签订合同时应分清双方的责任和义务。一般这种占用或使用不得被认为是对已完成的、不符合合同规定的工程的验收。但是对于工程所遭受的损失和损害，如不是由于承包商的过失或疏忽造成，则不应该由承包商负责。如这种先期进占或使用使工程进度受到拖延给承包商造成额外费用，就应对合同价款和竣工期限进行公平合理的调整，承包商必须对此做详细记录。

7）业主提供设备

设备如由业主提供，合同中都规定有设备的交付时间或履行合同日期。如业主未按期供应，按规定就要公平合理地调整合同价格，延长竣工期限。

8）劳动力、材料费用涨价

如果材料价格及劳动力费用受到供求关系或市场因素的巨大影响，业主会在合同中同意准许材料价格及劳动力费用调整。因此合同实施中如遇到市场价格上涨的情况，承包商应及时向业主提出工程价格调整的要求。

除以上情况外，还有许多引起承包商提出索赔要求的因素，如加快工程进度、波及效应，等等。承包商必须熟悉合同条款的具体规定，对各种因素进行仔细斟酌，严加推敲，以便适时地采取措施，保护自己的利益。

· 9.1.3　施工索赔的分类 ·

施工索赔分类的方法很多,从不同的角度看,有不同的分类方法。现就处理施工索赔的几种分类方法介绍如下:

1)按索赔的目的不同分类

按索赔的目的不同可分为要求延长工期和要求经济补偿。这是施工索赔业务中常见的分类方法。当提出索赔时,必须明确是要求工期索赔还是要求经济索赔,前者是要求得到工期的延长,后者是要求得到经济补偿。

2)按索赔的处理方式不同分类

按索赔的处理方式不同,可分为单项索赔和一揽子索赔。

（1）单项索赔

单项索赔是指在工程施工过程中出现干扰原合同实施的某项事件,承包商为此而提出的索赔。如业主发出设计变更指令,造成承包商成本增加、工期延长、承包商为变更设计这一事件提出索赔要求,就属于单项索赔。应当注意,单项索赔往往在合同中规定必须在索赔有效期内完成,即在索赔有效期内提出索赔报告,经监理工程师审核后交业主批准。如果超过规定的索赔有效期,则该索赔无效。因此对于单项索赔,必须有合同管理人员对日常的每一个合同事件跟踪,一旦发现问题即应迅速研究是否对此提出索赔要求。单项索赔由于涉及的合同事件比较简单,责任分析和索赔计算不太复杂,金额也不会太大,双方往往容易达成协议,使承包商获得成功。

（2）一揽子索赔

一揽子索赔又称总索赔,它是指承包商在工程竣工前后,将施工过程中已提出但未解决的索赔汇总一起,向业主提出一份总索赔报告的索赔。

这种索赔,有的是在合同实施过程中因为一些单项索赔问题比较复杂,不能立即解决,经双方协商同意留待以后解决;有的是业主对索赔迟迟不作答复,采取拖延的办法,使索赔谈判旷日持久;有的是由于承包商对合同管理的水平差,平时没有注意对索赔的管理,忙于工程施工,当工程快完工时,发现自己亏了本,或业主不付款时,才准备进行索赔。

由于以上原因,在处理一揽子索赔时,因许多干扰事件交织在一起,影响因素比较复杂,有些证据,事过境迁,责任分析和索赔值的计算产生困难,使索赔处理和谈判很艰难,加上一揽子索赔的金额较大,往往需要承包商做出较大让步才能解决。因此,承包商在进行施工索赔时,一定要掌握索赔的有利时机,力争单项索赔,使索赔在施工过程中一项一项地解决。对于实在不能单项解决,需要一揽子索赔的,也应力争在施工建成移交之前完成主要的谈判与付款。如果业主无理拒绝和拖延索赔,承包商还有约束业主的合同"武器",否则,工程移交后,承包商就失去了约束业主的"王牌",业主有可能赖账,使索赔长期得不到解决。

3)按索赔发生的原因不同分类

索赔发生的原因有很多,但归纳起来有4类:延期索赔、工程变更索赔、施工加速索赔和不利现场条件索赔。

（1）施工延期索赔

这类索赔主要是由于业主的原因不能按原定计划的时间进行施工所引起的索赔。

如为了控制建设的成本,业主往往把材料和设备规定为自己直接订货,再供应给施工的承包商,这样业主如不能按时供货,而导致工程延期,就会引起施工延期的索赔。又如业主不能按合同约定提供现场必要的施工条件而延误开工或减缓施工速度,承包商也会因此而要求延期索赔。

还有设计图纸和规范的错误或遗漏,设计者不能及时提交审查或批准图纸等,都可能引起延期索赔。

（2）工程变更索赔

这类索赔是指因合同中规定工作范围的变化而引起的索赔。这类索赔有时不如延期索赔那么容易确定,如某分项工程所包含的详细工作内容和技术要求、施工要求很难在合同文件中用语言描述清楚,设计图纸也很难对每一个施工细节都表达得很详尽,因此实施中很难界定此工程内容是否有所变更,即使有变更,也很难确定其变更程度有多大。但是对于明显的设计错误或遗漏、设计变更以及工程师发布的工程变更指令而引起的工期延误和施工费用增加,承包商则应及时向业主提出有关工程变更索赔。

（3）施工加速索赔

这类索赔经常是延期或工程变更的结果,有时也被称为"赶工索赔",而施工加速索赔与劳动生产率的降低关系极大,因此又被称为劳动生产率损失索赔。如业主要求承包商比合同规定的工期提前,或者因工程前段的工程拖期,要求后一阶段工程弥补已经损失的工期,使整个工程按期完工。这样,承包商可以因施工加速成本超过原计划的成本而提出索赔,其索赔的费用一般应考虑加班工资,以及雇用额外劳动力,采用额外设备,改变施工方法,提供额外监督管理人员,由于拥挤、干扰、加班引起疲劳的劳动生产率损失等所引起的费用增加。在国外的许多索赔案例中提出的劳动生产率损失通常很大,但一般不易被业主接受。这就要求承包商在提交施工加速索赔报告中提供施工加速对劳动生产率的消极影响的确切证据。

（4）不利现场条件索赔

这类索赔是指图纸和技术规范中所描述的条件与实际情况有实质性的不同或虽合同中未做描述,所遇到的是一个有经验的承包商无法预料的情况。一般是地下的水文地质条件,以及某些隐藏着的不可知的地面条件。如果承包商证明业主没有给出某地段的现场资料,或所给的资料与实际相差甚远,或所遇到的现场条件是一个有经验的承包商不能预料的,那么承包商对不利现场条件的索赔应能成功。

不利现场条件索赔近似于工程变更索赔,然而又不大像大多数工程变更索赔。不利现场条件索赔应归咎于确实不易预知的某个事实。如现场的水文、地质条件在设计时全部弄得一清二楚几乎是不可能的,只能根据某些地质钻孔和土样试验资料来分析和判断。要对现场进行彻底全面的调查将会耗费大量的成本和时间,一般业主不会这样做,承包商在短短投标报价的时间内更不可能做这种现场调查工作。这种不利现场条件的风险由业主来承担是合理的。

4)按索赔的依据不同分类

索赔的目的是得到经济补偿和工期延长,而索赔必须有其可靠的依据。因此,按索赔的依据不同,可分为合同内索赔、合同外索赔和道义索赔。

(1)合同内索赔

这类索赔是以合同条款为依据,在合同中有明文规定的索赔,如工程延误、工程变更、工程师给出错误数据导致放线的差错、业主不按合同规定支付进度款等。这种索赔,由于在合同中明文规定往往容易成功。

(2)合同外索赔

这类索赔一般是难于直接从合同的某条款中找到依据,但可以从对合同条件的合理推断或同其他的有关条款联系起来论证该索赔是属合同规定的索赔。例如,因天气的影响给承包商造成的损失一般应由承包商自己负责,如果承包商能证明是特殊反常的气候条件(如100年一遇的洪水,50年一遇的暴雨),就可利用合同条件中规定的"一个有经验的承包商无法合理预见不利的条件"而得到工期的延长(见 FIDIC《土木工程施工合同条件》12.1 和44.1 条),同时若能进一步论证工期的改变属于"工程变更"的范畴,还可提出费用的索赔(见 FIDIC《土木工程施工合同条件》51.1 条)。合同外的索赔需要承包商非常熟悉合同和相关法律,并有比较丰富的索赔经验。

(3)道义索赔

这类索赔无合同和法律依据,承包商认为自己在施工中确实遭到很大损失,要想得到优惠性质的额外付款,只有在遇到通情达理的业主时才有希望成功。一般在承包商的确克服了很多困难,使工程圆满完成,而自己却蒙受重大损失时,若承包商提出索赔要求,业主可出自善意,给承包商一定经济补偿。

5)按索赔的业务性质不同分类

按索赔的业务性质不同,可分为施工索赔和商务索赔。

(1)施工索赔

施工索赔是指涉及工程项目建设中施工条件或施工技术、施工范围等变化引起的索赔,一般发生频率高,索赔费用大。本章将重点论述施工索赔。

(2)商务索赔

商务索赔是指实施工程项目过程中的物资采购、运输、保管等活动引起的索赔事项。由于供货商、运输公司等在物资数量上短缺、质量上不符合要求、运输损坏或不能按期交货等原因,给承包商造成经济损失时,承包商将向供货商、运输商等提出索赔要求;反之,当承包商不按合同规定付款时,则供货商或运输公司将向承包商提出索赔。

6)按索赔的当事人不同分类

(1)承包商同业主之间的索赔

(2)总承包商同分承包商之间的索赔

(3)承包商同供货商之间的索赔

(4)承包商同保险公司、运输公司的索赔

(5)承包商同劳务供应商的索赔

7）按索赔的对象不同分类

按索赔的对象不同，可分为索赔和反索赔。

（1）索赔

索赔是指承包商向业主、供货商、保险公司、运输公司等提出的索赔（本书以下的"索赔"主要指承包商向业主提出的索赔）。

（2）反索赔

反索赔是指业主、供货商、保险公司、运输公司等向承包商提出的索赔。

9.2　施工索赔程序及其规定

· 9.2.1　施工索赔的基本程序 ·

在工程项目施工阶段，每出现一个索赔事件，都应按照国家有关规定、国际惯例和工程项目合同条件的规定，认真及时地协商解决。一般索赔程序如图 9.1 所示。

· 9.2.2　施工索赔程序和时限的规定 ·

我国《建设工程施工合同文本》中对索赔的程序和时间要求有明确而严格的规定，主要包括：

①甲方未能按合同约定履行自己的各项义务或发生错误，以及出现应由甲方承担责任的其他情况，造成工期延误或甲方延期支付合同价款，或因甲方原因造成乙方的其他经济损失，乙方可按下列程序以书面形式向甲方索赔：

a.造成工期延误或乙方经济损失的事件发生后 28 天内，乙方向工程师发出索赔意向通知。

b.发出索赔意向通知后 28 天内，乙方向工程师提出补偿经济损失和（或）延长工期的索赔报告及有关资料。

c.工程师在收到乙方送交的索赔报告和有关资料后，于 28 天内给予答复，或要求乙方进一步补充索赔理由和证据。

d.工程师在收到乙方送交的索赔报告和有关资料后 28 天内未予答复或未对乙方做进一步要求，则视为该项索赔已被认可。

e.当造成工期延误或乙方经济损失的该项事件持续进行时，乙方应当阶段性向工程师发出索赔意向通知，在该事件终了后 28 天内，向工程师送交索赔的有关资料和最终索赔报告。索赔答复程序与③、④规定相同。

②乙方未能按合同约定履行自己的各项义务或发生错误给甲方造成损失，甲方也按以上各条款规定的时限和要求向乙方提出索赔。

对上述这些具体规定，可将其归纳如图 9.2 所示。

· 9.2.3　施工索赔的工作过程 ·

施工索赔的工作过程，即是施工索赔的处理过程。施工索赔工作一般有以下 7 个步骤：

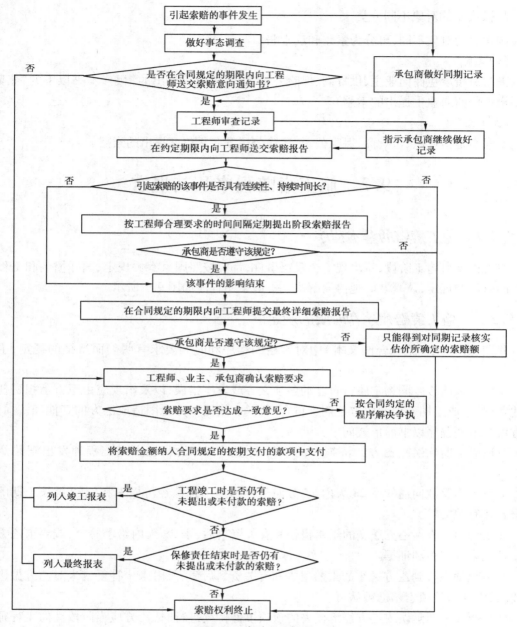

图 9.1　索赔程序框图

索赔要求的提出、索赔证据的准备、索赔文件(报告)的编写、索赔文件(报告)的报送、索赔文件(报告)的评审、索赔事件的解决、索赔仲裁或诉讼。现分述如下:

1)索赔要求的提出

当出现索赔事件时,在现场先与工程师磋商,如果不能达成解决方案时,承包商应审慎地检查自己索赔要求的合理性,然后决定是否提出书面索赔要求。按照 FIDIC 合同条款,书面的索赔通知书应在引起索赔的事件发生后的 28 天以内向工程师正式提出,并抄送业主。逾期提送,将遭业主和工程师的拒绝。

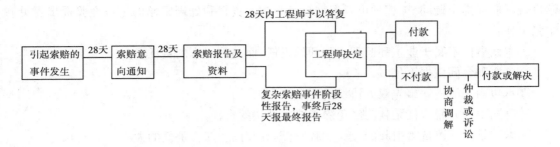

图 9.2 施工索赔程序和时限规定

索赔通知书一般都很简单,仅说明索赔事项的名称,根据相应的合同条款,提出自己的索赔要求。索赔通知书主要包括以下内容:

①引起索赔事件发生的时间及情况的简单描述。

②依据的合同条款和理由。

③说明将提供有关后续资料,包括有关记录和提供事件发展的动态。

④说明对工程成本和工期产生不利影响的严重程度,以期引起监理工程师和业主的重视。

至于索赔金额的多少或应延长工期的天数,以及有关的证据资料,可稍后再报给业主。

2)索赔证据的准备

索赔证据资料的准备是施工索赔工作的重要环节。承包商在正式报送索赔报告(文件)前,要尽可能地使索赔证据资料完整齐备,不可"留一手"待谈判时再抛出来,以免造成对方的不愉快而影响索赔事件的解决。索赔金额的计算要准确无误,符合合同条款的规定,具有说服力。索赔报告应力求文字清晰、简单扼要、要重事实、讲理由、语言婉转而富有逻辑性。关于索赔证据资料包括哪些内容,将在9.3中做详细介绍。

3)索赔文件(报告)的编写

索赔文件(报告)是承包商向监理工程师(或业主)提交的要求业主给予一定的经济(费用)补偿或工期延长的正式报告。关于索赔报告的编写内容及应注意的问题等,将在后面做详细介绍。

4)索赔文件(报告)的报送

索赔报告编写完毕后,应在引起索赔的事件发生后28天内尽快提交给监理工程师(或业主),以正式提出索赔。索赔报告提交后,承包商不能被动等待,应隔一定的时间,主动向对方了解索赔处理的情况,根据对方所提出的问题进一步做资料方面的准备,或提供补充资料,尽量为监理工程师处理索赔提供帮助、支持和合作。

索赔的关键问题在于"索",承包商不积极主动去"索",业主没有任何义务去"赔"。因此,提交索赔报告虽然是"索",但还只是刚刚开始,要让业主"赔",承包商还有许多更艰难的工作要做。

5)索赔文件(报告)的评审

工程师(或业主)接到承包商的索赔报告后,应该马上仔细阅读其报告,并对不合理的索

赔进行反驳或提出疑问,工程师可以根据自己掌握的资料和处理索赔的工作经验提出意见和主张。如:

①索赔事件不属于业主和监理工程师的责任,而是第三方的责任。

②事实和合同依据不足。

③承包商未能遵守事先双方协议的要求。

④合同中的开脱责任条款已经免除了业主补偿的责任。

⑤索赔是由不可抗力引起的,承包商没有划分和证明双方责任的大小。

⑥承包商没有采取适当措施避免或减少损失。

⑦承包商必须提供进一步的证据。

⑧损失计算夸大。

⑨承包商以前已明示或暗示放弃了此次索赔的要求。

但工程师提出这些意见和主张时也应当有充分的根据和理由。评审过程中,承包商应对工程师提出的各种质疑做出圆满的答复。

6)索赔谈判与调解

经过监理工程师对索赔报告的评审,并与承包商进行了较充分的讨论后,工程师应提出对索赔处理决定的初步意见,并参加业主和承包商进行的索赔谈判,通过谈判做出索赔的最后决定。

在双方直接谈判没能取得一致解决意见时,为争取通过友好协商办法解决索赔争端,可邀请中间人进行调解。有些调解是非正式的,例如通过有影响的人物(业主的上层机构、官方人士或社会名流等)或中间媒介人物(双方的朋友、中间介绍人、佣金代理人等)进行幕前幕后调解。也有些调解是正式性质的,如在双方同意的基础上共同委托专门的调解人进行调解,调解人可以是当地的工程师协会或承包商协会、商会等机构。这种调解要举行一些听证会和调查研究,而后提出调解方案,如双方同意则可达成协议并由双方签字。

7)索赔仲裁与诉讼

对于那些确实涉及重大经济利益而又无法用协商和调解办法解决的索赔问题,成为双方难以调和的争端,只能依靠法律程序解决。在正式采取法律程序解决之前,一般可以先通过自己的律师向对方发出正式索赔函件,此函件最好通过当地公证部门登记确认,以表示诉诸法律程序的前奏。这种律师致函属于"警告"性质,多次警告而无结果(例如由双方的律师商讨仍无结果),则只能根据合同中"争端的解决"条款提交仲裁或诉讼程序解决。

9.3 施工索赔证据及索赔文件

· 9.3.1 索赔证据 ·

任何索赔事项的确立,其前提条件是必须有正当的索赔理由。对正当索赔理由的说明必须具有证据,因为索赔的进行主要是靠证据说话。没有证据或证据不足,索赔是难以成功的。

这正如《建设工程施工合同文本》中所规定的,当一方向另一方提出索赔时,要有正当索赔理由,且有引起索赔的事件发生时的有效证据。

1)索赔证据的要求

①真实性。索赔证据必须是在实施合同过程中确实存在和发生的,必须完全反映实际情况,能经得住推敲。

②全面性。所提供的证据应能说明事件的全过程。索赔报告中涉及的索赔理由、事件过程、影响、索赔值等都应有相应证据,不能零乱和支离破碎。

③关联性。索赔的证据应当能够互相说明,相互具有关联性,不能互相矛盾。

④及时性。索赔证据的取得及提出应当及时。

⑤具有法律证明效力。一般要求证据必须是书面文件,有关记录、协议、纪要必须是双方签署的。工程中重大事件及特殊情况的记录、统计必须由工程师签证认可。

2)索赔证据的种类

①招投标文件　招投标文件主要包括招标文件、工程合同及附件、业主认可的投标报价文件、技术规范、施工组织设计等。招标文件是承包商报价的依据,是工程成本计算的基础资料,也是索赔时进行附加成本计算的依据。投标文件是承包商编标报价的成果资料,对施工所需的设备、材料列出了数量和价格,也是索赔的基本依据。

②工程图纸　工程师和业主签发的各种图纸,包括设计图、施工图、竣工图及其相应的修改图,应注意对照检查和妥善保存,设计变更一类的索赔,原设计图和修改图的差异是索赔最有力证据。

③施工日志　应指定有关人员现场记录施工中发生的各种情况,包括天气、出工人数、设备数量及其使用情况、进度、质量情况、安全情况、监理工程师在现场有什么指示、进行了什么实验、有无特殊干扰施工的情况、遇到了什么不利的现场条件、多少人员参观了现场等。这种现场记录和日志有利于及时发现和正确分析索赔,是索赔的重要证明材料。

④来往信件　对与监理工程师、业主和有关政府部门、银行、保险公司的来往信函必须认真保存,并注明发送和收到的详细时间。

⑤气象资料　在分析进度安排和施工条件时,天气是考虑的重要因素之一,因此,要保持一份如实完整、详细的天气情况记录,包括气温、风力、温度、降雨量、暴雨雪、冰雹等。

⑥备忘录　承包商对监理工程师和业主的口头指示和电话应随时用书面记录,并请签字给予书面确认。这些是事件发生和持续过程的重要情况记录。

⑦会议纪要　承包商、业主和监理工程师举行会议时要做好详细记录,对其主要问题形成会议纪要,并由会议各方签字确认。

⑧工程照片和工程声像资料　这些资料都是反映工程客观情况的真实写照,也是法律承认的有效证据,应拍摄有关资料并妥善保存。

⑨工程进度计划　承包商编制的经监理工程师或业主批准同意的所有工程总进度、年进度、季进度、月进度计划都必须妥善保管,任何与延期有关的索赔,工程进度计划都是非常重要的证据。

⑩工程核算资料　工程核算资料是指工人劳动计时卡和工资单,设备、材料和零配件采

购单、付款收据、工程开支月报、工程成本分析资料、会计报表、财务报表、货币汇率、物价指数、收付款票据都应分类装订成册。这些都是进行索赔费用计算的基础资料。

⑪工程供电供水资料　这类资料主要是指工程供电、供水的日期及数量记录,工程停电、停水和干扰事件的影响情况及恢复施工的日期等。这些也是索赔费用计算的原始资料。

⑫有关文件规定　这主要包括国家、省、市有关影响工程造价、工期的文件和规定等。

由此可见,高水平的文档管理和信息系统,对索赔进行资料准备和提供证据是极为重要的,也是索赔取得成功强有力的保证。

· 9.3.2　施工索赔文件 ·

施工索赔文件是承包商向业主索赔的正式书面材料,也是业主审议承包商请求索赔的主要依据。施工索赔文件一般由索赔信函、索赔报告和附件3个部分组成。

1)索赔信函

索赔信函是承包商致业主或其代表的一封简短信函,主要是提出索赔请求,应包括以下内容:

①简要说明引起索赔事件的有关情况;

②列举索赔理由;

③提出索赔金额与工期延长要求;

④附件说明。

2)索赔报告

索赔报告书的质量和水平,与索赔成败的关系极为密切。对于重大的索赔事项,有必要聘请合同专家或技术权威人士担任咨询,并邀请有背景的资深人士参与活动,才能保证索赔成功。

索赔报告的具体内容随索赔事项的性质和特点有所不同,但大致由4个部分组成。

①总述部分　概要叙述引起索赔的事件发生的日期和过程;承包商为该事件付出的努力和附加开支;承包商的具体索赔要求。

②论证部分　这是索赔报告的关键部分,其目的是说明自己有索赔权和索赔的理由。立论的基础是合同文件并参照所在国法律,要善于在合同条款、技术规程、工程量表、往来函件中寻找索赔的法律依据,使索赔要求建立在合同、法律的基础上。如有类似情况索赔成功的具体事例,无论是发生在工程所在国的或其他国际工程项目上的,都可作为例证提出。

合同论证部分在写法上要按引发索赔的事件发生、发展、处理的过程论述,使业主历史地、逻辑地了解事件的始末及承包商在处理该事件上做出的努力、付出的代价。论述时应指明所引证资料的名称及编号,以便于查阅。应客观地描述事实,避免用抱怨、夸张,甚至刺激、指责的用词,以免使读者反感、怀疑。

③索赔款项(或工期)计算部分　如果说论证部分的任务是解决索赔权能否成立,则款项计算是为解决能得到多少补偿。前者定性,后者定量。

在写法上先写出计价结果(索赔总金额),然后再分条论述各部分的计算过程,引证的资料应有编号、名称。计算时切忌用笼统的计价方法和不实的开支款项,勿给人以漫天要价的印象。

④证据部分 要注意引用的每个证据的效力与可信程度,对重要的证据资料最好附以文字说明,或附以确认件。例如:对一个重要的电话记录或对方的口头命令,仅附上承包商自己的记录是不够有力的,最好附以经过对方签字的记录,或附上当时发给对方要求确认该电话记录或口头命令的函件,即使对方未复函确认或修改,亦说明责任在对方,按惯例应理解为他已默认。

证据选择可根据索赔内容的需要而定。工程所在国家的重大政治、经济、自然灾害的正式报道(如罢工、动乱、地震、飓风、异常天气、税收、海关新规定、汇率变化、涉外经济法、工资和物价定期报道等),施工现场记录及报表,往来信函及照片摄像等,工程项目财务记录和物资记录、报表等都可能成为证据。应根据具体施工索赔中提出的问题,选择相关证据材料,统一编号列入。

3)附件

附件是指索赔报告所列举事实、理由、影响的证明文件和各种计算基础、计算依据的证明。包括以下主要内容:

①证明文件 索赔报告中所列举事实、理由、影响等的证明文件和其他有关证据。

②详细计算书 这是为了证实索赔金额的真实性而设置的,为了简明扼要,可以运用图表来表述。

4)索赔报告的格式

索赔报告的一般格式详见表9.1。

表9.1 单项索赔报告表

	负责人: 编　号:　　　　日　　期: 　　　　　　××项目索赔报告 题　目: 事　件: 理　由: 影　响: 结　论:成本增加;工期延误

一揽子索赔报告的格式可以比较灵活。不管什么格式的索赔报告,尽管形式可能不同,但实质性的内容相似,主要内容包括:

①题目 简明地说明针对什么事件提出索赔。

②索赔事件 叙述事件的起因(如业主的变更指令、通知等)、事件经过、事件过程中双方的活动,重点叙述己方按合同所采取的行动(以推卸自己的合同责任)、对方不符合合同的行为、或未履行合同责任的情况。这里要提出事件的时间、地点和事件的结果,并引用报告后面的证据作为证明。

③理由 总结上述事件,同时引用合同条文,或合同变更及补充协议条文,以证明对方行为违反合同或对方的要求超出合同规定,造成了干扰事件,有责任对由此造成的损失做出补(赔)偿。

④影响　简要说明事件对承包商施工过程的影响,而这些影响与上述事件有直接的因果关系。重点围绕由于上述事件原因造成成本增加和工期延长,与后面费用的分项计算应有对应关系。

⑤结论　由于上述事件的影响,造成承包商的工期延长和费用增加。通过详细的索赔值的计算(这里包括对工期的分析和各项费用损失项目的分项计算),提出具体的费用索赔值和工期索赔值。

9.4　施工索赔的计算方法

· 9.4.1　施工索赔费用的组成 ·

在已论证拥有索赔权的情况下,如果采用不合理的计价方法,没有事实根据地扩大索赔金额,往往使索赔搁浅,甚至失败。因此,客观地分析索赔费用的组成和合理地计算,显得十分重要。

1)索赔费用的组成

索赔费用与工程计价相似,包括直接费、间接费和利润。直接费部分主要是人工费、材料费、设备费、工地杂费和分包费;间接费主要包括工地和总部管理费、保险费、手续费和利息等。

《施工索赔》(J. Adrian 著,Construction Claims,1988 年)一书对索赔费用的组成部分,进行了详细划分,并指明对不同种类的施工索赔,哪些费用应列入(√),哪些不应列入(○),哪些经分析后决定是否列入(★),参见表9.2。该表仅列出 4 种常见的索赔原因造成的各计价成分的组成情况。因索赔原因多种多样,其他原因索赔的计价成分视具体情况分析确定。

2)可以索赔的费用

只要各种工程资料和会计资料齐全,承包商若在下述各项费用中遭受了损失,均可通过索赔得到补偿。现将施工索赔中可以索赔的费用归纳如下:

(1)人工费

人工费在工程费用中占很大比重,人工费的索赔是工程索赔中主要的索赔内容之一。如发生下列情况,承包商有权提出人工费的索赔。

①由于业主增加合同以外的工程内容,或由于业主方面的原因而造成工期延误,导致承包商增加了人工或延长了工作时间,则承包商就可以向业主要求补偿人工费的损失。

②当地政府为了推行社会保险计划和劳动工人福利计划,向建筑公司征收薪税金,承包商可向业主提出索赔,一般这种索赔都能成功。

③由于业主对工程的无理干扰而打乱了承包商的施工计划并延误了工期,结果承包商投入的人工没有创造出应有的生产效率,使承包商受到工效损失,承包商也有权向业主提出工效损失的补赔。

表9.2 施工索赔费用的组成部分及可索赔性

施工索赔计价的组成部分	不同原因引起的索赔			
	工程拖期索赔	施工范围变更索赔	加速施工索赔	施工条件变化索赔
1. 由于工程量增大 新增的现场劳动时间	○	V	○	V
2. 由于工效降低 新增的现场劳动时间	V	★	V	★
3. 人工费增长数	V	★	V	★
4. 新增的建筑材料量	○	V	★	★
5. 新增的建筑材料单价	V	V	★	★
6. 新增的分包工程量	○	V	○	★
7. 新增的分包工程成本	V	★	★	V
8. 租赁设备费	★	V	V	V
9. 承包商已有设备使用费	V	V	V	★
10. 承包商新增设备费	★	○	★	★
11. 工地管理费(可变部分)	★	V	★	V
12. 工地管理费(固定部分)	V	○	○	★
13. 公司管理费(可变部分)	★	★	★	★
14. 公司管理费(固定部分)	V	★	★	★
15. 利息(投资费用)	V	★	★	★
16. 利润	★	V	★	V
17. 可能的利润损失	★	★	★	★

注:引自 J. Adrianl《施工索赔》。

(2)材料费

由于业主修改工程内容,使工程材料数量增加,则承包商可向业主提出索赔。计算材料增加的数量比较容易,只要把原来的材料数量与实际使用的材料计购单、发货单或其他材料单据加以比较,就可确定材料增加的数量。

(3)设备费

在工程索赔中,除了人工费外,设备费是另一大项索赔内容。计算设备索赔的第一个步骤是要计算设备增加的工作时间。一般来说,设备增加工作时间有3种情况:一是原有设备比预定计划增加的工作时间;二是增加设备数量;三是上述两项的结合。为了及时得到这些数据,承包商在施工中应详细记录设备使用情况,编制设备使用日报表。这些报表可为计算设备增加的工作时间提供依据。

(4)分包费

分包费用是指总包商转包给分包商的那部分工程的总费用。由于业主方面的原因而造成分包工程费用增加时,分包商可以提出索赔。但分包工程费用的增加,除了业主的原因外,往往与总包的协调和配合也有关系。因此,分包商在考虑索赔时应先向总包商提出索赔方案,总包对分包的索赔方案有检查和修改的权利,经检查修改后由分包和总包一起联合向业主提出索赔。

（5）保险费

当业主要求增加工程内容,而且增加的工程使工期延长时,承包商必须购买增加工程的各种保险,办理已购保险的延期手续。对于增加的保险费用,承包商向业主提出索赔后,肯定能得到补偿。

（6）保证金

如果业主临时取消部分工程内容,导致合同总额减少时,承包商应得到上述保证金的返回,返回额按合同额减少的数字予以计算。

（7）管理费

当承包商就某一工程的直接费用(人工费、材料费、设备费、分包费用等)向业主提出索赔时,承包商可同时提出上述直接费相应产生的管理费用索赔。

（8）利息

利息的索赔额通常是根据利息的本金、种类和利率以及发生利息的时间来确定。在合同执行过程中,如发生下列情况,承包商均可向业主提出利息索赔。

①业主推迟按工程合同规定时间支付工程款。

②业主推迟退还工程保留金。

③承包商动用自己的资金来建造业主修改过的工程或被业主延误的工程。

承包商提出索赔后,如索赔成功,则索赔额本身的利息不应计算。

（9）利润

对于不同性质的索赔,取得的利润索赔成功率是不相同的。一般来说,由于工程范围的变更和施工条件变化所引起的索赔,承包商是可以列入利润索赔的;由于业主的原因终止或放弃合同时,承包商不仅有权获得已完成的工程款,还应得到原定比例的利润补偿。而对于工期延误的索赔,由于利润通常是包括在每项实施的工程内容的价格之内的,而延误工期并未影响削减某些项目的实施,而导致利润减少,所以,监理工程师很难同意在延误的费用索赔中加进利润损失。

利润索赔款额计算的百分率通常与原报价单中的利润百分率保持一致,在索赔款直接费的基础上,乘以原报价单中的利润率,即为该项索赔款中的利润额。

· 9.4.2 施工索赔的计算方法 ·

1）工期索赔的计算方法

工期索赔的计算主要有网络分析法和比例计算法两种。

（1）网络分析法

网络分析法是利用进度计划的网络图,分析其关键线路:如果延误的工作为关键工作,则延误的时间为索赔的工期;如果延误的工作为非关键工作,当该工作由于延误超过时差限制而成为关键时,可以索赔延误时间与时差的差值;若该工作延误后仍为非关键工作,则不存在工期索赔问题。

可以看出,网络分析要求承包商切实使用网络技术进行进度控制,才能依据网络计划提出工期索赔。按照网络分析得出的工期索赔值是科学合理的,容易得到认可。

（2）比例计算法

比例计算法又称对比分析法。在实际工程中,干扰事件通常仅影响某些单项工程、单位工程或分部分项工程的工期,要分析它们对总工期的影响,可以采用比例计算法。计算公式如下:

对于已知受干扰部分工程的延期时间的:

$$工期索赔值=\frac{受干扰部分工程的合同价}{原合同总价}\times 该受干扰部分工期拖延时间$$

对于已知额外增加工程量部分的工程价格的:

$$工期索赔值=\frac{额外增加的工程量部分的工程价格}{原合同总价}\times 原合同总工期$$

比例计算法简单方便,但有时不符合实际情况,不适用于引起变更施工顺序、加速施工、删减工程量等事件的索赔。

2）费用索赔的计算方法

（1）总费用法

总费用法又称总成本法,就是计算出该项工程的总费用,再从这个已实际开支的总费用中减去投标报价时的成本费用,即为要求补偿的索赔费用额。

总费用法并不十分科学,但仍被经常采用,原因是对于某些引起索赔的事件,难于精确地确定它们导致的各项费用增加额。

一般认为在具备以下条件时采用总费用法是合理的。

• 已开支的实际总费用经过审核,认为是比较合理的。

• 承包商的原始报价是比较合理的。

• 费用的增加是由于对方原因造成的,其中没有承包商管理不善的责任。

• 由于引起索赔的事件的性质模糊以及现场记录不足,难于采用更精确的计算方法。

（2）修正总费用法

修正总费用法是对总费用法的改进,即在总费用计算的基础上,去掉一些不合理的部分,使其更合理。修正的内容如下:

①将计算索赔费用的时段局限于受到外界影响的时间,而不是整个施工期。

②只计算受影响时段内的某项工作所受影响的损失,而不是计算该时段内所有施工工作所受的损失。

③与该项工作无关的费用不列入总费用中。

④对投标报价费用重新进行核算,即按受影响时段内该项工作的实际单价,乘以实际完成的该项工作的工作量,得出调整后的报价费用。

按修正后的总费用计算索赔费用的公式如下:

索赔费用=某项工作调整后的实际总费用-该项工作的报价费用(或调整后的报价费用)

修正总费用法与总费用法相比,有了实质性的改进,可相当准确地反映出实际增加的费用。

（3）分项法

分项法是将索赔损失的费用分项进行计算。这种方法是在明确责任的前提下,将需索赔的费用分项列出,并提供相应的工程记录、票据等证据资料,这样可以在较短时间内加以分析、核实,有利于索赔费用的顺利解决。在实际工作中,绝大多数工程的施工索赔都采用分项法计算。其具体内容如下:

①人工费索赔

人工费索赔包括额外雇佣劳务人员、加班工作、工资上涨、人员闲置和劳动生产率降低的费用。

对于额外雇佣劳务人员和加班工作的费用,用投标时的人工单价乘以工时数即可;对于人员闲置费用,一般折算为人工单价的0.75;工资上涨是指由于工程变更,使承包商的大量人力资源的使用从前期推到后期,而后期工资水平上调,因此应得到相应的补偿。

有时工程师指令实行计日工,则人工费按计日工的人工单价计算。

对于劳动生产率降低导致的人工费索赔,一般可用如下方法计算:

• 实际成本和预算成本比较法:这种方法是对受干扰影响的工程实际成本与合同中的预算成本进行比较,索赔其差额。这种方法需要有正确合理的估价体系和详细的施工记录。

• 正常施工期与受影响期比较法:这种方法是在承包商的正常施工受到干扰,生产率下降,通过比较正常条件下的生产率和干扰状态下的生产率,得出生产率降低值,以此为基础进行索赔。

例如:某工程吊装浇注混凝土,前5天工作正常,第6天起业主架设临时电线,共有6天时间使吊车不能在正常条件下工作,导致吊运混凝土的方量减少,承包商有未受干扰时正常施工记录和受干扰时施工记录,如表9.3和表9.4所示。

表9.3　未受干扰时正常施工记录

时间/天	1	2	3	4	5	平均值
平均劳动生产率/$(m^3 \cdot h^{-1})$	7	6	6.5	8	6	6.7

表9.4　受干扰时施工记录

时间/天	1	2	3	4	5	6	平均值
平均劳动生产率/$(m^3 \cdot h^{-1})$	5	5	4	4.5	6	4	4.75

通过以上记录比较,劳动生产率降低值为:
$$6.7 \ m^3/h - 4.75 \ m^3/h = 1.95 \ m^3/h$$
索赔费用的计算公式为:
$$索赔费用 = 计划台班 \times (劳动生产率降低值/正常劳动生产率) \times 台班单价$$
②材料费索赔计算

材料费索赔包括材料消耗量增加和材料单位成本增加两种。追加额外工作、变更工程性质、改变施工方法等,都可能造成材料用量的增加或使用不同的材料;材料单位成本增加的原因包括材料价格上涨、手续费增加、运输费用增加(运距加长、二次倒运等)、仓储保管费增加等。材料费索赔需要提供准确的数据和充分的证据。

③施工机械费索赔计算

机械费索赔包括台班数量增加、机械闲置或工作效率降低、台班单价上涨等费用。

台班量增加的费用计算数据应取自机械使用记录和台班单价。租赁的机械费用按租赁合同计算。机械闲置费有2种计算方法：一是按公布的行业标准租赁单价进行折减计算，二是按定额标准的计算方法，一般建议将其中的不变费用和可变费用分别扣除一定的百分比进行计算。工作效率降低的费用应参考劳动生产率降低的人工索赔的计算方法。台班单价上涨的费用计算时原台班单价按有关定额和标准手册取值。

对于工程师指令实行计日工作的，按计日工作表中的单价计算。

④现场管理费索赔计算

现场管理费（工地管理费）包括工地的临时设施费、通信费、办公费、现场管理人员和服务人员的工资等。

现场管理费索赔计算的方法一般为：

现场管理费索赔值＝索赔的直接成本费用×现场管理费率

现场管理费率的确定选用下面的方法：

- 合同百分比法：即管理费率按合同中规定的百分比。
- 行业平均水平法：即采用公开认可的行业标准费率。
- 原始估价法：即采用投标报价时确定的费率。
- 历史数据法：即采用以往相似工程的管理费率。

⑤总部管理费索赔计算

总部管理费是承包商的上级部门提取的管理费用，如公司总部办公楼折旧、总部职员工资、交通差旅费、通信费、广告费等。

总部管理费与现场管理费相比，数额较为固定，一般仅在工程延期和工程范围变更时才允许索赔总部管理费。目前国际上应用得最多的总部管理费索赔的计算方法是 Eichealy 公式。该公式是在获得工程延期索赔后进一步要求总部管理费索赔的计算方法。获得工程成本索赔后，也可参照本公式的计算方法以求进一步获得总部管理费索赔。

a. 已获延期索赔的 Eichealy 公式是根据日费率分摊的办法计算总部管理费索赔的，其计算步骤如下：

延期工程应分摊的总部管理费 A ＝（被延期工程的原价/同期承包工程合同价之和）×同期承包工程计划总部管理费

单位时间（日或周）总部管理费率 B ＝A/计划合同工期（日或周）

总部管理费索赔值 C ＝B×工程延期时间（日或周）

运用 Eichealy 公式计算工程拖期后的总部管理费索赔的原理是：若工程延期，就相当于该工程占用了可调往其他工程的施工力量，这样就损失了在其他工程中可得的总部管理费。也就是说，由于该工程拖期，影响了这一时期内其他工程的收入，总部管理费也因此而减少，故应从延期项目中索补。

b. 对于已获得工程直接成本索赔的总部管理费索赔也可用 Eichealy 公式计算，其步骤如下：

被索赔工程应分摊总部管理费 A_1 ＝（被索赔工程原计划直接成本/同期所有工程直

接成本总和）×同期公司计划总部管理费

每元直接成本包含的总部管理费费率 $B_1 = A_1/$ 被索赔工程计划直接成本

应索赔总部管理费 $C_1 = B_1 \times$ 工程直接成本索赔值

⑥融资成本、利润与机会利润损失的索赔计算

融资成本又称资金成本，即取得和使用资金所付出的代价，其中最主要的是支出资金供应者的利息。由于承包商只有在索赔事项处理完结后一段时间内才能得到其索赔的金额，所以承包商往往需从银行贷款或以自有资金垫付，这就产生了融资成本问题，主要表现在额外贷款利息的支付和自有资金的机会利润损失。以下情况，承包商可以索赔利息损失。

a.业主推迟支付工程款，这种利息通常以合同约定的利率计算。

b.承包商借款或动用自有资金弥补合法索赔事项所引起的资金缺口。在这种情况下，可以参照有关金融机构的利率标准，或者以把这些资金用于其他工程承包可得到的收益计算索赔金额，后者实际上是机会利润损失的计算。

利润是完成一定工程量的报酬，因此在工程量的减少时可索赔利润。不同的国家和地区对利润的理解和规定有所不同，有的将利润归入总部管理费中，则不能单独索赔利润。

机会利润损失是由于工程延期而使承包商失去承揽其他工程的机会而造成的损失，在某些国家和地区，是可以索赔机会利润损失的。

9.5 施工索赔案例

施工索赔是一项涉及面比较广泛和细致的工作，包括建设工程项目施工过程中的各个环节和各个方面。承包商的任何索赔要求，只有准确地计算要求赔偿的数额，并证明此数额是正确和合情合理的，索赔才能获得成功。现将施工现场实际情况收集整理和经常发生的主要几种施工索赔案例，分别介绍如下：

· 9.5.1 关于人工费超支和损失的索赔 ·

1）关于工程量增加和等待工程变更造成人工费超支的索赔

【例9.1】 某商住楼工程报价中，有钢筋混凝土框架 $80\ m^3$，经计算模板面积为 $570\ m^2$，其整个模板工程的工作内容包括模板的制作、运输、安装、拆除、清理、刷油等。由于工程变更等因素的影响，造成人工费增加，因此承包商就人工费超支部分向业主提出索赔。

（1）合同约定分析

双方合同约定，预算规定模板工程用工 $3.5\ h/m^2$，人工费单价为 8 元/h，则模板工程报价中合计人工费计算如下：

$$8\ 元/h \times 3.5\ h/m^2 \times 570\ m^2 = 15\ 960\ 元（人民币）$$

（2）影响因素分析

从工程施工中实际验收的工程量、用工记录、承包商的人工工资报表，而得知其影响因素如下：

①该模板工程小组10人共工作了28天，每天8小时，其中因等待工程变更的影响，使现

场模板工作小组 10 人停工 4 小时;

②由于设计图纸修改,使实际现浇钢筋混凝土框架工程量为 88 m³,模板为 630 m²;

③因国家政策性人工工资调整,人工费单价调增到 10 元/h。

以上影响因素是承包商提出索赔的主要依据。因此,进一步收集和整理有关索赔证据是十分重要的,并在认真加以核实和计算后,才能拟写索赔报告。

(3)人工费索赔的计算

①实际模板工程人工费与报价人工费差额的计算

实际模板工程人工费计算如下:

$$10 \text{ 元/h} \times 8 \text{ h/(d·人)} \times 28 \text{ d} \times 10 \text{ 人} = 22\ 400 \text{ 元}$$

人工费差额(即实际人工费支出与报价人工费之差额)的计算如下:

$$22\ 400 \text{ 元} - 15\ 960 \text{ 元} = 6\ 440 \text{ 元}$$

②由于设计变更所引起的人工费增加,其计算如下:

$$8 \text{ 元/h} \times 3.5 \text{ h/m}^2 \times (630 - 570) \text{ m}^2 = 1\ 680 \text{ 元}$$

③工资调整所引起的人工费增加,其计算如下:

$$(10-8) \text{ 元/h} \times 3.5 \text{ h/m}^2 \times 630 \text{ m}^2 = 4\ 410 \text{ 元}$$

④停工等待业主指令所引起的人工费增加,其计算如下:

$$10 \text{ 元/h} \times 4 \text{ h/人} \times 10 \text{ 人} = 400 \text{ 元}$$

则承包商有理由提出人工费索赔的数额计算如下:

$$1\ 680 \text{ 元} + 4\ 410 \text{ 元} + 400 \text{ 元} = 6\ 490 \text{ 元}$$

2)关于工期延误造成人工费损失的索赔

【例 9.2】 某校教学楼工程,合同规定该工程全部完工需要 127 960 工日。开工后,由于业主没有及时提供设计资料而造成工期拖延 6.5 个月。

设计资料供应不及时,可能产生降效问题,一般来说,主要也就是产生窝工问题。此间承包商应对现场劳动力做适当调整,如减少现场施工人数或安排做其他工作,因此承包商要求索赔的只能是窝工的人工费损失。

窝工人工费 = 工日单价 ×0.75× 窝工工日

(工期延长引起的其他损失另计)

在工期拖延的这段时间里,该工程实际使用了 42 800 工日,其中非直接生产用工 15 940 工日,临时工程用工 4 850 工日。上述用工均有计工单和工资表为证据。而在这段时间里,实际完成该工程全部工程量的 10.5%。另外,由于业主指令对该工程做了较大的设计变更,使合同工程量增加了 20%(工程量增加所引起的索赔另行提出计算)。合同约定生产工人人工费报价为 85 元/工日,工地交通费为 5.5 元/工日。

(1)影响因素分析

由于工程量增加了 20%,则该工程的劳动力总需要量也相应按比例增加,其具体计算如下:

劳动力总需要量 = 127 960 工日 ×(1+20%) = 153 552 工日

而在工期拖延的期间里,实际仅完成 10.5% 的工程量,所需劳动力计算如下:

完成 10.5% 的工程量所需劳动力 = 153 552 工日 ×10.5% = 16 123 工日

（2）索赔费用计算

承包商对工期延误而造成的生产效率降低提出费用索赔，其方法是实际用工数量减去完成10.5%工程量所需用工数量、非直接生产用工数量和临时工程用工数量。即：

$$劳动生产效率降低（窝工工日数）= 42\ 800\ 工日 - 16\ 123\ 工日 - 15\ 940\ 工日 - 4\ 850\ 工日$$
$$= 5\ 887\ 工日$$

$$窝工费损失 = 85\ 元/工日 \times 0.75 \times 5\ 887\ 工日 = 375\ 296\ 元$$

（3）案例分析

①因工期延误造成人工费损失的索赔计算，要求报价中劳动效率的确定是科学的、符合实际的。如果承包商在报价中把劳动效率定得较低，计划用工数就较多，则承包商可通过索赔获得意外的收益。所以驻地工程师在处理此类问题时，要重新审核承包商的报价依据。

②对于承包商的责任和风险所造成的劳动效率降低，如由于气候原因造成现场工人停工，计算时应在其中给以扣除，对此驻地工程师必须有详细的现场记录，否则因审核计算无依据，容易引起索赔争议。

· 9.5.2　关于材料和劳务价格上涨的索赔 ·

在合同约定允许对材料和劳务等费用进行调整时，则可以采用国际上通用的方法，对工资和各种主要建筑材料按价格指数变化分别进行调整。计算公式如下：

$$P = P_0 \times (I_i \times T_i / T_0)$$

式中　P_0——原合同价格；

I_i——某项目价格占总价格的比例系数，$\sum I_i = 1$；

T_0——投标截止期前 28 天当日的该项目价格指数；

T_i——第 i 月公布的该项目价格指数；

P——调整后的合同价格。

则 $P-P_0$ 即为索赔值。

【例9.3】　某技术开发区国际投资工程，合同规定允许价格调整，为与国际接轨采用国际通用的调整公式。其具体调整方法是：以投标截止期前 28 天的参考价格为基数，通过对报价的测算分析确定各个调整项目占合同总价的比例。在第 i 个月完成的投资额为 460 万美元。投标截止期前 28 天当日的参考价格及第 i 个月的参考价格见表 9.5 所示。

在索赔值的计算中，其价格上涨的调整索赔通常不计算总部管理费和利润收入。因此，从表 9.5 可知，第 i 月的物价调整后工程价款的计算如下：

$$P_i = P_0 \times \sum I_i \times (T_i/T_0) = 460\ 万美元 \times 1.11 = 510.6\ 万美元$$

表9.5　价格调整表

调整项目	占合同价比例 I/%	投标截止期前 28 天参考价格 T_0	第 i 月公布参考价格 T_i	T_i/T_0	$I_i(T_i/T_0)$/%
不可调整部分	0.30	无	无	1	0.30

调整项目	占合同价比例 $I/\%$	投标截止期前28天参考价格 T_0	第 i 月公布参考价格 T_i	T_i/T_0	$I_i(T_i/T_0)/\%$
工资/（美元·工日 $^{-1}$）	0.25	6	7.2	1.2	0.30
钢材/（美元·t $^{-1}$）	0.12	500	550	1.1	0.132
水泥/（美元·t $^{-1}$）	0.06	60	64	1.067	0.064
燃料/（美元·L $^{-1}$）	0.08	0.3	0.36	1.2	0.096
木材/（美元·m $^{-3}$）	0.10	320	380	1.188	0.119
其他材料（按物价指数调整）	0.09	120	132	1.1	0.099
合计	1				1.11

由于工资和材料价格的上涨所引起的合同价格调整计算如下：
$$P_i - P_0 = 510.6 \text{ 万美元} - 460 \text{ 万美元} = 50.6 \text{ 万美元}$$

若是我国国内的建设工程，因工资和材料价格上涨，也可以按照国家和地区所规定的方法进行合同价格调整。

· 9.5.3　关于工程工期延误造成管理费用增加的索赔 ·

由于工程工期延误或工程范围变更，造成企业管理费用增加，则可以向业主提出索赔。按照我国现行费用定额（即费用标准）的规定，管理费用分为现场管理费用和企业（总部）管理费。关于工程工期延误造成管理费用增加的索赔计算详见【例9.4】。

【例9.4】　如某承包商承包某一工程，原计划合同工期为240 d，工程在实施过程中工期延误了60 d，即实际施工工期为300 d，原计划合同工期的240 d内，承包商的实际经营状况见表9.6所示。请计算其管理费索赔值。

表9.6　承包商实际经营状况表　　　　单位：元

序号	名称	延误工程	其余工程	总计
1	合同金额	200 000	400 000	600 000
2	直接成本	180 000	320 000	500 000
3	总部管理费			60 000

1）现场管理费用的索赔计算

现场管理费用索赔可按照下列公式进行计算：
$$现场管理费用索赔值 = 索赔的直接成本费用 \times 现场管理费费率$$

现场管理费费率应按照各地区对现场管理费费率的规定取值。若按16%规定取值,则计算式如下:

$$现场管理费用索赔值 = 180\ 000\ 元×16\% = 28\ 800\ 元$$

2)企业(总部)管理费用的索赔计算

企业(总部)管理费用的索赔可按照管理费用的日费率分摊的办法计算,其计算步骤和计算公式如下:

延误工程应分摊的企业(总部)管理费A=(被延误工程的原价/同期承包工程合同价之和)×同期承包工程计划企业(总部)管理费

单位时间(日或周)企业(总部)管理费费率B=A/计划合同工期(日或周)

企业(总部)管理费用索赔值C=B×工程延误时间(日或周)

计算式如下:

$$A = (200\ 000\ 元/600\ 000\ 元)×60\ 000\ 元 = 20\ 000\ 元$$
$$B = A/240\ d = 20\ 000\ 元/240\ d$$
$$C = B×60\ d = (20\ 000\ 元/240\ d)×60\ d = 5\ 000\ 元$$

若用工程直接成本来代替合同金额,则:

$$A_1 = (180\ 000\ 元/500\ 000\ 元)×60\ 000\ 元 = 21\ 600\ 元$$
$$B_1 = A_1/240\ d = 21\ 600\ 元/240\ d$$
$$C_1 = B_1×60\ d = (21\ 600\ 元/240\ d)×60\ d = 5\ 400\ 元$$

3)案例分析

按照以上工期延误后其企业(总部)管理费用索赔的原理,企业(总部)管理费用索赔值的计算就有了可靠的依据。就是说一旦工程工期延误,相当于该工程占用了可调往其他工程的施工力量,包括部分管理人员和费用,即损失了在其他工程中可以获取的企业(总部)。也就是说,由于工程工期延误,影响了这一时期内其他工程的收入,其企业(总部)管理费用也因此而减少,故应在工程工期延误的施工项目中索取补偿。

· 9.5.4　关于调整增加工程量所引起的补偿(索赔)·

【例9.5】 ××国××住宅工程,在承包商的投标报价中,业主发现该住宅门窗的报价很低,于是下达工程变更指令调整门窗面积、增加门窗层数,使门窗面积达到25 000 m²,且门窗均改成为木板窗、玻璃窗、纱窗三层。试计算业主这一调整所增加的价款应是多少。

1)合同规定与实际情况分析

(1)合同规定

合同条件中关于工程变更的条款为:"……业主有权对本合同范围的工程进行他认为必要的调整。业主有权指令不加代替地取消任何工程或部分工程,有权指令增加新工程……但增加或减少的总量不得超过合同总额的25%。这些调整并不减少承包商全面完成工程的责任,而且不赋予承包商针对业主指令工程量的增加或减少提出任何要求价格补偿的权利。"

(2)实际情况分析

在承包商的报价单中门窗工程量为10 200 m²。对其工作内容承包商的理解(翻译)为"以平方米计算,根据工艺要求包括门窗的运进、安装和油漆,并按照图纸标明的尺寸和规范要求施工。"即认为承包商不承担木门窗制作的责任。因此,承包商该项的报价仅为 3.5 美元/m^2。而上述承包商的翻译"运进"是错误的,应是"提供"的意思,即承包商应承担门窗制作的责任。承包商报价时也没有提交门窗施工详图,如果包括门窗制作,按照当时的正常报价应为 140 美元/m^2。

2)要求与答复

①承包商以业主调整门窗面积、增加门窗层数为由,提出要求与业主重新商讨价格。业主答复是:"合同规定业主有权变更工程,且工程变更总量在合同总额的 25% 范围以内,承包商无权要求重新商讨价格,所以门窗工程仍按原单价支付;合同中 25% 的增减量是指合同总价格的 20% ,不是某个分项工程量的 20% ,尽管门窗量增加了 145% ,但墙体工程量则减少,最终合同总额并没有多少增加,所以合同价格不能调整;尽管这个单价仅为正常报价的 2.5% ,实际付款必须按实际工程量乘以此合同单价。"

②承包商在其无奈的情况下,主动与业主的主管部门商讨。由于该工程承包商报价时存在较大失误,损失很大。最后业主根据承包商的实际情况及从双方友好关系的角度考虑,同意承包商的部分补偿(索赔)要求。

3)补偿(索赔)值计算

①在门窗面积工程量增加 25% 的范围内仍按原合同单价支付,即 12 750 m^2 按原报价单价 3.5 美元/m^2 计算。

②对超过 25% 的部分,业主最终确定,按双方重新商讨的价格 140 美元/m^2 计算,则承包商取得补偿(索赔)的费用计算如下:

$$140 \text{ 美元}/m^2 \times (25\ 000 \text{ m}^2 - 10\ 200 \text{ m}^2 \times 1.25)$$
$$= 140 \text{ 美元}/m^2 \times 12\ 250 \text{ m}^2$$
$$= 1\ 715\ 000 \text{ 美元}$$

4)案例分析

①这个索赔案例实际上是一项道义补偿,因承包商所提出的索赔要求没有合同条件的支持,即按合同条件规定是不应该赔偿的,业主完全是从友好合作的角度出发同意给予补偿。

②在国际工程投标报价中,翻译人员翻译错误是经常发生的,它会造成承包商对合同理解的错误和报价的错误。如果投标前对招标文件和施工图纸把握不准,或不知业主的意图应及时向业主询问,请业主解释,切不可自以为是地解释合同。

③从本案例可知:承包商在没有门窗详图的情况下进行报价会有很大的风险,正确的做法是请业主对门窗的做法要求予以说明,并根据业主所作的说明与要求再进行报价。

④当有些索赔问题发生争执难以解决时,可提交双方高层进行商讨解决办法,索赔问题常常容易解决。对于高层来讲许多索赔问题可能都是些"小事",为从长远友好合作的角度出发,往往经过双方高层的协商,看似难以解决的索赔问题也就迎刃而解了。

9.6 反索赔

· 9.6.1 反索赔概述 ·

1)反索赔的概念

前面曾将承包商向业主等提出的索赔称作"索赔",而将业主等向承包商提出的索赔称作"反索赔",实际上这只是按索赔对象的不同而作的一种习惯上的划分,但从真正意义上讲,反索赔应当是指对对方提出索赔要求(索赔报告)后,在通过调查研究与分析基础上,找出充分的理由与证据,证明对方所提出的索赔要求不符合实际情况、或不符合工程施工合同的规定、或计算不准确等,并据此拒绝给对方以补偿而进行的索赔反驳(即反索赔报告),或在反驳的同时又向对方提出索赔要求。

实际上就索赔的意义而言,它包括两个方面:一方面是对本身已产生的损失所进行的追索赔偿,另一方面是对将要产生或可能产生损失的防止,追索损失的赔偿主要是通过索赔手段来进行,而防止损失的产生主要是通过反索赔手段来进行。因此,索赔与反索赔是进攻与防守的关系。在建设工程施工合同实施的过程中,承包商必须能攻善守,攻守相济,才能立于不败之地。

在建设工程项目实施的过程中,业主与承包商之间,总承包商与分承包商之间,承包商与材料、设备供应商之间,联合经营成员之间,都可能有双向的索赔或反索赔。也就是说承包商向业主提出索赔,而业主可以向承包商进行反索赔;同样业主向承包商提出索赔,而承包商可以向业主进行反索赔。施工现场监理工程师,一方面要求签约双方认真执行合同条款防止索赔事件发生,另一方面又必须妥善解决双方的各种索赔与反索赔问题。所以,在建设工程实施过程中,各种索赔与反索赔问题其关系是复杂而又多样的。

怎样才能进行有效的索赔与反索赔呢? 其重要的是要认真做到:我方提出的索赔,对方无法推卸自己的合同责任,找不到反驳的理由;而对方企图提出索赔,却找不到我方存在的问题及薄弱环节,无法找到向我方提出索赔的理由。即"攻必克、守必固",这里所指的攻守武器主要是指工程施工合同和索赔证据。

2)反索赔的基本原则

为使反索赔目的能够得到合理解决,必须遵循以下原则:

• 实事求是的原则 即以事实为依据,以法律法规或工程合同为准绳,实事求是地认可合理的索赔要求;反驳或拒绝不合理的索赔要求。

• 公平合理的原则 应按照"合同法"条款的有关规定,公平合理地解决索赔或反索赔问题。

总之,反索赔与索赔一样,都应当以事实为依据,以法律和合同为准绳,实事求是、公平合理地解决问题。

· 9.6.2　反索赔的重要意义与作用 ·

1) 反索赔的重要意义

由于建设工程项目实施过程中的多变性或复杂性,对于一些干扰事件的发生常常双方都有一定的责任,所以,反索赔中有索赔,索赔中有反索赔,从而形成错综复杂的局面,这也就是说不仅要对对方提出的索赔要求进行反驳,而且要在反驳对方的同时,尽量找到理由向对方提出索赔的要求。因此,反索赔对合同双方维护各自正当利益都有同等重要的意义和作用。

2) 反索赔的重要作用

反索赔的重要作用主要包括:

①反索赔可以减少损失或防止损失的发生。合同签约双方不能进行有效的反索赔,不能推脱自身对干扰事件的合同责任,则必须接收对方的索赔要求,支付赔偿费用,致使自己蒙受经济损失。反之,如果能成功地进行反索赔,就可以减少损失或防止损失的发生。

②成功地进行反索赔不仅能增强己方的信心和勇气,而且能挫伤对方的索赔积极性,影响索赔工作,使其心理上处于一定的弱势,从而有利于己方合同管理工作的正常开展。

③成功的反索赔不仅能防止和减小己方的损失,而且通过反驳对方的索赔理由,往往还可以从中发现向对方索赔的线索,找到向对方索赔的理由,进而向对方提出索赔,维护己方的正当利益。

④反索赔与索赔一样,都需要认真研究合同,调查事实、收集证据、分析责任,这就要求必须加强合同管理的各项基础工作。因此,开展有效、合理的反索赔有利于提高企业的合同管理水平。

在建设工程项目实施的过程中,索赔与反索赔是同时存在的,因此业主和承包商必须同时具备索赔与反索赔两个方面的知识和能力。对于监理工程师,由于他的特殊地位和职责,做好反索赔工作对维护合同双方的利益则具有更为重要的意义和作用。

· 9.6.3　反索赔的主要内容 ·

反索赔工作主要包括以下内容:

(1) 防御对方提出索赔

在建设工程施工合同实施的过程中,应积极做好防御对方提出索赔要求的工作,以避免因自身工作的失误而被对方提出索赔要求。这也是建设工程合同管理的主要任务。其索赔的防御工作包括以下内容:

①按建设工程施工合同办事,防止自己违约。加强建设工程项目管理,特别是加强建设工程施工合同的管理,使对方找不到提出索赔的根据与理由。如果建设工程施工合同实施顺利,没有违约和损失发生,不需提出索赔要求,合同签约双方没有争执,合作非常愉快,工程施工进展顺利,则是最为理想的结果。

②干扰事件的发生与处理。在建设工程施工合同实施的过程中,干扰事件或多或少总是有的,有些干扰事件承包商(或业主)是无法避免和控制的。如果干扰事件发生,就应着手研究和收集证据,一方面做好索赔的准备,另一方面又要做好反击对方的索赔要求,这两方面的

工作都是必不可少的。

③先发制人，使自己处于有利的地位。在工程项目的实施过程中，干扰事件的发生常常是双方都负有一定的责任，而承包商总是采取先发制人的策略，首先提出索赔要求。其好处是，尽早提出索赔要求，可以争取索赔中的有利地位，取得索赔的主动权。而且如果能尽早提出索赔要求，使索赔能够尽快地获得解决。

（2）反击对方的索赔要求

为了避免和减少损失，承包商还必须反击对方的索赔要求，这些索赔要求可能来自业主、总、（分）包商、联合经营成员、供应商等。反击对方索赔要求的主要措施有：

①以索赔对抗索赔。在建设工程项目实施的过程中，合同签约双方都可能有失误或违约，工作同样存在薄弱环节。抓住对方的失误，提出索赔要求，以便在最终解决索赔问题时双方都作让步。这种以"攻"对"攻"，以索赔对抗索赔的策略，是常用的反索赔手段。

②反驳对方的索赔要求。根据对方的索赔报告，找出理由和证据，证明对方的索赔报告不符合实际情况，或不符合工程施工合同的规定，或计算不准确等，以推卸或减轻自己的赔偿责任，使自己不受或少受损失。

上述两种措施都很重要，常常同时使用。索赔与反索赔同时进行，索赔报告中既有索赔，也有反索赔；反索赔报告中既有反索赔，也有索赔。"攻""守"同时并用，这样才能够达到较好的效果。

关于反索赔报告、反索赔的主要步骤等，与索赔报告、索赔的主要步骤基本相同，其具体内容在本章的前面几节中已作了详细介绍。

9.7　施工索赔管理

· 9.7.1　施工索赔意识 ·

在市场经济的环境中，建筑承包商要提高工程经济效益，必须重视施工索赔问题，必须要有索赔意识。而索赔意识主要体现在以下3个方面：

1）法律意识

索赔是法律赋予承包商的正当权利，是承包商保护自己正当权益的手段。强化索赔意识，实质上是强化承包商的法律意识。这不仅可以加强承包商的自我保护意识，可以提高自我保护能力，而且还能够提高承包商履约的自觉性，从而自觉地避免侵害他人的利益。这样才能为合同双方创造一个好的合作气氛，从而有利于工程合同总目标的实现。

2）市场经济意识

在市场经济的环境中，建筑承包企业是以追求经济效益为目标的。而施工索赔是在合同规定的范围内，合理合法地追求经济效益的手段。通过施工索赔可以提高合同价格，增加收益。不讲索赔，不重视索赔，放弃索赔机会，是不讲经济效益的表现。

3）工程管理意识

施工索赔工作涉及工程项目管理的各个方面，要取得施工索赔的成功，必须提高整个工程项目的管理水平,进一步健全和完善管理机制。在工程项目管理中,必须有专人负责索赔管理工作,将施工索赔管理贯穿于工程项目施工全过程、工程实施的各个环节和各个阶段。所以,搞好施工索赔能带动建筑施工企业管理工作和工程项目管理整体水平的提高。

· 9.7.2 索赔管理的任务 ·

在承包的工程项目管理中,索赔管理的任务是索赔和反索赔。索赔和反索赔是矛和盾的关系,是进攻和防守的关系。有索赔,必有反索赔,在招标人(业主)和投标人(承包商)、总包和分包、联合经营成员之间都可能有索赔和反索赔,但在工程项目管理中它们各有不同的任务,现分述如下:

1)索赔的任务

索赔的任务主要是对自己已经受到的经济损失进行追索补偿,具体说就是:

(1)预测索赔机会

虽然干扰事件产生于工程项目的施工中,但它的根由却存在于招标文件、合同条款、设计图纸和各项计划中,所以,在招标文件分析、合同条件谈判中(包括在工程实施中双方召开的工程变更会议、签署补充协议等),承包商应对干扰事件有充分的考虑和防范,预测索赔的可能。预测索赔机会又是工程合同风险分析和决策的内容之一。对于一个具体的工程承包合同和工程环境,干扰事件的发生有其一定的规律性。因此,承包商对干扰事件必须有充分的估计和准备,在投标报价、合同条件谈判、制订实施方案和各项计划编制中考虑它可能的影响。

(2)在工程实施中寻找和发现索赔机会

在任何工程实施中,干扰事件是不可避免的,问题是承包商能否及时发现并抓住索赔机会。承包商应有敏锐的感觉,并通过对工程承包合同实施过程的监督、跟踪、分析和诊断,以寻找和发现索赔机会。

(3)处理索赔事件和解决索赔争端

承包商一旦发现索赔机会,则应迅速做出反应,进入索赔处理过程。在这个过程中有大量的、具体的、细致的索赔管理工作,包括处理索赔事件和解决索赔争端。具体有:

①向业主和工程师提出索赔的意向。

②进行事件调查,寻找索赔理由和证据,分析干扰事件的影响,计算索赔价值,起草索赔报告(即索赔文件)。

③向业主提交索赔报告,通过谈判、调解或仲裁等方法,最终解决索赔争端,使自己的经济损失得到合理的补偿。

2)反索赔的任务

承包商反索赔应着眼于对经济损失的避免和防止,其具体任务有以下两个方面:

①反驳对方不合理的索赔要求。包括对对方(包括业主、总包或分包)已提出的索赔要求进行反驳,尽力推卸自己对已经产生的干扰事件的合同责任,否定或部分否定对方的索赔要求,使自己不受或少受损失。

②防止对方提出索赔。通过有效的合同管理,使自己完全按合同办事,处于不被索赔的

地位,即着眼于避免损失和争执的发生。

在工程实施过程中,签订合同的双方都在进行合同管理,都在寻找索赔的机会。所以,如果承包商不能进行有效的索赔管理,不仅容易丧失索赔机会,使自己的损失得不到补偿,而且可能反被对方索赔,蒙受更大的损失,这样的经验教训是很多的。

· 9.7.3 索赔管理与项目其他职能管理的关系 ·

承包商承包工程要获得好的经济效益,必须高度重视施工索赔,要取得施工索赔的成功,必须进行有效的索赔管理。索赔管理是工程项目管理的一部分,它涉及面很广,是工程项目管理的综合体现。它与工程项目的其他职能管理有密切的联系,主要表现如下:

1)索赔与合同管理的关系

工程合同是施工索赔的依据。索赔就是针对不符合或违反合同的事件,并以工程合同条文作为最终判定的标准。索赔是合同管理的继续,是解决双方合同争执的独特方法,所以,人们常常将索赔称为合同索赔。

①签订有利于自己的合同是索赔成功的前提。索赔是以合同条文作为理由和根据,所以,索赔的成败、索赔额的大小及解决结果,常常取决于合同的完善程度和表达方式。签订一个有利于自己的合同,则承包商在工程实施中将处于有利地位,无论进行索赔和反索赔都能得心应手,处理索赔事件时有理有利;一个不利于自己的合同,如责权利不平衡,单方面约束性太多,风险太大,合同中没有索赔条款,或索赔权利受到严格的限制,则使承包商处于不利的地位,往往只能被动挨打,对经济损失防不胜防。因此,签订一个有利于自己的合同对索赔管理是至关重要的。

在工程项目的投标、议价和合同签订过程中,承包商应仔细研究工程所在地(或国)的法律、政策、规定及合同条件,特别是关于合同工程范围、义务、付款、价格调整、工程变更、违约责任、业主风险、索赔时限和争端解决等条款,必须在合同中明确当事人各方的权利和义务,以便为将来可能的索赔提供合法的依据和基础。

②从合同中寻找和发现索赔机会。承包商应从合同的分析、监督和跟踪中寻找和发现索赔机会。即在合同签订前和合同实施前,通过对合同条款的审查和分析,预测和发现潜在的索赔机会。其中应对合同变更、价格补偿、工期索赔条件、索赔的可能性及程序等条款予以特别的注意和研究。在工程合同实施过程中要进行监督和跟踪,首先应保证承包商自己全面执行合同、不违约,并且监督和跟踪对方合同完成情况,将每天的工程实施情况与合同分析的结果相对照,一旦发现两者之间不相符合,或出现有争议的问题,就应做进一步的分析并进行索赔准备。这些索赔机会就是索赔的起点。所以,索赔的依据在于日常管理工作的积累,在于对工程合同执行的全面控制。

③合同变更可直接作为索赔事件。业主的工程变更指令,合同签约双方对新的特殊问题的协议、会议纪要、修正方案等都会引起合同变更。承包商不仅要落实这些变更,调整合同实施计划,修改原合同规定的责权利关系,而且要进一步分析合同变更造成的影响。合同变更如果造成工期延误和费用增加,就应当提出索赔。

④合同管理可为处理索赔事件提供所需依据。在合同管理中要处理大量的合同文件和工程资料,这些文件和资料可作为索赔的证据。单项索赔事件一般是由合同管理人员负责处理,

并由他们进行干扰事件的影响分析、收集证据、准备索赔报告、参加索赔谈判。对重大的一揽子索赔事件,必须成立专门的索赔小组负责具体索赔工作,合同管理人员在索赔小组中起主导作用。

在国际工程中,索赔已被看作一项正常的合同管理业务。索赔实质上是对合同双方责权利关系的重新分配,索赔事件的解决实际上属于工程合同履行的一部分。

2)索赔与计划管理的关系

索赔从根本上讲是由于干扰事件造成实际施工过程与预定计划的差异而引起的,而索赔值的大小常常由这个差异所决定。所以,计划必然是干扰事件影响分析的尺度和索赔值计算的基础。通过施工计划和实际施工状态的对比分析可发现索赔机会,如:

①在实际施工过程中,工程进度的变化,施工顺序、劳动力、机械、材料使用量等的变化,都可能是干扰事件的影响,做进一步的定量分析即可得到索赔值。

②工期索赔可由计划的和实际的关键线路分析得到。

③可以提供索赔值计算的计算基础和计算证据。

3)索赔与成本管理的关系

在工程项目管理中,工程成本管理包括工程预算与估价、成本计划、成本核算、成本控制(监督、跟踪、诊断)等,它们都与索赔有密切的联系。

①工程预算和报价是费用索赔的计算基础。工程预算确定的是"合同状态"下的工程费用开支。如果没有干扰事件的影响,则承包商可按合同完成工程施工和保修责任,业主如数支付合同价款。如干扰事件引起实际成本的增加,从理论上讲这个增加量就是索赔值。在实际工程中,索赔值以合同报价为计算基础和依据,并通过分析实际成本和计划成本的差异得到。要取得索赔的成功,必须做到以下两点:

a. 工程预算费用项目的划分必须详细合理,报价应当符合实际,这样不仅可以及时发现索赔机会,而且干扰事件影响的分析才能准确,才能使得索赔计算方便合理,索赔要求有根有据。

b. 由于提出索赔报告有严格的有效期限,索赔值又必须符合一定的精度要求,所以,必须有一个有效的成本核算和成本控制系统。

②通过对实际成本的分析可以寻找和发现索赔机会。在工程预算基础上确定的成本计划是成本分析的基础。成本分析主要是研究计划成本与实际成本的差异,以及差异产生的原因。而这些原因常常就是干扰事件,就是索赔机会。在此基础上进行干扰事件的影响分析和索赔值的计算就十分清楚和方便了。

③成本分析资料是索赔值计算的依据。索赔值的准确计算,需要及时的、准确的、完整的和详细的成本核算和分析资料,以作为索赔值计算的依据和证据,例如各种会计凭证、财务报表和账单等。

4)索赔与文档管理的关系

索赔需要有证据,它是索赔报告重要的组成部分。没有证据或证据不足,索赔是不能成立的。文档资料可以给索赔及时、准确、有条理地提供分析资料和证据,用以证明干扰事件的存在和影响,证明承包商的损失确实存在,证明索赔要求的合理性和合法性。承包商应重视收集经济活动的证据,要有完整的实际工程记录。应建立工程文档管理系统,并委派专人负责工程文档资料的收集和整理工作,对于较大和复杂的工程项目,运用计算机进行文档管理,可以极大地提高工作效率,并能很好地满足索赔管理的需要。

索赔管理还涉及工程技术、工程设计、工程保险、企业经营、公共关系等各个方面。一个成功的索赔不仅在于合同管理人员和索赔小组的努力,而且还依赖于工程项目管理各职能人员和企业各职能部门在工程实施的各个环节上进行卓有成效的管理工作。因此,索赔和反索赔的能力是承包商经营管理水平的综合反映。

· *9.7.4 索赔小组* ·

索赔小组由组长、合同专家、法律专家、索赔专家、预算师、会计师、施工工程师等人员组成,组长一般由工程项目经理担任。索赔是一项复杂细致的工作,涉及面广,除索赔小组成员的努力工作外,还需要工程项目管理各个职能人员和企业各个职能部门的密切配合,才能保证索赔的圆满成功。对重大索赔或一揽子索赔必须成立专门的索赔小组,负责具体的索赔工作。一个复杂的工程,其合同文件、各种工程资料的研究和分析要花很多时间,不能到索赔谈判时才拼凑人马。因此,需要及早建立索赔小组并进入工作。由于索赔工作的重要性,索赔小组作为一个工作集体,应具备全面的知识、能力和经验,其具体要求如下:

①具备合同法律方面的知识、能力和经验。索赔小组成员应具备合同、法律等方面的专业知识,具有合同分析、索赔处理方面的能力和经验,并应参与该工程项目的合同谈判和合同实施过程,熟悉该工程合同的条款内容和施工过程中的各个细节问题。必要时还要向索赔公司或法律专家进行咨询,甚至直接参与索赔工作。

②具备建筑施工方面的知识、能力和经验。索赔小组成员应具备建筑施工组织与计划安排等方面的专业知识、能力和经验,能编制施工网络计划和关键线路分析,以及计划网络与实际网络的对比分析,应参与该工程施工计划的编制和实施过程的管理工作。

③具备工程成本、财务会计方面的知识、能力和经验。索赔小组成员应具备工程成本核算、财务会计核算等方面的知识、能力和经验,参与该工程报价,以及工程计划成本的编制,懂得工程成本核算方法,如成本项目的划分和分摊的方法等。

④具备其他方面的知识和能力。索赔小组成员应具备其他方面的知识和能力,包括索赔的计划和组织能力、合同谈判能力、文字写作和语言表达能力以及外语水平等。

总之,索赔小组成员应全面领会和贯彻执行企业总部的索赔总战略,必须认真细致地做好索赔工作,同时还应加强索赔过程中的保密,这样才能取得索赔的圆满成功,为企业追回经济损失和增加盈利。

· *9.7.5 索赔工作应注意的几个问题* ·

1)索赔应是贯穿工程始终的经常性工作

承包商因无经验,往往在开始时对索赔并不重视,不是收集的证据不具有说服力,就是因索赔时限已过,致使索赔难以成功。因此,应当在工程合同执行之初即成立索赔小组,在工程项目经理的直接领导下,认真做好以下的经常性工作:

①认真细致地研究合同条件。在投标、议价或签订合同阶段,承包商应非常细致地研究

合同条件。除研究合同通用条款外,更应注意研究特殊条款,特别是关于合同范围、义务、付款、工程变更、索赔时限、违约罚款和争端解决等条款。对于形成正式合同过程中的一切要约、反要约或争论,包括承包商的声明和重要的额外要求等,都应当得出双方确认的一致结论并写入合同补充条款中,一切口头承诺都是没有法律效力的。

②及时处理索赔事件。承包商在每月申报工程进度款时,应同时申报额外费用补偿要求,即使不被批准而从进度款中被剔除,也应再次书面申述理由并保留今后索赔的权利。对于一时还不可能提出全面和正确计算数据的索赔事件,也应当讲明该事件将发生额外费用,在适当时再提出详细计算资料供工程师审核。

③收集积累一切涉及索赔论证的资料。收集积累一切可能涉及索赔论证的资料,是索赔小组和有关合同管理人员的重要任务。在与工程师、业主一起研究技术问题、进度问题和其他重大问题的会议时,应认真做好文字记录,并争取与会者签字作为正式文档资料。即使未能取得各方签字,也应当将其资料编号,标明日期和发送单位,作为正式会议纪要发给与会者单位,并应有收件人的签收手续。

④建立严密的施工记录制度。建立严密的施工记录制度,认真做好记工卡片、工程日进度记录、每日的气象记录、工程进展照片、工程验收记录、返工修改记录、材料入库化验使用记录、实验报告、来往函件编号归档记录、财务会计和成本核算资料、物资采购凭证保管等工作,这些都是索赔金额计算的基础资料和必要的索赔证据。同时,还应建立相应的管理制度,并严格贯彻执行。

⑤建立密切的内部联系制度。工程项目的工程技术、施工管理、物资供应、财务会计人员之间,应建立密切的内部联系制度,经常在一起研究索赔和额外费用补偿等问题。各部门草拟的有关索赔或承诺责任的对外信函,在发出前都应进行审核、会签,以保证信函在内容上的前后协调一致。

⑥明确总包对分包的约束力。如果工程需要分包,在工程分包合同中应写明总包对分包商的约束,特别是有关违约罚款和各种责任条款,要求他们提供相应的各类保函和保险单。对于分包商要求的索赔应认真进行分析,属于业主原因造成的损失,还应加上总包商自己的管理费用和附加额外开支的费用一并报送工程师,申请赔偿或索取额外补偿。对于业主指定的分包商违约造成的各项损失或工期延误,应及时报告工程师研究处理。

⑦加强与常年法律顾问和律师的联系。承包商应加强与常年法律顾问和律师的联系,不要在发生索赔纠纷时才向律师请教,而应经常同他们探讨审定合同等重要信件和文稿,以保证所有重要文件在法律上的正确性和无懈可击。

⑧正确掌握提出索赔事件的时机和时限。承包商要正确掌握提出索赔事件的时机,注意索赔事件提出的时限。有的索赔事件,如工程暂停、意外风险损失等,在合同条件中有时限的规定,应严格遵守;还有一些索赔事件,如工程修改变更、自然条件变化等,合同条款中虽未有索赔时限的规定,但合同条款有"及时通知业主及现场工程师"的明确规定,特别是那些需要在现场调查和估算价格的索赔,只有及时通知业主和现场工程师才有可能获得确认。承包商如果担心影响与业主和现场工程师的关系,有意将索赔拖到工程结束时才正式提出,极有可能事与愿违。

⑨索赔事件要一事一议,争取尽早尽快解决。索赔事件应一事一议,争取将容易解决的

索赔问题尽早尽快地在现场解决,这样既保全了现场工程师的"面子",承包商又能得到合理补偿,这种变通妥协的方案,更容易被双方所接受。

2)索赔报告书写应注意的问题

①索赔报告(即索赔文件)书写时要实事求是、符合实际情况,即以事实为基础,不虚构扩大,使审阅者看后的第一印象是觉得合情合理,不会立即拒绝。

②论据坚实充分,具有说服力。

③计算费用准确,计算数据无误,不该计入的费用决不列入。不给人以弄虚作假、漫天要价的感觉,而是给对方留下严肃认真的印象。

④内容充实,条理清晰,具有逻辑性。

3)索赔小组人员的选用

索赔问题涉及的层面广泛,索赔小组人员不但应当具备合同、法律、商务、工程技术等专业知识,以及一定的外语水平和工程施工的实践经验,并且其个人品格也十分重要。仅靠"扯皮吵架"或"硬磨软缠"就可以搞索赔工作的想法是不正确的。索赔小组人员应当头脑冷静,思维敏捷,办事公正,性格刚毅而有耐心,坚持以理服人。索赔小组人员选用的具体做法分述如下:

①承包商在选用安排索赔小组人员时,应从那些具有现场工程监理经验的人员中选聘,或委托专门从事工程索赔的咨询公司为其索赔代理人。

②索赔小组人员应精干而强有力,承包商应选聘包括有实践工作经验的合同专家、法律专家、工程技术专家等。因为他们熟悉合同条款、法律规定、建筑施工情况和索赔文件的详细内容及要求。

③索赔小组组长(即谈判组长)的人选和作用关系重大,他的知识、经验、权威直接关系索赔谈判的成功。在一般情况下,索赔小组组长负责参与索赔谈判,但他不是索赔谈判最终的决策者,最终决策者是承包商经理,这样可以给承包商经理最终决策留有一定的谈判回旋余地。当然,在索赔事件谈判基本达成一致意见后,或在一些关键问题需要领导决策时,双方的决策者应该出面进行确认和签字。

在索赔事件谈判时,应注意以下问题:

①索赔谈判应严格按照合同条款的规定进行商议,甚至发生争议,但要以理服人,不把自己的观点强加于人。

②坚持原则,又有灵活性,并留有余地。

③索赔谈判前应做好准备,对要达到的索赔目的做到心中有数。

④谈判时应认真听取并善于采纳对方的合理意见,努力寻求双方都可接受的妥协方案。

⑤索赔谈判要有耐心,不首先退出谈判,不率先宣布谈判破裂。

⑥索赔谈判可采用会上谈判与会下加强公关活动相结合的方法,以促成索赔谈判的圆满成功。

小 结 9

本章主要讲述施工索赔的概念、产生原因和分类,施工索赔程序及其规定,施工索赔证据和

索赔文件,施工索赔计算方法,施工索赔案例及分析,施工索赔管理等。现就其要点分述如下:

①施工索赔是承包商根据工程合同条款和相关法律规定,向承担责任方索回不应该自己承担的经济损失。施工索赔是双方的,工程合同签订双方都可以向违约方提出索赔要求。要取得施工索赔的成功,主要依据工程合同条款和法律规定,以及与此有关的证据资料,否则,索赔事件不能成立,也不会取得成功。

②我国建设部颁发的《建设工程施工合同文本》中,对施工索赔的程序和时限有明确的规定,如索赔事件发生后的 28 天内,应向业主或现场工程师发出索赔意向通知,在索赔意向通知发出后的 28 天内再向业主或现场工程师提交索赔报告(即索赔文件),业主或现场工程师在接到索赔报告 28 天内应给以答复等。整个索赔工作过程都必须按照规定的程序和时限要求进行,否则业主或现场工程师就不予认可,也不会同意办理。

③施工索赔的成功与否,很大程度上取决于承包商是否具有充分的索赔依据和强有力的索赔证据资料。因此,承包商在正式提交索赔报告前的索赔依据和证据资料的准备极为重要。这就要求承包商在工程项目的施工过程中,高度重视收集和积累有关索赔事件的证据资料,以便满足索赔工作的需要。索赔文件一般由索赔信函、索赔报告和附件组成,其索赔文件的重点是高水平、高质量的索赔报告,它是取得索赔成功的关键。

④施工索赔费用项目组成与《建筑安装工程费用项目组成》基本相同,包括:直接费由人工费、材料费、机械使用费和措施费组成,间接费由规费和企业管理费组成,以及企业利润等。工期延误索赔的计算有网络分析法和比例计算法 2 种,不过根据网络分析得出的工期延误索赔更为科学合理,容易得到业主的认可。关于费用索赔的计算,在实际的索赔工作中,大多采用分项法,这是因为分项法能在较短的时间内,做出分析与核算,确定索赔费用的多少,有利于索赔事件的顺利解决。

⑤施工索赔涉及层面比较广泛,本章介绍的几个施工索赔案例,如工期延误造成人工费超支与损失的索赔、材料价格和劳务价格上涨的索赔、工期延误造成管理费用增加的索赔等,都是施工现场常见的且具有一定代表性的索赔案例。通过这些典型的施工索赔案例介绍,以期能为读者掌握索赔知识和提高施工索赔能力提供帮助。

⑥施工索赔管理是一项基础性工作,也是索赔成功的重要保证。承包商要取得好的经济效益,必须重视索赔,要取得索赔的成功,必须进行有效的索赔管理。索赔管理是工程项目管理的组成部分,涉及层面广泛,学问深,是企业工程项目管理水平的综合体现。

复习思考题 9

9.1 什么叫索赔?什么叫施工索赔?

9.2 施工索赔产生的原因包括哪些方面?

9.3 什么叫延期索赔?施工索赔按其目的、发生原因和处理方式的不同如何分类?

9.4 施工索赔的程序和时限有何具体规定?其重要性是什么?

9.5 施工索赔工作包括哪些内容?由哪几个主要环节构成?

9.6 施工索赔对证据资料有何具体要求?其证据资料又包括哪些方面?

9.7 施工索赔文件由哪几部分组成？书写索赔报告应注意什么问题？

9.8 施工索赔费用项目由哪些费用项目组成？

9.9 工期延误索赔的计算方法有哪几种？哪一种更科学合理？为什么？

9.10 费用索赔的计算方法有哪几种？哪种方法应用得比较多？为什么？

9.11 试查阅其他书籍对"索赔"一词的不同解释？分析它们的差异？

9.12 在实际工程中，应尽力避免一揽子索赔，为什么？

9.13 "在任何工程,使用任何形式的合同都不能完全避免索赔"这句话对吗？为什么？

9.14 "施工索赔管理是全面的,同时又是高层次的管理工作",这种说法对吗？为什么？

9.15 为什么说"签订有利于自己的施工合同对索赔管理是至关重要的"？

9.16 把施工索赔的成功归结为 4 个要素,即合同、证据、逻辑、关系。请说明其理由。

9.17 试分析 FIDIC 施工合同的索赔程序？

9.18 分析我国《建设工程施工合同文本》,并列出承包商可以索赔的干扰事件及其理由。

参考文献

［1］全国人大法工委经济法室,赵雷,等. 中华人民共和国招标投标法通论及适用指南［M］. 北京:中国建材工业出版社,1999.

［2］武育秦. 工程承包与投标报价［M］. 重庆:重庆大学出版社,1993.

［3］姚兵. 工程招投标与合同管理［M］. 北京:中国建筑工业出版社,2000.

［4］全国监理工程师培训教材编写委员会. 工程建设合同管理［M］. 北京:知识产权出版社,2000.

［5］汤礼智. 国际工程承包总论［M］. 北京:中国建筑工业出版社,1997.

［6］成虎. 建筑工程合同管理与索赔［M］. 南京:东南大学出版社,2000.